新訂 自動車用ガソリンエンジン

―研究開発技術者の基礎と実際―

村中重夫 編著

養賢堂

まえがき

　本書は2005年に改訂第4版を出した改訂「自動車用ガソリンエンジン」の新訂版である．「自動車用ガソリンエンジン」は1988年に初版を発行以来，数年ごとに内容の見直し，更新を続けて約二万人の読者を得てきた．

　2008年から絶版となっていたが，今回養賢堂より新訂版として発行の運びになった．第1章は概論，2～5章は，燃費，出力，排気，音振の各性能の改善方法，第6章は性能を実現するエンジン各部の構造機能の説明という，他書にはない構成は変えていないが，主な更新内容は以下の通りである．
(1) 第1章，概論の現状と将来で2030年でガソリンエンジンシステムの到達レベル（目標）を定量的に示した．
(2) 第2章，燃費の向上では，スプレーガイド直噴エンジンや廃棄エネルギー回生項を設けて最新ハイブリッドシステム比較等を載せた．
(3) 第3章，出力の向上では可変動弁の歴史や最近の高出力ツインターボエンジンの性能を追加した．
(4) 第4章，排気の清浄化では最新の環境基準達成状況や規制値の75%低減が実質標準となっている制御，触媒技術について．
(5) 第5章，振動・騒音の低減では燃費向上と軽量化を両立させる音振技術等について．
(6) 第6章，構造と機能では2-4章の性能を低コストで実現するための各部位・部品の構造図，電子制御の内容を最新のものにした．

　その結果，各章とも図表の約3～4割が新規や内容を更新したものとなった．

　また本書は以下のような，読者・用途を想定して編集・執筆した．
・自動車用エンジンに関係する研究開発技術者の座右のテキスト．
　（色々な設計，運転変数の各種性能への影響が定量的にわかる）
・大学，高専などにおけるエンジン講座のテキスト．エンジン開発の目標や必要な要素技術，システム技術の現状レベルと将来課題を理解する．
・エンジン関連他分野の人が自分の業務とエンジン・自動車という商品との関連を理解する参考書として．

2010年の人口及び自動車保有台数は，日本が1.2億人と7500万台，世界は六十数億人と約10億台と推定されている．日本では運輸部門のCO_2排出量が10年前から，頭打ち人口×エネルギー原単位の低減により減少に転じているように2030年には，世界全体もそのフェーズに入ると予測される．

 エンジン技術に限らず，あらゆる商品開発は高性能・高機能を低コストで実現することに努力が傾注されてきた．

 サスティナブルを目標とする地球環境問題対応で重要なのはLCA評価に基づく判断である．ある一部のパスだけでなく，資源の採掘から商品の製造，利用を経て廃棄処理，リサイクル等までのライフサイクルで見る必要がある．LCAの簡便は指標はコストである．コスト＝環境負荷と考えて，本当に環境負荷が小さい「将来エンジン」技術への取り組みが重要である．本書がその一助となれば幸いである．

村中　重夫

編集・執筆分担

編集　　　　村中

執筆　第1章：村中

　　　第2章：村中，吉野

　　　第3章：村中

　　　第4章：兼利

　　　第5章：金堂

　　　第6章：後藤，村中，吉野，内田

目　次

第1章　エンジンの基礎 ………………………………………………… 1
1.1　エンジン概論 ………………………………………………………… 1
1.1.1　自動車用エンジンの歴史 ………………………………………… 1
1.1.2　エンジンの分類と作動原理 ……………………………………… 4
1.1.3　エンジンに要求される特性 ……………………………………… 7
1.1.4　ガソリンエンジンの現状と将来 ………………………………… 9
1.2　ガソリンエンジンのサイクルと熱効率 …………………………… 16
1.2.1　熱効率，出力および平均有効圧の定義 ………………………… 16
1.2.2　理論サイクルと効率 ……………………………………………… 18
1.2.3　実際のサイクル …………………………………………………… 21
参考文献 …………………………………………………………………… 30

第2章　燃費の向上 ……………………………………………………… 32
2.1　燃料消費率 …………………………………………………………… 32
2.2　燃料消費率の向上方法 ……………………………………………… 33
2.2.1　高圧縮比化 ………………………………………………………… 35
2.2.2　リーンバーンとEGR ……………………………………………… 41
2.2.3　ポンプ損失の低減 ………………………………………………… 46
2.2.4　燃焼安定性の向上 ………………………………………………… 54
2.2.5　機械損失の低減 …………………………………………………… 58
2.2.6　主要な燃費向上技術の予測効果 ………………………………… 63
2.3　運転条件の影響 ……………………………………………………… 65
2.3.1　点火時期の最適化 ………………………………………………… 65
2.3.2　回転速度と負荷の影響 …………………………………………… 67
2.3.3　アイドル，減速時の燃費向上 …………………………………… 68
2.3.4　その他の方法による燃費の向上 ………………………………… 69
2.3.5　今後の燃費向上技術 ……………………………………………… 70
2.4　ハイブリッドシステム ……………………………………………… 73
2.4.1　ハイブリッドシステムとは ……………………………………… 73
2.4.2　ハイブリッドシステムのメリット／デメリット ……………… 74
2.4.3　ハイブリッドシステムの分類 …………………………………… 76
2.4.4　実用化されたハイブリッドシステムの例 ……………………… 79
参考文献 …………………………………………………………………… 80

第3章　出力の向上 ……………………………………………… 83
3.1　出力 ……………………………………………………… 83
3.2　出力の向上方法 ………………………………………… 84
3.2.1　充填効率の向上 …………………………………… 85
3.2.2　エンジンの高回転化 ……………………………… 96
3.2.3　低燃費と高出力の両立 …………………………… 101
参考文献 ………………………………………………………… 102

第4章　排気の清浄化 ……………………………………… 104
4.1　排気 ……………………………………………………… 104
4.1.1　排出ガス …………………………………………… 104
4.1.2　有害成分の生成メカニズム ……………………… 106
4.1.3　有害成分の排出特性 ……………………………… 111
4.2　排気の清浄化 …………………………………………… 119
4.2.1　排出ガスの清浄化 ………………………………… 119
4.2.2　触媒入口エミッションの低減対策 ……………… 123
4.2.3　触媒出口エミッションの低減対策 ……………… 125
参考文献 ………………………………………………………… 139

第5章　振動・騒音の低減 ………………………………… 141
5.1　振動・騒音の基礎知識 ………………………………… 142
5.2　アイドル振動 …………………………………………… 146
5.3　高速こもり音 …………………………………………… 150
5.4　加速時騒音 ……………………………………………… 153
5.5　エンジン放射音 ………………………………………… 159
5.6　エンジン音振低減技術の今後の展望 ………………… 164
参考文献 ………………………………………………………… 165

第6章　エンジンの構造と機能 …………………………… 167
6.1　本体構造系 ……………………………………………… 167
6.1.1　シリンダブロック ………………………………… 168
6.1.2　シリンダヘッド …………………………………… 174
6.1.3　ガスケット ………………………………………… 176
6.1.4　燃焼室 ……………………………………………… 177
6.2　動弁系 …………………………………………………… 182
6.2.1　構成と形式 ………………………………………… 182
6.2.2　可変動弁系 ………………………………………… 186
6.3　主運動系 ………………………………………………… 189

 6.3.1　ピストン部 …………………………………… 189
 6.3.2　クランクシャフト部 …………………………… 196
6.4　吸排気系 ……………………………………………… 203
 6.4.1　吸気系 …………………………………………… 203
 6.4.2　排気系 …………………………………………… 208
 6.4.3　過給機 …………………………………………… 210
6.5　潤滑系 ………………………………………………… 213
 6.5.1　潤滑系の役割 …………………………………… 213
 6.5.2　潤滑系の構成 …………………………………… 215
 6.5.3　潤滑油 …………………………………………… 222
6.6　冷却系 ………………………………………………… 228
 6.6.1　冷却系の役割 …………………………………… 228
 6.6.2　冷却系の構成 …………………………………… 229
 6.6.3　冷却水 …………………………………………… 236
6.7　電子制御システム …………………………………… 238
 6.7.1　基本的な構成と機能 …………………………… 238
 6.7.2　基本パラメータ ………………………………… 240
 6.7.3　空気量制御 ……………………………………… 242
 6.7.4　シリンダ吸入空気量計量 ……………………… 244
 6.7.5　燃料噴射制御 …………………………………… 245
 6.7.6　点火制御 ………………………………………… 252
 6.7.7　電子制御システムの進化 ……………………… 256
6.8　始動系，充電系 ……………………………………… 256
 6.8.1　始動系 …………………………………………… 257
 6.8.2　充電系 …………………………………………… 258
参考文献 ……………………………………………………… 259

付録図表 …………………………………………………… 263

索　　引 …………………………………………………… 285

第 1 章　エンジンの基礎

本章では，自動車用エンジンの歴史，要求される項目および現状と将来などの概説と，エンジン性能の基礎となるサイクルと熱効率について述べる．

1.1　エンジン概論

1.1.1　自動車用エンジンの歴史[1〜3]

自動車用動力源の実用化は図 1.1 に示すように，蒸気エンジン，電気モータ，ガソリンエンジンの順でなされた．最初の自動車用動力源は外燃機関の蒸気エンジンである．蒸気自動車は 1760 年代にキュノー（フランス）が木製三輪車を人間の歩く速さほどで走らせて以来，性能を向上させながら約 150 年間続いた．この間 1800 年代には業務用車両が増加し，道路の破損や煤煙公害を理由に 1865 年には大幅な速度制限が加えられ，これによって蒸気エンジンは自動車用としての主役の座を追われることになった．

蒸気自動車の煤煙などの欠点を克服する狙いで，次に世に出たのが電気自動

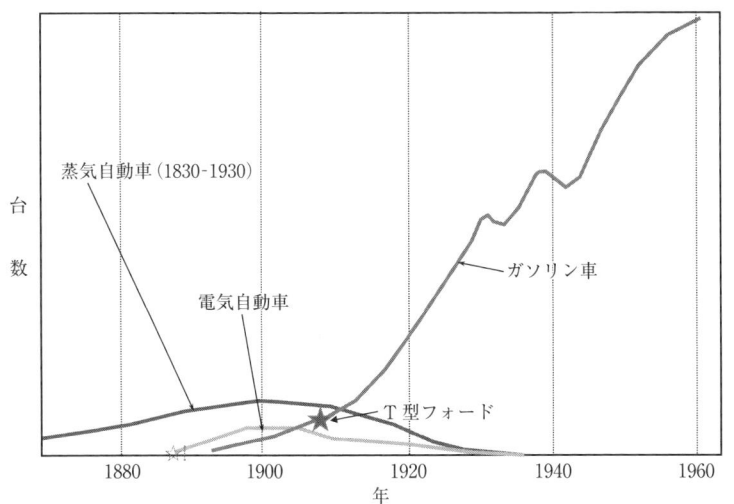

図 1.1　自動車用動力源の変遷

1.1 エンジン概論

最大出力：2×7PS

最高速度：50km/h

航続距離：50km

空車重量：980kg

電池重量：410kg

図1.2 ポルシェの電気自動車

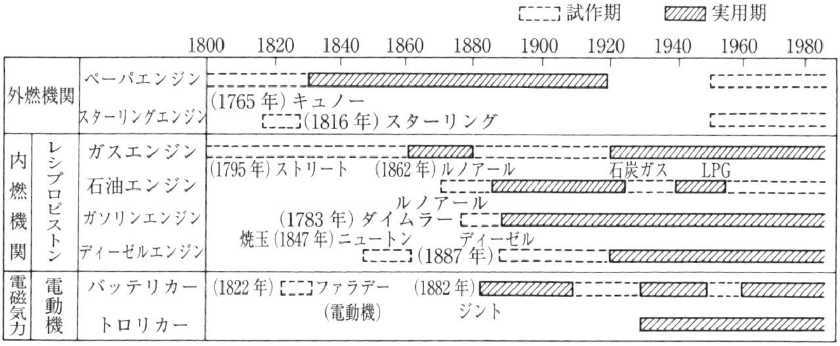

図1.3 自動車用エンジンの歴史

車である．1830年代までに電池とモータが発明され，電気自動車は1870年代から蒸気自動車と同じく1920年ころまで続いた．図1.2はF.ポルシェが1900年のパリ万博で発表した，ホイールインモータで前輪駆動方式の電気自動車（EV）である．今で言えばモーターショーの花形コンセプトカーの位置づけである．なぜ100年前の花形がEVであったかは図1.1の事情による．この頃の動力源別自動車のシェアでトップは蒸気機関の蒸気自動車であり，第2位はモータ＋蓄電池の電気自動車で，ガソリンエンジン車は新興動力源搭載車として第3位であった．

しかしながら電気自動車は電池の重量が非常に重く，かつ航続距離も50km前後と短かったため，1900年代に入り，急速に発展してきた内燃機関搭載車に取って代わられ現在に至っている．

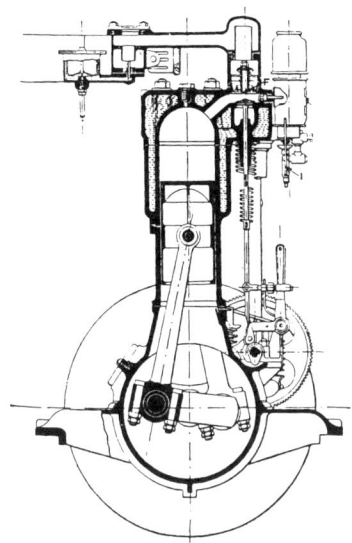

図1.4 ダイムラーのガソリンエンジン

　当時の技術では御しがたかった高温・高圧の爆発（燃焼）を伴う内燃機関は，第一次大戦前後の20世紀初頭における材料，加工，周辺機器，燃料技術等の急速な進展により，量産可能なものとなった．その結果，効率，重量（比出力），航続距離で蒸気，電気動力源を圧倒し，1920年以降は実質，エンジン＝往復動内燃機関となって現在に至っている．

　すなわち製造，加工技術で相対的に容易な蒸気自動車や蓄電池式電気自動車は効率，性能面を含め総合的なコストパーフォーマンスから100年前に淘汰された歴史がある．その他の形式を含め，試作期と実用期に分けて表した自動車用エンジンの歴史を図1.3に示す[4]．

　今日の乗用車用エンジンの大半を占める4サイクルガソリンエンジンは，1883年にダイムラーが開発（図1.4）して以来，1900年までには，吸排気はポペット弁で行い，混合気を電気火花で点火して燃焼させ，ピストン，コンロッド，クランク機構で出力を取り出す，という基本構成が確立された．

1.1.2 エンジンの分類と作動原理

(1) エンジンの分類

熱エネルギーを機械的仕事に変換する装置を熱機関という．熱エネルギー源は自動車用として考えると，燃料の燃焼により発生する熱エネルギーである．

熱エネルギーは作動流体に与えられ，作動流体の膨張によりピストンやタービンを動かして機械的仕事に変換される．熱機関は作動流体へ熱エネルギーを供給する方法により，外燃式と内燃式の2種類に大別される．

外燃式は壁を通して作動流体に熱エネルギーを与えるもので，作動流体と燃焼ガスはまったく異なり混合することはない．外燃機関の例として，古くは蒸気機関車（SL）の蒸気機関や現代の電力供給の主力である火力発電所や原発で発電機を回す蒸気タービン，研究開発中のものとしてスターリングエンジンなどがある．内燃式は，燃焼ガスが作動流体そのものであり，ガソリン，ディーゼル，ガスタービンエンジンなどがこれに属する．

図1.5に自動車用エンジンの分類を示す．このうち火花点火，圧縮点火の両機関は，さらに混合気の性状，1サイクルの行程（ストローク）数，燃料および燃料供給方法などの見地から細かく分類される．

(2) 容積形内燃機関の特徴

図1.5の熱機関のなかで，自動車用機関として今日実用に供されているのは往復動内燃機関（レシプロエンジン）と一部のバンケル式ロータリエンジンのみであり，両者とも容積形内燃機関に分類される．他形式の蒸気タービンやガスタービンエンジンと比べ，次のような特徴を有する．

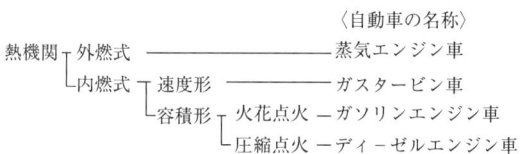

図1.5　自動車用エンジンの分類

(a) 有利な点

- 間欠燃焼であるため比較的安価な構成材料（鉄，アルミ）で，サイクルの最高温度を上げられるため，高効率でかつ低コストである．
- 設計可能な軸出力の範囲が 1 kW 以下から 3 万 kW と広く，特に自動車用機関の出力範囲（20～300 kW）では出力あたりの容積，重量が小さい．

(b) 不利な点

- 往復動で間欠燃焼のため，振動が大きく，後処理前の排気中の有害成分も多い．
- 多種燃料性がなく，大出力機関では出力あたりの容積，重量が大きくなる．

(3) ガソリンエンジンの構成と作動

図 1.6 はガソリンエンジンの実例の断面図[5]であり，主要部品の名称を記入してある．エンジン本体における運動部品は，往復運動するピストン，ピストンの往復運動を回転運動に変換するクランクシャフトとコンロッド，クランク回転に同期し 1/2 の速度で回転するカムシャフト，カムの回転により開閉する吸排気弁などからなる．作動ガスの流れは概略以下のとおりである．

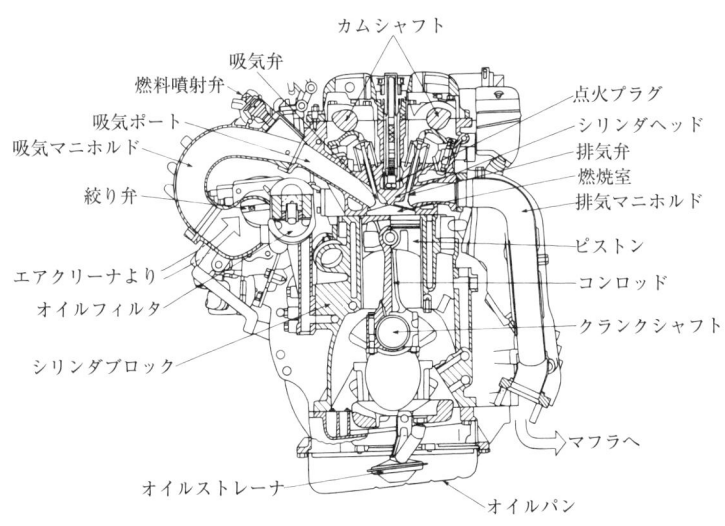

図 1.6　ガソリンエンジンの構成

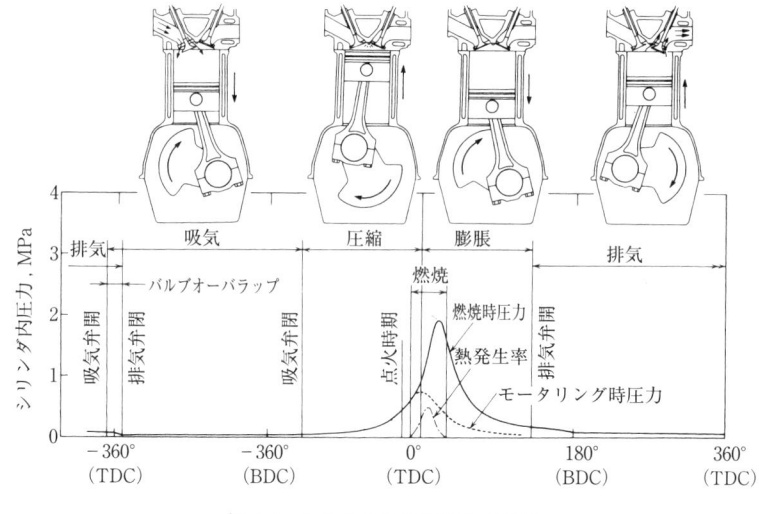

図1.7 4サイクルエンジンの作動

大気→エアクリーナ→吸気管→絞り弁→吸気マニホルド（燃料噴射）→吸気弁→燃焼室→排気弁→排気マニホルド→排気管→マフラ→大気

レシプロエンジンは一つのサイクルを完結するために必要な行程（ストローク）数でも分類され，1サイクルに4行程（2回転）要するものを4（ストローク）サイクルエンジン，2行程（1回転）要するものを2（ストローク）サイクルエンジンという．図1.7を用いて4サイクルエンジン作動順序を，四つの行程（クランク角度で180°ごと）に分けて説明する．

1) 吸気行程：排気弁は閉じており，吸気弁が開きピストンがクランクシャフトの回転に伴い下降することにより，吸気管とシリンダ内圧力との差圧が発生し，燃料噴射弁から供給された燃料と，空気の混合気がシリンダに吸入される．

2) 圧縮行程：吸排気弁とも閉じており，ピストンの上昇によりシリンダ内の混合気を約1/10に圧縮して，圧縮開始時と比べて温度は約2倍，圧力は約20倍になる．

3) 膨張（仕事）行程：圧縮行程の末期，ピストンが上死点に達する少し前

に圧縮混合気に点火，これにより上死点近くで燃焼が行われ，高温高圧の燃焼ガスがピストンを押し下げ，クランクシャフトを回転させて仕事をする．

4) 排気行程：吸気弁は閉じたままで，下死点の少し前から排気弁が開き燃焼ガスを吹き出す．次いで圧力の下がったシリンダ内の燃焼ガスをピストンが下死点から上死点まで押し上げ，シリンダ外に排出して1サイクルを終了する．

以上のことをクランクシャフトが720°，すなわち2回転するたびに繰り返す．2回転中，作動ガスが正の仕事をするのは膨張行程のみであるが，クランクシャフトに直結されたフライホイール等により，エネルギーの蓄積，放出が行われ，四つの行程の円滑な運転が継続される．

1.1.3 エンジンに要求される特性

エンジンに要求される特性は図1.8に示すように多岐にわたる[6]．エンジン単体を一つの商品としてとらえた場合，その商品力はいうまでもなく，一つ二つの特性（項目）で決まるものではなく，すべての項目の総和で決まる．各項目の要求値は，排気や騒音の規制値などの社会的要請や，市場の相場値などが基準となり決まるため，エンジンのカテゴリーによっても異なる．

図1.9は項目の優先順が大きく異なる例として，内燃機関のなかでは最も熱効率の高い大形舶用ディーゼルエンジン[7]と，自動車用ガソリンエンジン[5]

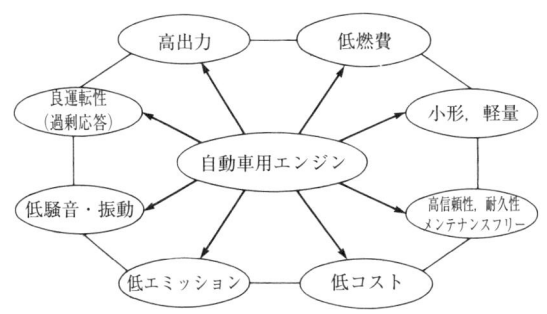

図1.8　自動車用エンジンに要求される特性

8　1.1　エンジン概論

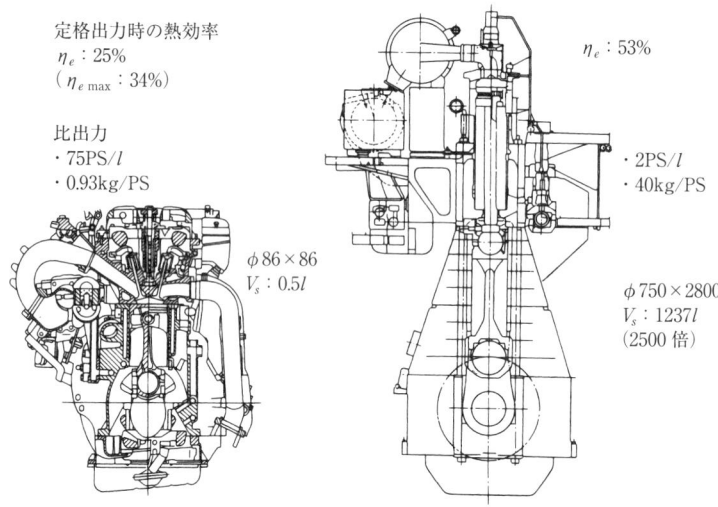

図1.9　自動車用ガソリンと舶用ディーゼルの比較

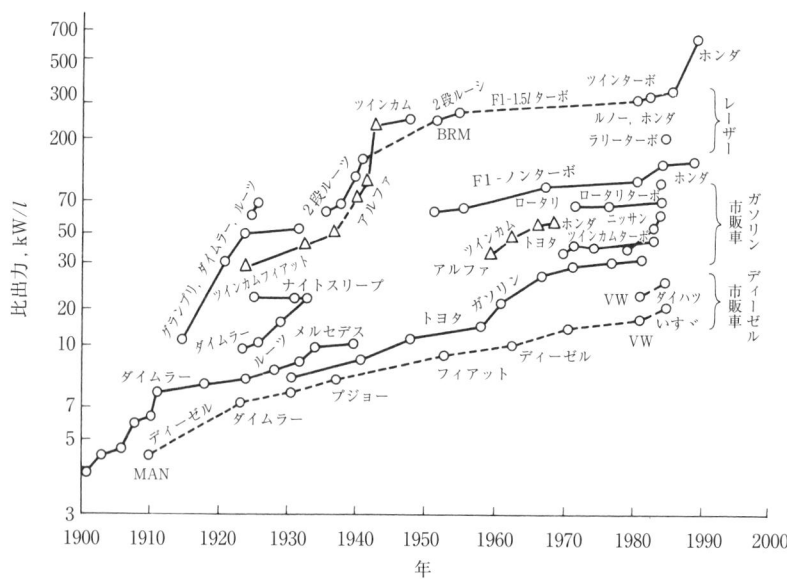

図1.10　自動車用エンジンの比出力の推移

の熱効率と比出力を比べたものである．これから自動車用は大形舶用と比べ，熱効率よりは比出力を重視した構成になっていることがわかる．自動車用エンジンのなかでも，実用車用とスポーツカー用では，各項目の優先順，要求順は異なる．

　また全体としても時代とともに重点となる要求項目は変化してきている．ここ40年近くを見ても，'70年代以前は高出力化競争，'70年代前半はマスキー法に端を発した排気対策，2度のオイルショック以後は省資源，省エネルギー要求に基づく低燃費と軽量コンパクト化，その後，過給機の装着やエンジンの多弁化，可変機構による出力燃費の向上，最近は地球環境問題からCO_2の低減といった項目が各時代の重点要求項目として開発がなされてきた．

　エンジンの基本構成は約100年前のダイムラーの時代と大差ないが，図1.10の比出力の推移[8]に示すように，この100年で図1.8のすべての項目で大幅な向上がなされてきたものが今日のエンジンである．

1.1.4　ガソリンエンジンの現状と将来[9]
（1）　将来の自動車用エンジン

　2010年3月時点の国内保有の全四輪車（約7500万台）のエンジン種別のシェアを，各種資料から作成したものを図1.11に示す．ガソリン車が9割強，ディーゼル車が1割弱で，この2種で99.6%になる．第3位はLPG車である

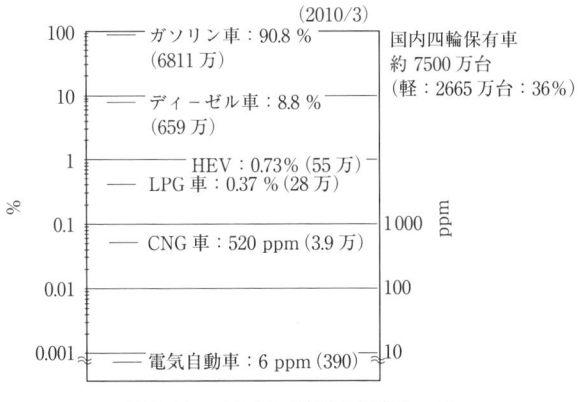

図1.11　エンジン種別の保有シェア

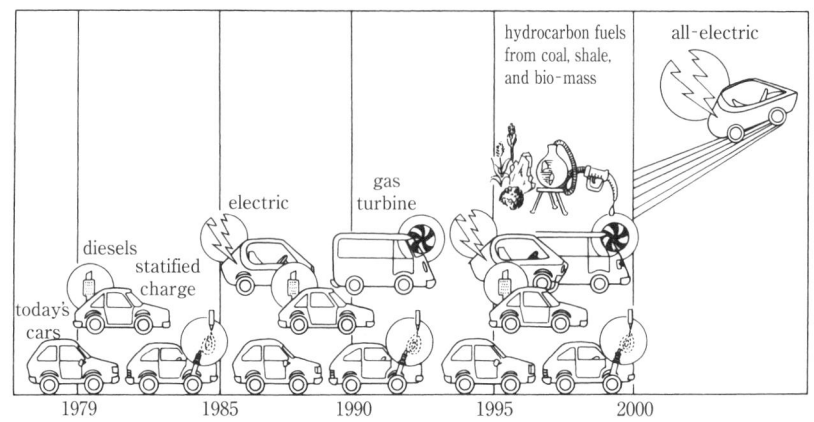

図 1.12　自動車用エンジンの将来予測例

(a) BEV（日産リーフ）　　　　(b) FCEV（ホンダクラリティ）

図 1.13　最近の EV，FCV の例

が，構造区分で往復動内燃機関（ICE：Internal Combustion Engine）であり，ほぼ 100％が ICE である．この値は長年変わっていない．

いわゆる代替エンジン車として LPG 車，CNG 車，EV（電気自動車）等があるが，すべて合せてもシェアは 0.4％未満である．

以上は主原動機で分類した場合の数値であるがエンジン＋モータのようなハイブリッド車の保有シェアは 0.7％と，見方によっては，ガソリン，ディーゼルに次ぐ第三のエンジンシステムになりつつあるのが現状である．

今後 20～30 年でこのシェアはどう変わっていくのか，またガソリン，ディーゼル以外の第三，第四のエンジンが出現するのであろうか．自動車用エンジンや燃料の将来予測は，オイルショック以降数多く行われている[10～13]．図

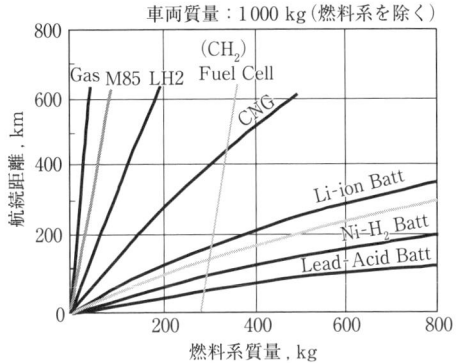

図1.14 各種燃料を搭載した車両の航続距離

1.12にGMが'70年代末に発表したものを示す[14]．これによれば'80年代半ばにDISC（直噴層状給気）エンジンとEV（電気自動車）が，'90年代初頭にはガスタービンが市場に導入され，2000年以降はすべてEVという予測がなされた．新動力源の最近の例[15]を図1.13に示す．左図は2010/末に発売されたEVである．右図は高効率・クリーンな動力源を目指して世界中で開発が盛んに行われている水素を燃料とするFCV（燃料電池車）である．

しかし2010年の市場実績は上述のように，小数点以下四捨五入では100%がICEである．同様に現時点の北米においても乗用車のほとんどは図1.12のtoday's cars（＝ガソリン車）のままである．この理由は以下のように説明できる．まず，電気自動車を含む代替燃料エンジンの，自動車用という用途からみた本質的問題はエネルギー密度の低さにある．図1.14に示すように，各種燃料を使用した場合の，航続距離と燃料系の重量を比較すると，ガソリン車の燃料系がいかに軽く，航続距離が長いかがよくわかる．

電池が重い電気自動車では，航続距離をのばそうと多くの電池を積むと，その重量増に対応するためさらに電池が必要という悪循環になる．その結果，現実的な航続距離はガソリン車の1〜2割となり用途は限定される．

航続距離に直接関係する燃費性能以外にも，自動車用エンジンとしてニッチではなくメイン市場で現行エンジンに置き換わるには図1.8に示した種々の要求項目の総合コストパーフォーマンスが現行のエンジンを超える必要がある．

これにエンジンだけでなく，インフラ整備のコストも考慮し，さらに現在の主流であることに起因する次期形に対する開発資源の大きさなどを考えると，乗用車用としてはガソリンエンジンがこれまでと同様に近未来も主力エンジンであり続け，用途に応じた色々な出力レベルのモータと組み合わせたハイブリッドシステムのシェアもコストの低減とともに拡大すると考えられる（2.4項参照）．

(2) ガソリンエンジン技術の動向

最近のガソリンエンジン技術の動向の概略を表1.1に示す，高出力，低燃費，低音振技術，またはそれらの両立を狙ったものなど，種々の性能向上技術が新規採用，または採用拡大がなされている[16]．（個々の技術の性能効果は2～5章，構造は6章を参照）．

種々の要求項目のなかで，今後の重点は地球温暖化抑制（CO_2排出量の抑制）のための燃費の向上と，局所的，地域的な大気汚染改善のためのよりいっ

表1.1 ガソリンエンジン技術年表

☐：現在の主流

狙い	年	～70	80	90	00	将来技術候補
高出力	過給機		ターボチャージャ	セラターボ		〈新サイクル〉
	燃料系	気化器	MPi — SPi	MPi	DI（直噴）	
	動弁系	SOHC 2弁	4弁 3弁	4弁	5弁	(EMV)
	可変動弁			位相可変-カム切換	連続可変（リフト, 作動角）	〈可変サイクル〉
低燃費	高圧縮比化		ε：9（2弁） — ε：10（4弁中心点火）		ε：12（DIG）	VCR ε：14
	リーンバーン	(A/F：16)	予混合リーン（2弁）-4弁	直噴成層リーン		NOxフリー燃焼 〈新燃焼〉
	低フリクション	3本リング すべりロッカーアーム	2本リング ローラロッカーアーム	マイクロフィニッシュ	オフセットクランク	
低排気	制御	（未排対）	古典制御 — 学習制御 EGR	現代制御		〈簡素後処理〉
	触媒		酸化Cat. 三元Cat.	DeNOx Cat. HC吸着Cat.		マニCat.レス 低PM Cat.
小型軽量化		アルミヘッド アルミインマニ 鋳鉄エキマニ	アルミブロック 樹脂インマニ 板金エキマニ		Mgブロック	マニレス（脈動制御）
低振動・騒音			バランスシャフト（直4）	小型バランサ		アクティブ制御
燃料		有鉛ガソリン	無鉛ガソリン		Sフリーガソリン	〈新燃料〉(GTL, BTL)

そうの排気清浄化である．

ここでは，エンジン技術の最近動向と，2020～2030年における，自動車の燃費と排気レベルがどこまで改善可能であるかを概説する．

(a) エンジンの熱効率の現状と向上可能性[17]

図1.15は現行乗用車用エンジンの熱効率の代表例である．横軸はエンジン負荷（平均有効圧）であり，0は無負荷，曲線の右端は全負荷を表わしている．理論空燃比運転（三元触媒仕様）の無過給ガソリンエンジンを基準とすると，ターボ付の直噴ディーゼルエンジンは20%以上効率が高い．

全運転領域中の最大正味熱効率はガソリンが約36%，DIディーゼルが41%である．この差の主因は圧縮比と運転空燃比の違いであり，低負荷例ではさらに絞り弁によるポンプ損失が加わる．

ガソリンエンジンの熱効率向上方法は，2章の図2.2に示すように多岐にわたる．各燃費向上因子は負荷により効果が変化する．リーンバーンや直噴成層燃焼に加え，高圧縮比化と機械損失低減の効果を予測した結果を加えると1/2負荷程度までは現在のDIディーゼル並の熱効率までガソリンエンジンで向上の可能性があることが示される．

上述のように，熱効率の最大値は35%以上というレベルに現在達している

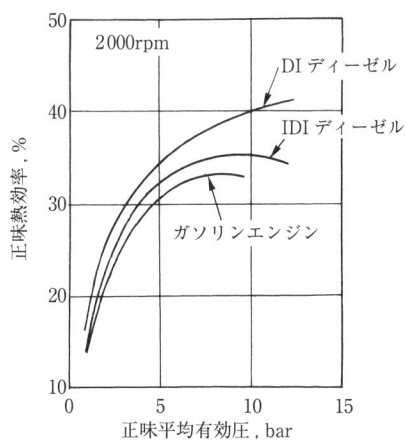

図1.15 乗用車用エンジンの正味熱効率比較

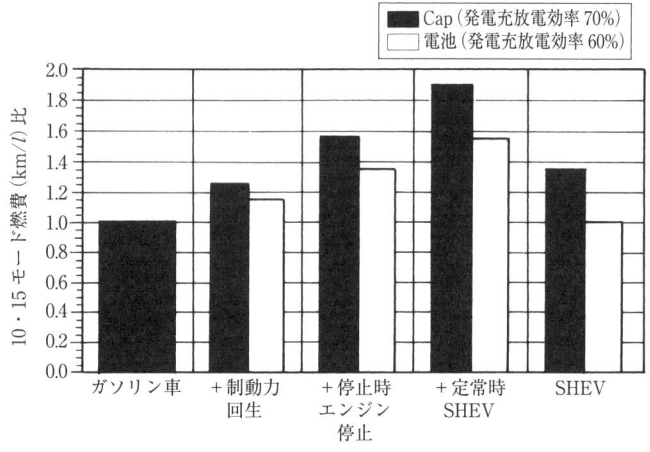

図1.16 ハイブリッドシステムの燃費改善予測

が，実際の市街地運転は効率が10%台の低負荷領域を多用している．無段変速機（CVT）等を用いて走行時の要求出力毎に熱効率最良点で運転できれば，10%以上の燃費向上が期待できる．さらに「低負荷領域ではエンジンを運転しない」というコンセプトから市街地走行パターンで大幅な燃費改善が可能なシステムとしてハイブリッド車（HV，HEV）がある．図1.16は車両重量が変化しても加速性能が変化しないよう動力機構およびエネルギー貯蔵媒体の性能を与え，10·15モードの燃費を，色々なHEVモードで予測した例である[18]．制動力回生，加速の高負荷時にエンジン運転，停止時のエンジン停止および低負荷定常時のシリーズ方式を組み合わせるいわゆるSPHVは基準のガソリン車に比較して約2倍弱の燃費予測が得られており，97年末に市販されたHEV車は車両側の燃費向上策も入れ，基準ガソリン車比で2倍のモード燃費を達成している．その後各社から各種のHEVが商品化され，保有シェアを拡大しつつある．エンジンの高効率化と車両技術の進歩との組み合わせで2リッターカー（燃費50km/L）の実用化が2030年に向けての挑戦課題である．

(b) 排気低減技術の現状と将来

ガソリンエンジンの排気低減技術は，三元触媒と空燃比制御の改良等により，HC濃度を例にとると，未規制時と比べ昭和53年規制時で1/10以下に，

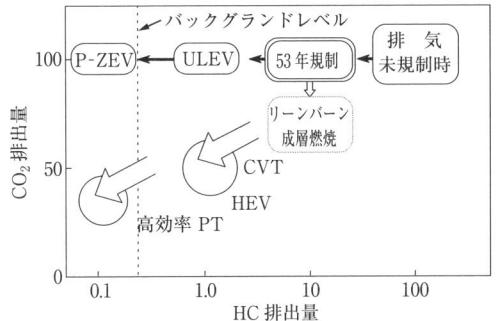

図1.17　ガソリンエンジンシステムの歴史と展望

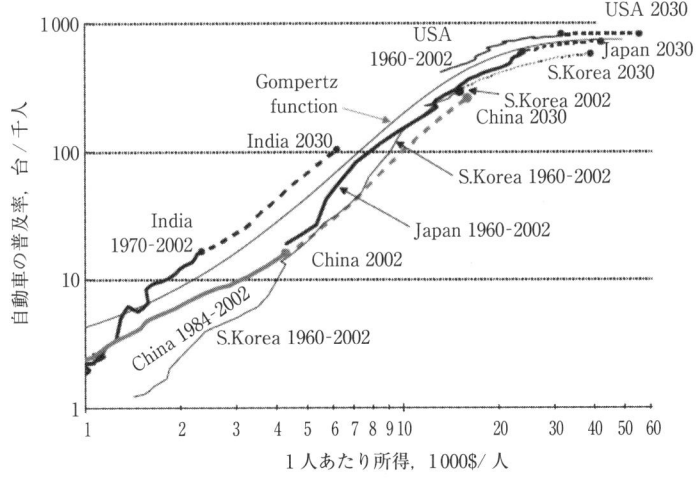

図1.18　一人当たり所得とGDPと自動車の普及率の関係

　米国のULEV規制対応では1/100以下を実現しており，暖機後の排気はバックグラウンドレベル近くにまで達している．燃焼，制御，触媒などの技術革新で冷機始動時の排気対策をさらに推し進め，「あらゆる走行モードでも大気汚染なし」が今後の目標となろう．
　以上述べてきた，エンジンパワートレインによる燃費・排気低減の可能性をガソリンエンジンを例に図示すると図1.17のようになる．
　図1.18は世界の国々の1人当たり所得と乗用車普及率の関係を示したもの

である[19]．所得の増大とともに普及率が上がること，世界人口の多くを占める発展途上国や中進国の現状はいわゆる先進諸国より1桁も2桁も低い所に位置していることがわかる．図1.17から排気に関しては自動車の総台数の桁が上がっても総排出量を増やさないシナリオを描くことは不可能ではない一方，燃費（CO_2）低減技術で達成可能なレベルを予測すると，排気のように桁を変えることは理論的にも不可能である．

したがって，全世界の自動車からの総排出CO_2量を将来にわたり増加させないためには，エンジンシステムの燃費改善努力だけでは不十分であり，「地球再生計画」のような多面的な取り組みが必須で，CO_2のリサイクル，再燃料化などの革新技術を，ロングタームの国策/世界の共通課題として推し進める必要がある．

1.2　ガソリンエンジンのサイクルと熱効率

1.2.1　熱効率，出力および平均有効圧の定義

(1) **熱効率**（Thermal Efficiency）

エンジンに供給された熱量のうち，仕事に変換された熱量の比率を熱効率という．ここで供給熱量とは，供給した燃料が完全に燃焼した場合の低発熱量である．燃料中のH_2は燃焼してH_2Oになるが，H_2Oが気体のままか，液体になるまでかにより凝縮熱分だけ発熱量が異なる．前者を低発熱量，後者を高発熱量という．

一方，サイクルを一巡して取り出せる仕事Wは，任意の時期のシリンダ内圧力p，容積Vの積分値である$W=\oint p\,dV$で表わされる．

(a) **理論熱効率**（Theoretical Thermal Efficiency）

理論サイクルとは，熱力学上避けられない不可逆変化に基づく損失のみがあるサイクルであり，このサイクルの熱効率を理論熱効率η_{th}といい下式で表わされる．

$$\eta_{th} = W_{th}/Q_1 = (Q_1 - Q_2)/Q_1 = 1 - Q_2/Q_1 \tag{1.1}$$

ここで，W_{th}：理論仕事，J
　　　　Q_1：供給熱量，J
　　　　Q_2：取り出した熱量，J

(b) 図示熱効率（Indicated Thermal Efficiency）

実際のエンジンのシリンダ内圧力は，冷却損失や不完全燃焼，吸排気損失などにより理論サイクルより低下する．この実際の圧力によりピストンになされる仕事を図示仕事 W_i，図示仕事の熱効率を図示熱効率 η_i という．

$$\eta_i = W_i/Q_1 \tag{1.2}$$

(c) 正味熱効率（Brake Thermal Efficiency）

エンジンの出力軸から得られる仕事は，図示仕事よりさらに運動部分の摩擦および補機類の駆動仕事を差し引いたものとなる．損失の仕事を機械摩擦仕事 W_f といい，図示仕事から摩擦仕事を引いたものが正味仕事 W_e，正味仕事の熱効率が正味熱効率 η_e である．

$$\eta_e = (W_i - W_f)/Q_1 = W_e/Q_1 \tag{1.3}$$

(d) 機械効率（Mechanical Efficiency）

図示仕事，効率に対する正味の仕事，効率の比率を機械効率 η_m という．

$$\eta_m = W_e/W_i = \eta_e/\eta_i \tag{1.4}$$

エンジンの仕様や機種間の正味熱効率に差がある場合などに，

$$\eta_e = \eta_i \times \eta_m$$

の関係から，図示熱効率分と機械効率分の影響を分離して要因分析ができる．

(2) 出力（Power）

単位時間あたりの仕事を出力 P といい，単位は通常 kW を用いる．図示，正味仕事の出力をそれぞれ図示出力 P_i，正味出力（軸出力）P_e という．両者の差を機械損失 P_f という．

$$P_i - P_e = P_f \tag{1.5}$$

(3) 平均有効圧（Mean Effective Pressure）

エンジンの排気量（総行程容積）を増せば一般に出力も増大するから，総行程容積の異なる機種間の性能差をいうには，出力の絶対値では論議できない．そこでサイクルの仕事を行程容積 V_s で割ったものを平均有効圧と定義し，出力密度を表わすのに用いる．仕事，出力および効率と同様に理論，図示，正味それぞれ平均有効圧が定義され，p_{th}, p_i, p_e で表わせる．

$$p_e = W_e/V_s \tag{1.6}$$

ここで図示平均有効圧 p_i は，インジケータによる p-V 線図の面積（＝仕事）を底辺が V_s の長方形にしたときの高さ（圧力）を表す．

1.2.2 理論サイクルと効率
(1) 空気サイクル

サイクルの基本的な特性を，簡素化して評価するために，次のような仮定をした理論機関のサイクルを空気サイクルという．

- 作動ガスは完全ガスで，物理定数は標準状態の空気と同一
- 圧縮，膨張行程中外部との熱交換なし（＝断熱）
- 吸排気行程の抵抗がない

一定容積のもとで熱の授受が行われるとした，ガソリンエンジンの理論サイクルである定容サイクル（オットーサイクル）の空気サイクルでの熱効率を求めてみる．

図 1.19 の左図において

$1 \rightarrow 2$：断熱圧縮
$2 \rightarrow 3$：一定容積で熱量 Q_1 が供給される（上死点で瞬時に燃焼）
$3 \rightarrow 4$：断熱膨張
$4 \rightarrow 1$：一定容積で熱量 Q_2 が取り去られる（下死点で瞬時に排気）

定容比熱が C_v で質量 G kg の作動ガスで考えると

$$Q_1 = G C_v (T_3 - T_2) \tag{1.7}$$

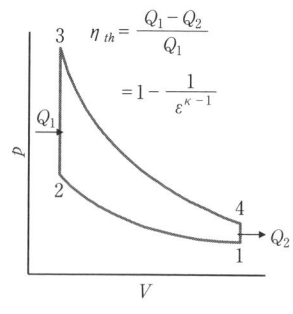
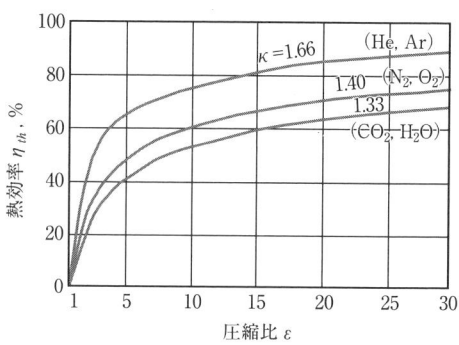

図 1.19 定容サイクルの熱効率

$$Q_2 = GC_v(T_4 - T_1) \tag{1.8}$$

ここで，$T_1 \sim T_4$ は 1～4 における作動ガス温度である．

$T_2 \sim T_4$ を断熱変化の法則を用いて T_1 の関数形で表わすと

$$T_2 = T_1(V_1/V_2)^{\kappa-1} = T_1\varepsilon^{\kappa-1} \tag{1.9}$$

$$T_3 = T_2(p_3/p_2) = T_1\varepsilon^{\kappa-1}(p_3/p_2) \tag{1.10}$$

$$T_4 = T_3(V_3/V_4)^{\kappa-1} = T_3(1/\varepsilon^{\kappa-1}) = T_1(p_3/p_2) \tag{1.11}$$

ここで，ε：圧縮比

κ：比熱比

式 (1.9)～(1.11) を式 (1.7)，(1.8) に代入すると

$$Q_1 = GC_vT_1\varepsilon^{\kappa-1}(p_3/p_2 - 1) \tag{1.12}$$

$$Q_2 = GC_vT_1(p_3/p_2 - 1) \tag{1.13}$$

$$\eta_{th} = 1 - Q_2/Q_1 = 1 - (1/\varepsilon^{\kappa-1}) \tag{1.14}$$

すなわち，定容空気サイクルの熱効率は圧縮比（Compression Ratio）と比熱比のみで決まる．図 1.19 の右図に示すように両者の値が大きくなれば熱効率も向上するが，圧縮比が高くなると熱効率の向上率は小さくなっていく．標準状態の空気の比熱比は 1.4 であるから，図の $\kappa=1.4$ の値が空気サイクルの熱効率であり，圧縮比 10 で 60% 強という高い熱効率を示す．気体の比熱比は気体分子の原子数に依存し，図の 3 種の κ は原子数が異なる．He や Ar の単原子分子が最も大きく（効率が高く），N_2，O_2 の 2 原子，CO_2，H_2O の 3 原子分子の順に小さくなる．

(2) 燃料空気サイクル

空気サイクルの仮定のもとでは，熱効率の絶対値は実際のサイクルと比べ非常に高い値を示す．たとえば，圧縮比 10 の定容サイクルの理論熱効率は約 60% であるが，同一圧縮比の自動車用ガソリンエンジンの図示熱効率は最大でも 40% 未満と大幅に低い．

これは空気サイクルの作動ガスの比熱，比熱比が標準状態の空気のままという仮定が大きな差異要因となっている．燃焼温度が 2 000K 以上になる実際の作動ガスは図 1.20 に示すように，高温では解離が進んでガス組成が変化するとともに，図 1.21 のように温度上昇とともに比熱が大きくなり，比熱比が小さくなる[20]．それで以下のような作動ガスの組成およびその物理，化学的変

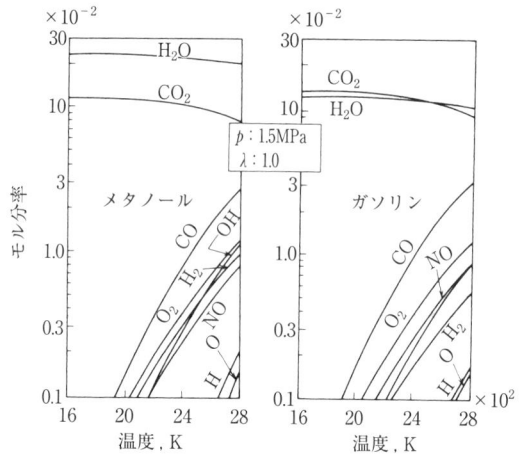

図 1.20 燃焼ガス平衡組成の温度による変化

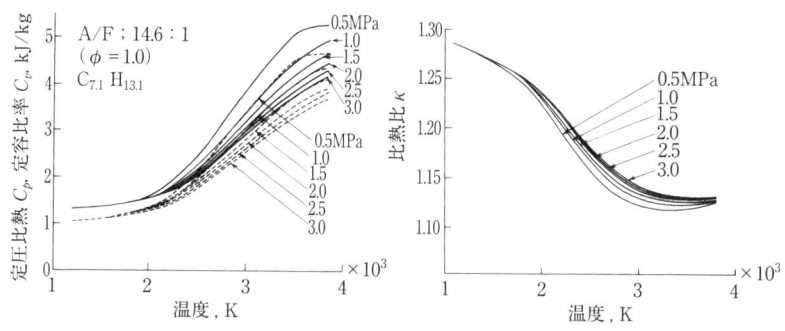

図 1.21 燃焼ガスの比熱，比熱比の温度・圧力に対する特性

化を考慮した理論サイクルを燃料空気サイクルという．

・作動ガスの組成は空気と燃料および残留ガスの完全混合気である

・高温時の作動ガスの熱解離を考慮

・温度による作動ガスの比熱の変化を考慮

・燃焼反応による分子数変化を考慮

空気サイクルと共通な点は断熱，吸排気抵抗なし，などである．

図 1.22 左図は空気過剰率 λ をパラメータとして，圧縮比に対する燃料空気サイクルの熱効率を計算した結果である．図 1.19 に示した空気サイクルと同

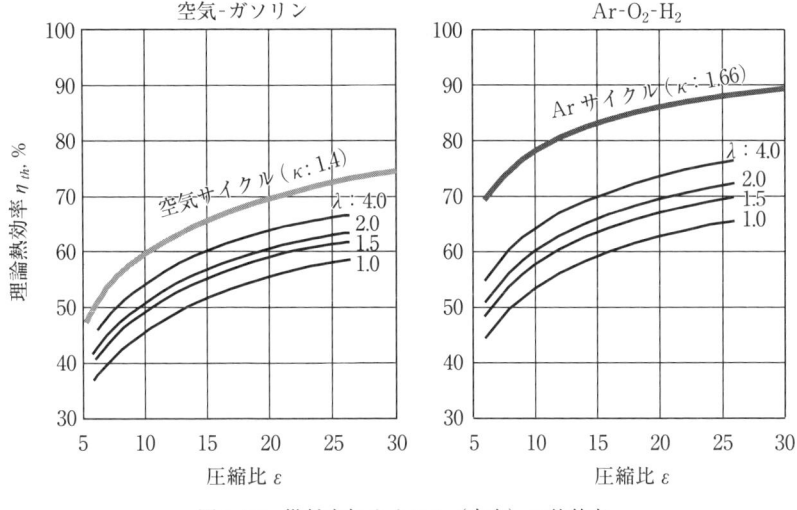

図1.22 燃料空気サイクル（定容）の熱効率

様な傾向を示すが，熱効率の絶対値は低い．$\lambda：1.0$ の圧縮比10における熱効率は約45%で，空気サイクルの約60%と比べ大幅に低下している．

この差の主因は，上述の高温下における比熱の増大，比熱比の低下によるもので，$\lambda=1.0$ の燃料空気サイクルの熱効率は定容サイクルの比熱比 $\kappa=1.26\sim1.27$ 相当の値となる．

実機における図示熱効率の改善限界値の目安（理論値）は，空気サイクルの値ではなく，燃料空気サイクルの値である．図1.22右図は空気の N_2 分を単原子の Ar に置き換えた，いわゆるアルゴンサイクルの計算結果である．約10ポイントほど効率が高いことがわかる．

1.2.3 実際のサイクル

(1) 実際のサイクルでの損失要因

実際のエンジンの図示熱効率は下記のような要因により，燃料空気サイクルの効率よりさらに低下し，通常の自動車用ガソリンエンジンでは，最大でも燃料空気サイクルの85%前後の熱効率となる（図1.23参照）．

・燃焼室壁への冷却損失

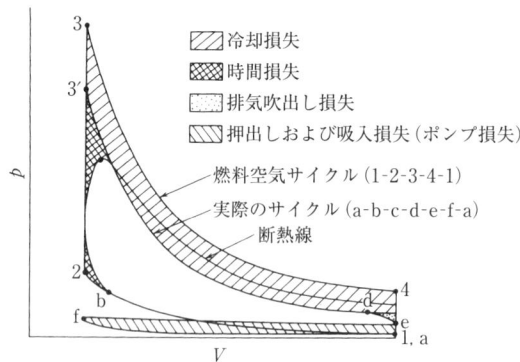

図 1.23 燃料空気サイクルと実際のサイクルの比較

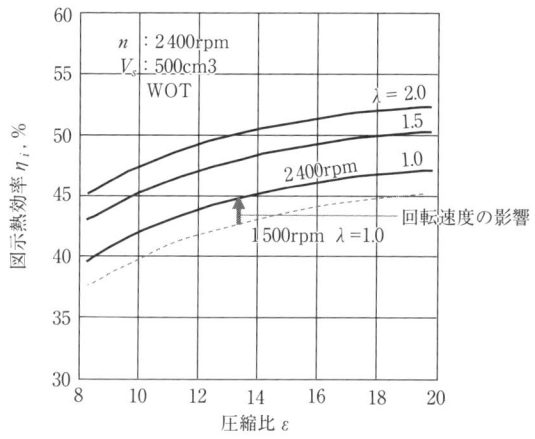

図 1.24 冷却損失、時間損失を考慮した図示熱効率

・燃焼が瞬時でないことによる損失(時間損失)
・不完全燃焼による損失
・吸排気に伴う損失(ガス交換損失)
・作動ガスの漏れによる損失など
これらの損失要件が図示熱効率に及ぼす影響を以下に述べる.

(a) **冷却損失**

燃料空気サイクルでは,作動ガスと燃焼室(シリンダヘッド,シリンダ,ピ

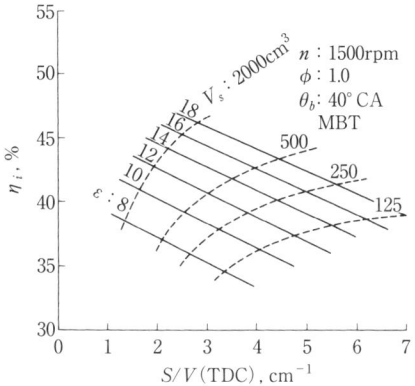

図 1.25　燃焼室 S/V 値と熱効率の関係

ストンで形成）壁との熱交換は考えず「断熱」として取り扱っているが，実際のサイクルでは圧縮行程の後半，燃焼期間および膨張行程中に，作動ガスと燃焼室壁との最大で 2 000 K 以上になる大きな温度差により，熱エネルギーが失われて冷却損失となる．

図 1.24 は冷却損失を考慮したシミュレーション結果[21]である．燃料空気サイクルでは冷却損失がないため，エンジンサイズすなわち行程容積や回転速度に関係なく，圧縮比と空燃比（空気過剰率）から効率は一義的に定まるが，冷却損失を考慮すると行程容積が小さくなるほど同一圧縮比における熱効率が低下し，かつ高圧縮比化した場合の効率向上効果も小さくなる．

これは行程容積が小さくなるほど，燃焼室の S/V 値（表面積/体積）が大きくなって冷却損失の割合が大きくなるためである．上死点の燃焼室 S/V 値と図示熱効率の関係で整理したものが図 1.25 であり，圧縮比と行程容積がパラメータになっている．これから燃焼室 S/V 値の増大とともに図示熱効率がほぼ直線的に低下する関係にあることがわかる．

以上はエンジンの回転速度，負荷とも一定の条件の結果であるが，図 1.26 は供給した燃料の発熱量 Q_f に対する圧縮，膨張行程中の冷却損失 Q_c の割合（Q_c/Q_f）が回転速度と充填効率に対して，どのように変化するかを計算した結果である．これは実際のエンジンで回転速度と負荷を変化させた場合の冷却

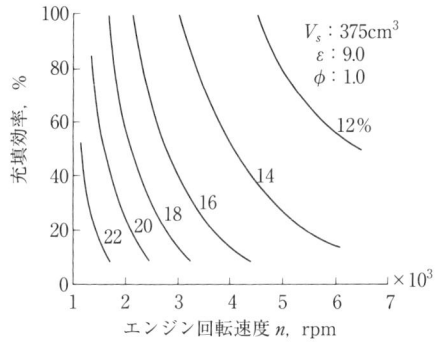

図 1.26 回転速度と負荷に対する冷却損失の比率

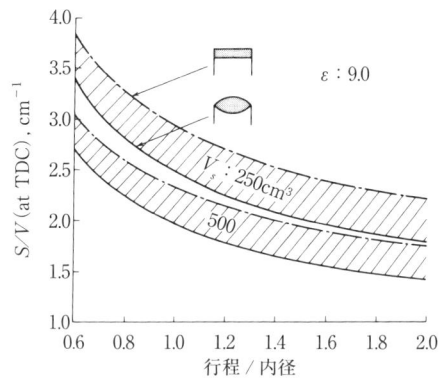

図 1.27 ロングストローク化による S/V 値の低減効果

損失割合に対応する．

　図から冷却損失割合は低速低負荷で大きく，高速高負荷になるほど小さくなることがわかる．これは低速ほど1サイクルの時間が長く冷却損失が増えることおよび低負荷ほど供給熱量は減少するが，冷却面積は変わらないため損失割合が増えることによる．

　以上から冷却損失が存在する実際のエンジンでは同一回転速度，負荷条件では行程容積が小さいほど，同一エンジンでも低回転，低負荷ほど，冷却損失割合が大きく，燃料空気サイクルと比べ効率が低下し，図示熱効率の値が低くなることがわかる．

冷却損失低減のためには，燃焼ガス温度の低減と燃焼室のS/V値を小さくすることが有効である．図1.27は行程容積，燃焼室形状，行程／内径の変更によるS/V値の低減効果を示す．燃焼ガス温度の低減については2章で述べる．

(b) 時間損失

定容サイクルでは熱の供給，燃焼は上死点で瞬時に行われるとしているが，実際のサイクルの燃焼は図1.28に示すように，点火プラグからの火炎伝ぱで行われ，クランク角度で40〜60°程度の燃焼期間（熱発生期間）を要する．この有限な燃焼期間に起因する損失を時間損失という．図1.22で，実際のサイ

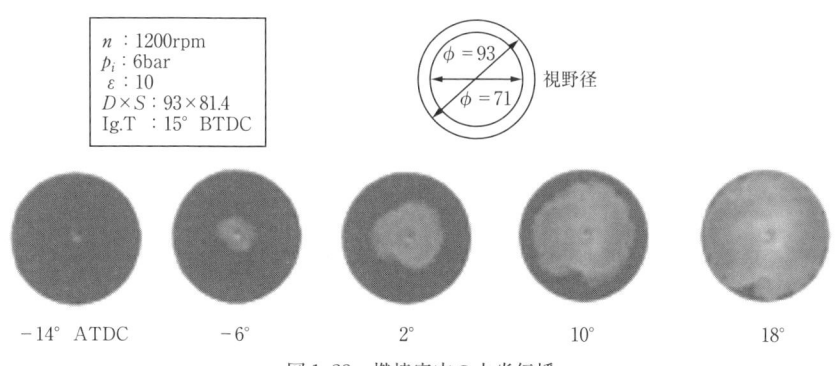

図1.28 燃焼室内の火炎伝播

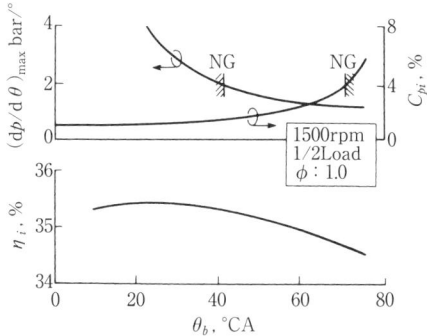

図1.29 燃焼期間と熱効率の関係

クルと等価の仕事をする定容サイクルを考えると圧縮比（＝膨張比）が低下したサイクルになる．すなわち，燃焼期間が長いということは定容サイクルでの圧縮比低下と考えればよい．

しかし，安定した燃焼が行われている状態の実際のエンジン負荷条件ではこの影響は比較的小さい．図1.29のように燃焼期間が40°CAから60°CAへと

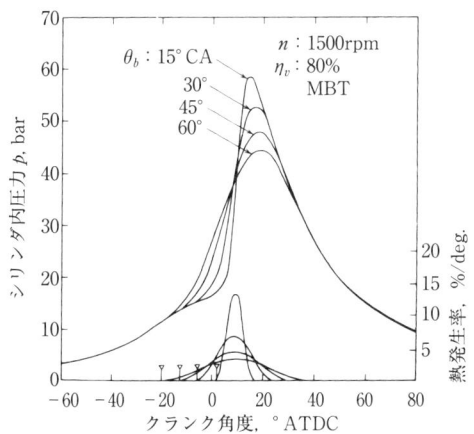

図1.30 燃焼期間による指圧波形の変化

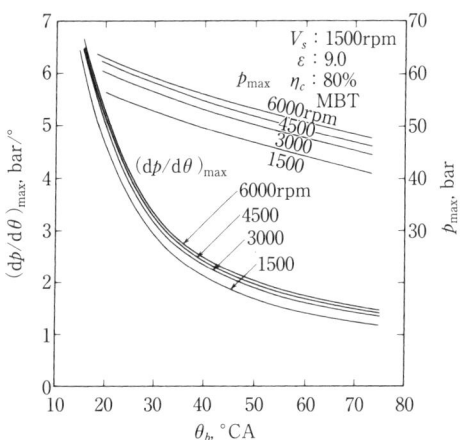

図1.31 燃焼期間による最大圧力上昇率の変化

1.5 倍になっても燃焼終了時の燃焼室容積差は小さく，上述の等価定容サイクルの圧縮比の変化が小さいため，熱効率の相対低下率は1％程度である．

ただし，アイドリングのように，低負荷で残留ガス割合が多くて燃焼期間が長い場合は，燃焼期間の短縮により大幅な効率向上が得られる．この場合は燃焼期間の短縮による燃焼変動低減効果や点火時期が相対的に進角し，効率上の最適値に近づけた効果のほうが大きい（2章の2.2.4項参照）．

燃焼期間は一般に熱効率よりは，高負荷運転条件の音振性能と低負荷の燃焼安定性に与える影響のほうが大きい．すなわち，高負荷条件でガス流動の強化などで燃焼期間を短くしていくと，図1.30，1.31に示すように最高圧力 (p_{max})，最大圧力上昇率 $(dp/d\theta)_{max}$ は単調に増大し，音振性能を悪化させる．一方，低負荷で平均燃焼期間が長くなると燃焼変動が増大し安定な運転ができなくなるため，燃焼期間は両者の要求を満たすある幅のなかに入れる必要がある（図1.29）．

(c) 不完全燃焼

燃料空気サイクルでは理論空燃比より過濃域における不完全燃焼（CO，H_2 生成）や熱解離の影響は考慮してあるが，実際のサイクルではさらに燃料と空気の不完全な混合による不完全燃焼や燃焼室壁面の消炎層やピストントップランドのクレビス部の未燃混合気の存在が燃焼効率（Combustion Efficiency）を低下させ，かつ排気中の未燃COやHC（炭化水素）の発生源になってい

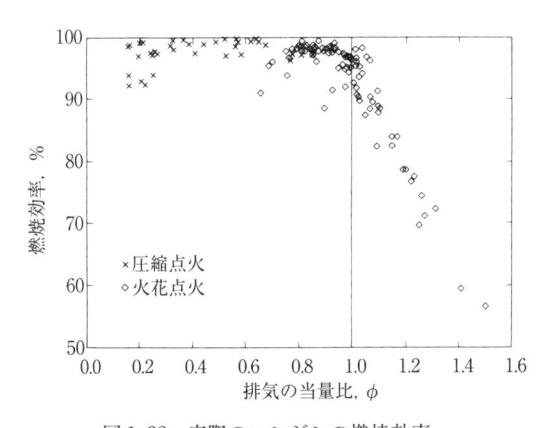

図1.32 実際のエンジンの燃焼効率

る．通常のガソリンで理論空燃比運転の場合，排気中の未燃 HC 濃度で 3 000 ppmC$_1$ は未燃率で 2 % になる[21]．

図 1.32 はエンジンの排気組成から求めた燃焼効率の計測例である[22]．しかし，排気中の未燃燃料は火炎伝ぱ終了後も燃焼室内，排気ポート，排気管中で酸化が進むので，熱効率に直接影響する火炎伝ぱ終了時の燃焼効率は図のレベルよりさらに低い（詳細は 4 章を参照）．

(d) ガス交換損失

作動ガスの吸排気に伴う損失で，ブローダウン損失とポンプ損失（押出し吸入損失）とからなる．理論サイクルでは下死点の定容状態で熱が取り去られるとしているが，実際のサイクルでは高速高負荷条件で排気抵抗を増大させないため，排気弁は下死点前 40〜60° に開き始める必要がある．この下死点前のブローダウン（排気吹出し）により損失が発生するが，図 1.23 の p-V 線図からもわかるように全体の仕事に対する割合は比較的小さい．

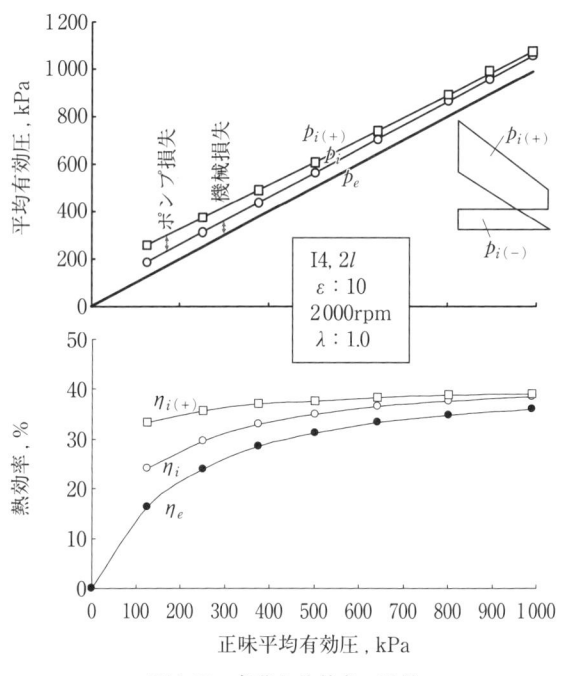

図 1.33 負荷と熱効率の関係

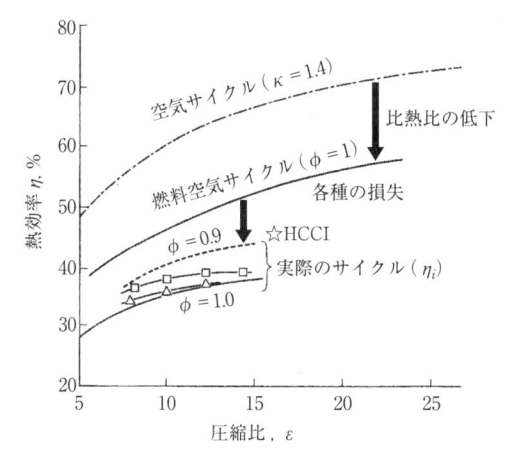

図1.34 理論と実際のサイクルにおける圧縮比と熱効率の関係

また理論サイクルでは考えない吸排気系の摩擦損失や弁における絞り損失によりポンプ損失が発生する．特に絞り弁で出力調整を行う，ガソリンエンジンでは負荷が小さくなるほどポンプ損失が大きくなり，低負荷時に図示熱効率が低下する主因となっている．

図1.33は平均有効圧と熱効率の関係を示したものである[23]．圧縮膨張行程の仕事 $W_{i(+)}$ に対応する平均有効圧 $p_{i(+)}$，熱効率 $\eta_{i(+)}$ も示してある．これから $\eta_{i(+)}$ は負荷の影響が非常に小さいが，ポンプ損失は負荷の低下と比例して増大し，その結果，η_i も低下していく様子がわかる．

(e) 漏れ損失

シリンダ壁とピストン，ピストンリングのすきまを通り作動ガスが燃焼室からクランク室へ漏れることによる損失であるが，このブローバイガス量の吸気量に対する比率は通常1％以下であり，熱効率への影響は小さい．

(2) 実際のサイクルの図示熱効率

これまでに述べてきた種々の損失を有する実際のエンジンにおける圧縮比と図示熱効率の関係の例を図1.34に示す．運転条件は理論空燃比におけるポンプ損失のほとんどない全負荷（絞り弁全開）である．参考として，空気サイクルと燃料空気サイクルの理論熱効率も示してある．

同一圧縮比で実際のサイクルの熱効率は燃料空気サイクルの値の75〜85％

程度であり，かつ圧縮比を高くした場合の熱効率向上効果が早く頭打ちとなる傾向が見られる．図示熱効率が燃料空気サイクルより低くなる要因のうち，最も寄与度が大きいものは冷却損失であり，次は不完全燃焼（未燃 HC など）による燃焼効率低下分で，この二つで差の大半が説明できる．残りはその他の諸要因によると考えられる．

図の実験に用いたエンジンは行程容積，燃焼室形状，エンジン回転速度も異なる．冷却損失や燃焼効率はエンジンの諸元や運転条件により変化するから，圧縮比に対する実際のエンジンの熱効率は一義的に定まるものでなく，設計運転変数の関数である．図1.34のデータはその一例であると認識する必要がある．

(3) 機械損失と正味熱効率

図示出力と正味出力の差である機械損失は大別して，次のものからなる．

- ピストン，ピストンリングとシリンダ間の摩擦
- クランク軸，カム軸などの軸受摩擦
- カム-カムフォロワ間の摩擦
- 補機の駆動損失
  運転上必要なもの；水ポンプ，オイルポンプ，点火装置
  車両の利便性から；パワーステアリング用ポンプ，
  　　　　　　　　　エアコン用コンプレッサ

エンジン全体の機械損失は回転速度の上昇とともに増大する．この理由はおもに回転の上昇とともに摺動面の相対すべり速度が増大してオイルの剪断仕事が増大するためである．一方，回転速度一定で負荷を増大させた場合の機械損失は図1.34で示したように微増するが，ほぼ一定とみなしてよい程度である．その結果，正味熱効率は低負荷で急激に低下し無負荷で0になる（機械損失の詳細は2章，2.2.5項参照）．

参考文献

1) 林　　洋：自動車の歴史，自動車工学全書，第1巻，山海堂（1980）
2) 富塚　清：内燃機関の歴史，第3版，三栄書房（1982）
3) 新編自動車工学便覧，第4編（1983）
4) 新編自動車工学便覧，第1編（1982）

5) 服部ほか：新世代直列 4 気筒エンジンの開発，日産技報，**26**（1989）
6) 自動車技術会編：自動車技術ハンドブック　基礎理論編（1990）p.4
7) 平山ほか：三菱 UEC75LS Ⅱ型ディーゼル機関の開発，三菱重工技報，**25**, 3（1988）
8) 樋口健治：自動車用内燃機関発達史，内燃機関，**31**, 6（1992）
9) 村中重夫：2030 年の自動車用動力源，エンジンテクノロジーレビュー，**1**, 1 養賢堂（2009/4）
10) 黒田ほか：自動用エンジンの将来，PETROTECH，**7**, 11（1984）
11) G. G. Lucas：The Motor Car in the Year 2000, Proc., IME, **198** D, 7（1984）
12) 小早川　隆：自動車用エンジンはどう変るか, 日本機械学会誌, **89**, 816（1986）
13) C. C. J. French：Power Plants for the Nineties and Beyond, Proc., 4 th IPC（1987）
14) WARD'S Engine Update, Jan., 5（1979）
15) 各社　広報資料（2010）
16) 村中重夫：乗用車用エンジン 30 年の変遷と今後の動向，自動車技術，**56**, 2（2002）
17) 村中重夫：エンジンの熱効率向上方法とその効果，機械学会講習会（2006/1）
18) 岩井：ハイブリット自動車の燃費向上要因と将来展望，自動車技術，**51**, 9（1997）
19) Joyce Dargay et al.：Vehicle Ownership and Income Growth, Worldwide：1960-2030（2007）
20) S. Muranaka et al.：COMBUSTION CHARACTERISTICS OF A METHANOL FUELED S. IENGINE 5 th AFT Sympo.,（1982）
21) S. Muranaka et al.：Factors Limiting the Improvement in Thermal Efficiency of S. I Engine at Higher Compression Ratio, SAE Trans., **96** Paper, 870548（1987）
22) J. B. Heywood：Internal Combustion Engine Fundamentals, McGraw-Hill（1988）p.82
23) 村中ほか：ガソリンエンジンの熱効率向上の可能性，自動車技術，**45**, 8,（1991）

第2章　燃費の向上

　ガソリンエンジンの燃費は，初期のものに対して基本サイクルを同一として，高圧縮比化や機械損失の低減といった効率の向上により着実に向上してきた．特に，1970年代のオイルショック以降，さまざまな燃費向上技術が実用化されてきた．今後，地球規模の環境問題やエネルギ問題を克服し，車と社会の調和を図っていくためにも，ガソリンエンジンの燃費向上はますます重要になっている．ここでは，その燃費について概説するとともに，燃費の向上方法について説明する．

2.1　燃料消費率

　エンジン単体の燃費性能は，車両が一定条件で走行中はエンジンに要求される軸出力が一定のため，単位出力×時間（＝単位仕事）あたりに消費する燃料質量で表わし，これを燃料消費率（Specific Fuel Consumption）という．第1章で述べた熱効率とは逆数関係にある．

$$f = (10^3 \times F)/P = (3.6 \times 10^6 \times Q)/(H_u \times W)$$
$$= (3.6 \times 10^6)/(H_u \times \eta) \tag{2.1}$$

ここで，f：燃料消費率，g/kWh
　　　　F：燃料消費量，kg/h
　　　　P：出力，kW
　　　　Q：供給熱量，kJ
　　　　H_u：低発熱量，kJ/kg
　　　　W：仕事，kJ
　　　　η：熱効率

　熱効率と同様に燃料消費率にも正味 f_e，図示 f_i があり，一般的なガソリン（低発熱量44MJ/kg）を使用した場合，最近の自動車用ガソリンエンジンの正味熱効率は中速高負荷の最良点で約35%を超えており，正味燃料消費率で約230 g/kWh となる（図2.1）．

　なお，軸出力を出さないアイドリング（アイドル）時の燃費性能は，通常単

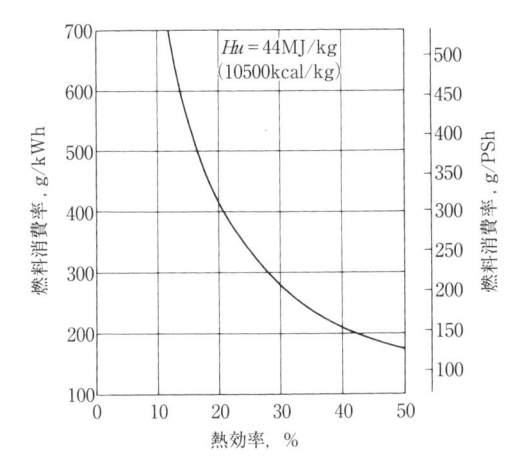

図 2.1 熱効率と燃料消費率の関係

位時間あたりの消費燃料量 l/h で表し，これを燃料消費量（Fuel Consumption）という．また車両としての燃費は 10・15 モード，JC08 モード（日本），LA-4 モード（アメリカ）といった試験モード走行時や，一定速度で走行したときの定地燃費などがあり，km/l, mpg（mile per gallon）などで表される．

2.2 燃料消費率の向上方法

ガソリンエンジンの燃料消費率を向上することは，すなわち，熱効率を向上することである．図 2.2 に正味熱効率に影響を及ぼす因子と具体的な向上方法の例[1]を示す．これはエンジン単体の効率向上方法であるが，加減速と停止を繰り返す実際の車両燃費の向上方法として，エネルギー回生もある．これについては 2.4 節で述べる．

正味熱効率を向上するには，供給燃料がもっている熱量を圧縮膨張行程にできるだけ多くの仕事としてピストン上に取り出すとともに，それをクランク軸からできるだけ損失少なく取り出すことによって実現できる．

圧縮膨張行程にできるだけ多くの仕事として取り出す〔＝圧縮膨張行程仕事の熱効率（$\eta_{i(+)}$）の向上〕には，図 2.2 において圧縮比から未燃率〔燃焼効率〕までを向上することにより可能である．一方，それらを損失少なくクランク軸

2.2 燃料消費率の向上方法

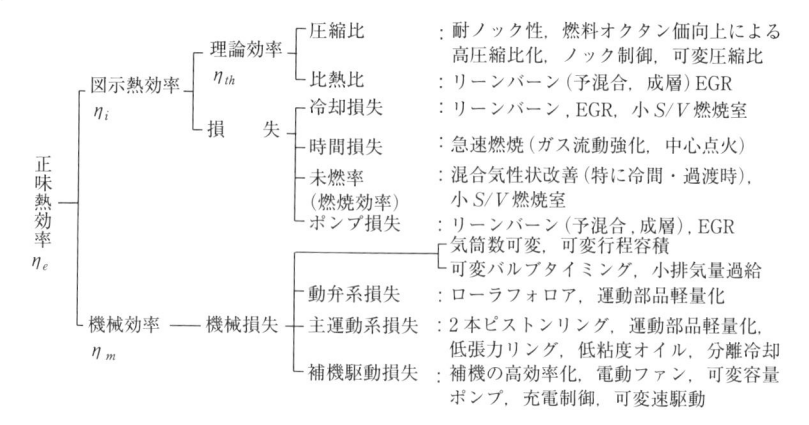

```
                    ┌ 理論効率 ─┬ 圧縮比   : 耐ノック性,燃料オクタン価向上による
                    │   η_th   │             高圧縮比化,ノック制御,可変圧縮比
         ┌ 図示熱効率┤          └ 比熱比   : リーンバーン(予混合,成層) EGR
         │    η_i   │          ┌ 冷却損失 : リーンバーン,EGR,小 S/V 燃焼室
         │          │          │ 時間損失 : 急速燃焼(ガス流動強化,中心点火)
正味熱効率│          └ 損  失 ─┤ 未燃率   : 混合気性状改善(特に冷間・過渡時),
  η_e    ┤                    │(燃焼効率)   小 S/V 燃焼室
         │                     └ ポンプ損失: リーンバーン(予混合,成層),EGR
         │                             ┌ 気筒数可変,可変行程容積
         │                             │ 可変バルブタイミング,小排気量過給
         │                    ┌ 動弁系損失 : ローラフォロア,運動部品軽量化
         └ 機械効率 ── 機械損失┤ 主運動系損失: 2本ピストンリング,運動部品軽量化,
              η_m              │              低張力リング,低粘度オイル,分離冷却
                               └ 補機駆動損失: 補機の高効率化,電動ファン,可変容量
                                              ポンプ,充電制御,可変速駆動
```

図 2.2　正味熱効率に影響を及ぼす因子と具体的向上方法

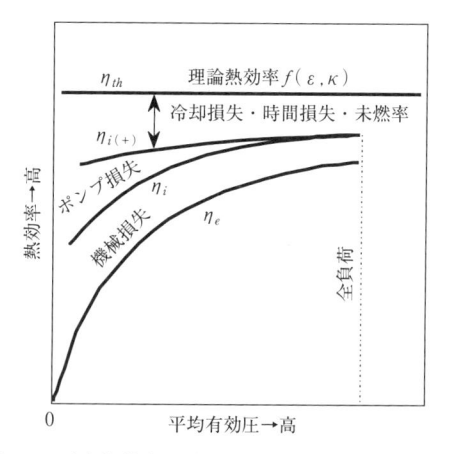

（グラフ：横軸「平均有効圧→高」,縦軸「熱効率→高」。上から η_{th} 理論熱効率 $f(\varepsilon,\kappa)$,冷却損失・時間損失・未燃率,$\eta_{i(+)}$,ポンプ損失,η_i,機械損失,η_e,全負荷）

図 2.3　正味熱効率に影響を及ぼす因子（模式図）

から取り出すためには,絞り弁により負荷（作動ガス量）を制御するために,吸気行程で生じるポンプ損失を低減することと,エンジンを構成する部品間の摩擦力や補機類（ウォータポンプ,オルタネータなど）を駆動するため発生する機械損失を少なくすることである.これを模式的に表すと図 2.3 のようになる.

次に,具体的な向上法として影響の大きい以下の項目について説明する.

圧縮膨張行程の熱効率向上としては,

・高圧縮比化
・混合気の組成；空燃比，EGR率

損失の低減としては，

・ポンプ損失の低減
・機械損失の低減

2.2.1 高圧縮比化

(1) 高圧縮比化の効果

圧縮比9.0における熱効率を基準とした正味熱効率の向上率で表すと，図2.4のように回転速度が一定の場合には，行程容積が小さいほど，また，負荷が低いほど高圧縮比化の効果が小さくなっていることがわかる[2]．この差は主に燃焼室のS/V値（燃焼室表面積/容積）の違いによる冷却損失と燃焼効率の差によるものと考えられる．一般に圧縮比が高いほど，行程容積が小さいほどS/V値が大きくなり，作動ガスから燃焼室壁面などへの熱伝達による冷却損失は増大する．また，供給した燃料に対して燃焼室壁面付近の境界層（火炎が伝ぱしないで燃え残る層）内の燃料の割合が増えるため未燃率は増大する．

運転条件の影響としては，負荷が小さいと供給燃料のもつ熱量に占める冷却

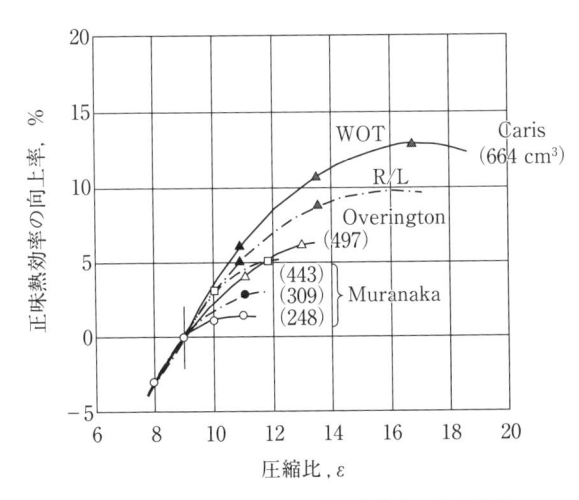

図2.4 高圧縮比化による正味熱効率の向上効果

損失の割合が大きいため，高圧縮比化による熱効率の向上効果が小さくなる．また，回転速度が低いほど冷却損失の割合が大きいため，同様に高圧縮比化の効果は小さくなる．図の実験結果から圧縮比を9から10へ高めた場合の正味熱効率の向上率は1〜3％，9から11の場合は1〜6％とエンジンにより大きく異なっている．

最近の無過給エンジンの圧縮比は10〜12の範囲に大半があるが，この圧縮比はおもにノッキング（ノック）の限界によって決まっているため，高圧縮比化できるかどうかはノックを抑制できるかどうかにかかっている．

次に，このノック現象とその発生機構について説明する．

(2) ノック

自動車を低速走行状態から急加速した場合などに，エンジンからカラカラという一種のたたき音を発生することがある．これをノック（Knock）という．ノックは混合気の火炎伝播の末端部（エンドガス）がほとんど一瞬の間に燃焼する"自発火"に起因し，このとき生じる燃焼室内の大きな圧力不均衡によって発生した圧力波が燃焼室壁を加振して，ノック音を発生する．

点火プラグから広がる火炎面は，既燃部の膨張により未燃部を圧縮しつつ進行するため，未燃部の温度，圧力は上昇し，アルデヒドや過酸化物などの中間生成物が火炎到達以前に生成される[3]．その温度，圧力の時間履歴が燃料によって決まるある限界（過酸化物濃度の限界）を超えると自発火に至る．したがって，ノックの強さは自発火する末端部のガス量による．

ノック音の基本周波数は主にシリンダ内径とガス温度によって決まり，シリンダ内径80mm前後のエンジンでは約7kHzである．1回のノックで見ると上死点近くの発生直後が最も圧力振幅が大きく，かつ周波数も高い，ピストンの降下，すなわち，ガスの膨張とともに温度が下がるため周波数も低くなる[4]（図2.5）．

実際のエンジンでは燃費と出力の向上のため，低回転域では最良点火時期がノック発生開始点火時期よりも進んだ側にあるような高い圧縮比を選定している．このため点火時期を遅らせてノックが発生しない場合より，軽いノックが発生するまで点火時期を進めたほうが燃費，出力とも向上する．しかし，ノックの発生は圧力上昇率，最高圧力を増大させ，かつ圧力振動のために境界層

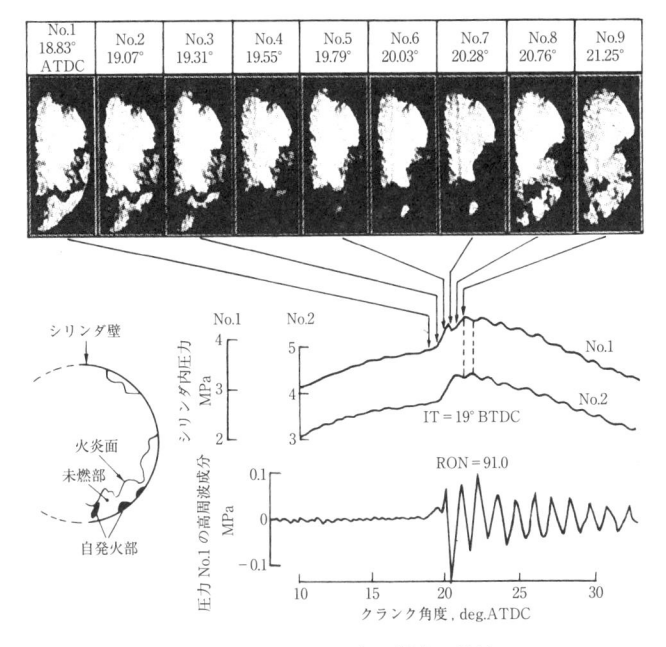

図2.5　ノッキングがある場合の燃焼

（断熱層）が薄くなることによって燃焼室壁およびピストンへの熱伝達を良くするので，ピストンやピストンリングの焼損，焼付き，ガスケットの吹抜け，さらにはメタルの異常摩耗などの障害を引き起こすことがある．このため，使用状況の影響なども考慮してノックの発生しない点火時期に設定されている．また，ノックセンサによりノックの発生を検出し，その信号により点火時期の制御を行うシステムも一般化している．

(3) 高圧縮比化の方法（ノックの抑制法）

ノックの発生を制御し，圧縮比を高めるための方法を図2.6に示す．圧縮比を高めるためには燃料のオクタン価を高めるか，燃焼期間の短縮，燃焼室の冷却改善などによりエンジンの耐ノック性を向上し，要求オクタン価（全負荷時の最適点火時期において，ノックの発生しない運転を可能にする燃料のオクタン価）を低減させる必要がある．

いろいろな種類の燃焼室形状について圧縮比9.0前後から高圧縮比化する場合を見てみると，要求オクタン価は圧縮比1.0あたり5〜7オクタン（RON）

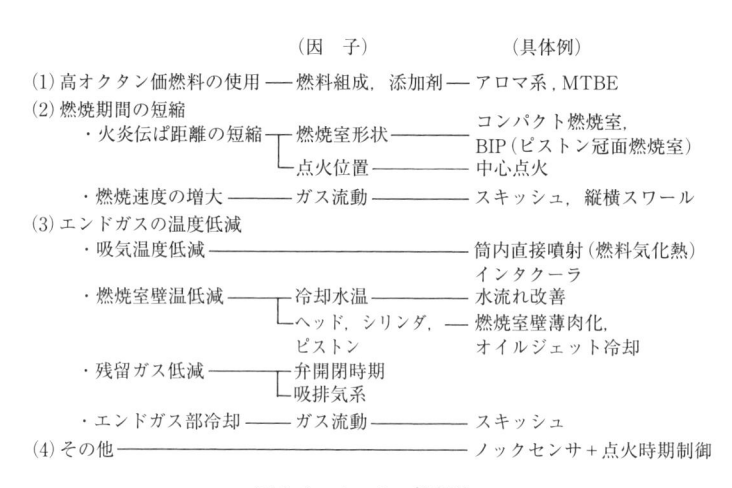

```
                        (因子)              (具体例)
(1) 高オクタン価燃料の使用 ── 燃料組成，添加剤 ── アロマ系，MTBE
(2) 燃焼期間の短縮
    ・火炎伝ぱ距離の短縮 ┬ 燃焼室形状 ───── コンパクト燃焼室，
                        │                    BIP（ピストン冠面燃焼室）
                        └ 点火位置 ─────── 中心点火
    ・燃焼速度の増大 ──── ガス流動 ─────── スキッシュ，縦横スワール
(3) エンドガスの温度低減
    ・吸気温度低減 ──────────────────── 筒内直接噴射（燃料気化熱）
                                          インタークーラ
    ・燃焼室壁温低減 ┬ 冷却水温 ─────── 水流れ改善
                    └ ヘッド，シリンダ，── 燃焼室壁薄肉化，
                      ピストン            オイルジェット冷却
    ・残留ガス低減 ┬ 弁開閉時期
                  └ 吸排気系
    ・エンドガス部冷却 ── ガス流動 ─────── スキッシュ
(4) その他 ────────────────────────── ノックセンサ＋点火時期制御
```

図 2.6　ノックの抑制法

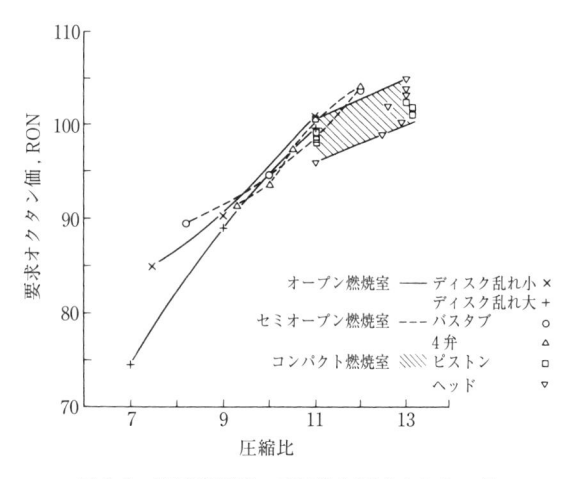

図 2.7　燃焼室形状、圧縮比と要求オクタン価

増大する（図 2.7）[5]．このため，燃料のオクタン価以外の燃料特性をあまり変えずにオクタン価を向上できれば，エンジン側の変更は比較的少なく，図 2.4 レベルの熱効率向上が可能となる．これは次に説明するエンジン耐ノック性向上技術より汎用性があり，燃料消費量，ひいては石油消費量の低減に有効であると考えられる．なお，現在市販のレギュラーガソリンのオクタン価（RON）

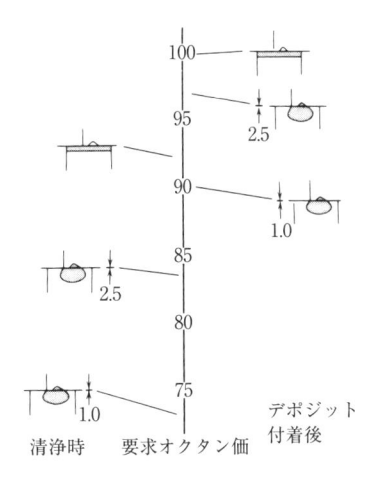

図 2.8 燃焼室形状と要求オクタン価

は約 91，ハイオクガソリンのそれは 98 前後である．ハイオクガソリンは，以前ガソリン基材にオクタン価向上剤である四エチル鉛を混入したいわゆる有鉛ハイオクであった．しかし，鉛公害や排気清浄化の目的で触媒装置が導入されたため，その保護のために無鉛化され，現在は高オクタン基材の使用や RON118 の MTBE（メチル-ターシャリ-ブチルエーテル）の添加などで製造されている．

一方，エンジン自体の耐ノック性を高める方法としては図 2.6 に示すようなものがあるが，その一つとして燃焼室形状の変更により燃焼期間を短縮し，要求オクタン価低減の可能性を検討した例[6)]を図 2.8 に示す．

点火位置が偏り，燃焼の遅いディスク形の燃焼室が，最も要求オクタン価が高く，広いスキッシュ領域（スキッシュ；上死点直前に，シリンダヘッド下面とピストン冠面との間で作られる燃焼室中心部へ向けた作動ガスの押出し流れ）とコンパクトな容積部を設けた形状が要求オクタン価は低くなり，耐ノック性が高いことがわかる．しかし，エンジンの運転時間によっても要求オクタン価は大きく変化する．燃焼室表面がきれいな運転初期の要求オクタン価は低いが，長時間運転後には表面にデポジット層（燃料，オイルおよびそれらの添加物の炭化物や酸化物）が付着し断熱層となるため，作動ガスの温度が上昇し

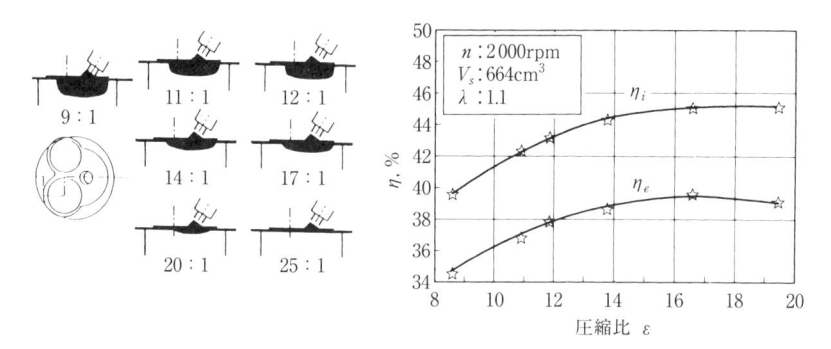

図2.9 ガソリンエンジンにおける高圧縮比化の効果例

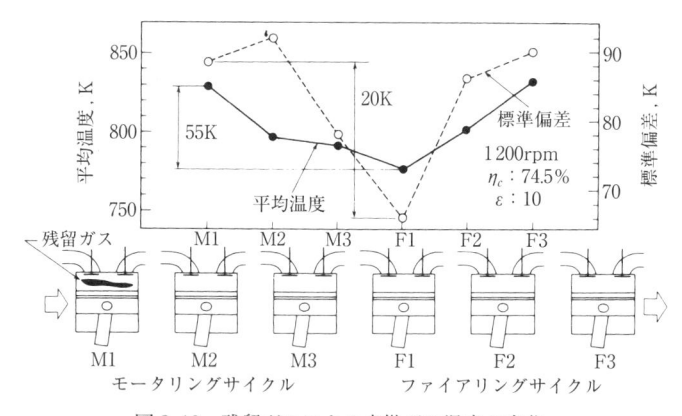

図2.10 残留ガスによる未燃ガス温度の変化

要求オクタン価は高くなっている．このため，燃焼室形状の違いによる要求オクタン価の差は運転初期では20以上あるが，デポジットが付着した状態では半減している．

　基本的な燃焼室形状を同じにし，高圧縮比化した場合の効果例を図2.9に示す[7]．高圧縮比化により図示熱効率，正味熱効率とも向上するが，圧縮比14以上ではその効果は頭打ちになっている．これは，高圧縮比化にともないS/V値が大きくなり，冷却損失が大きく，圧縮比を高めたわりには熱効率の改善効果が少ないためである．一方，正味熱効率の場合には，高圧縮比化にともない機械効率も悪化するため，改善効果はより少なくなる．

今後いっそうの高圧縮比化を図るためには，自発火を引き起こす原因，たとえば，燃焼室各部の温度や混合気性状（残留ガスとの混合も含め）などが未燃ガス部の温度履歴や圧力履歴に与える影響などを定量的に解析し，サイクル履歴を考慮した効果的な末端部の温度低減を行っていく必要がある．このためには空間的，時間的にノック発生過程を詳細に解明する必要がある．

ノック解析例として図2.10にレーザを用いた温度測定法（CARS法）による未燃ガス温度の測定例を示す[8]．燃焼室内における高温の残留ガスの存在は未燃ガス温度の上昇と温度変動の増大をもたらし，耐ノック性を悪化させている．後述するように，弁開閉時期の最適化により残留ガスを減少することは耐ノック性の向上にもつながることがわかる．

2.2.2　リーンバーンとEGR
(1)　空燃比

全負荷時の空燃比と正味平均有効圧 p_e，正味燃料消費率 f_e の関係を図2.11に示す[3]．平均有効圧は理論空燃比（≒14.5）に対し濃い側で最大となり，燃料消費率は薄い側で最良となる．第1章で述べたように，最高燃焼温度を高くすることにより熱効率は向上するが，作動ガスの熱解離（吸熱反応）の影響で，最高燃焼温度となる空燃比が理論空燃比より濃い側へ移ること，およびCOの生成による分子数の増加などにより10%以上過濃な空燃比で平均有効圧は最大になる．さらに濃くすると空気不足による不完全燃焼を生じるため平均有効圧，燃料消費率とも悪化する．一方，薄い側では燃焼温度の低下により

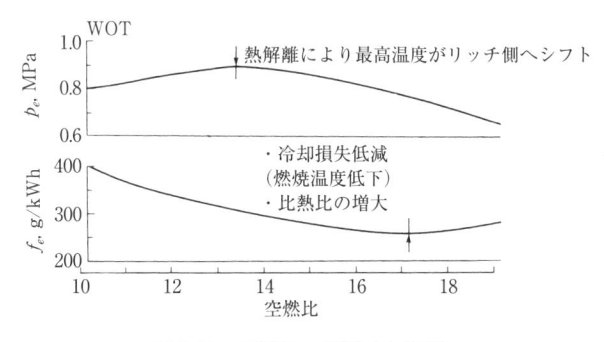

図2.11　空燃比の影響（全負荷）

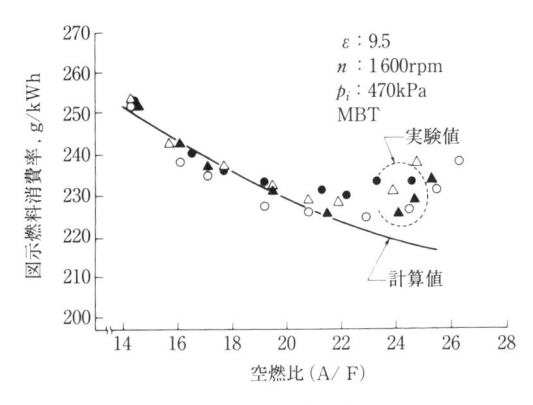

図2.12 空燃比の影響（部分負荷）

平均有効圧は低下するが，この燃焼温度の低下により燃焼室壁面などへの熱伝達による冷却損失の低減や，作動ガスの比熱比が増大するため，ある程度まで燃料消費率は向上する．しかしさらに希薄化すると，平均有効圧の低下による機械効率の低下や，燃焼速度の低下により燃焼変動が増大し，逆に燃料消費率は悪化する．

回転速度と負荷が一定の部分負荷条件（60 km/h 一定走行など）では，希薄化することにより平均有効圧が理論空燃比よりも低い分，絞り弁の開度を大きくし，作動ガス量を増やす必要がある．これによりポンプ損失が減少する効果も加わり，全負荷運転時よりも燃料消費率の向上は大きくなる．図2.12に部分負荷時，希薄化することによる図示燃料消費率の変化を示す．実際のエンジンの場合，希薄域で燃料消費率が悪化しているが，これはおもに燃焼変動の増大（燃焼期間のサイクルごとの変動）による（同一点火時期で燃焼期間が長くなると，短いときに対し図示平均有効圧の低下が大きくなり，燃料消費率が悪化する，2.2.4項参照）．このため，より希薄域まで安定した燃焼を行い，燃料消費率を良くするためには，後述するEGRの場合と同様に燃焼期間を短くし，燃焼変動を少なくするための対応が必要になる．

(2) EGR

排気中の窒素酸化物（NO_x）を低減する方法として，排気の一部を吸気に戻すEGR（Exhaust Gas Recirculation）がある．EGRは，空燃比の希薄化同

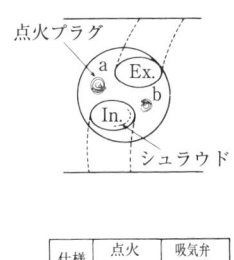

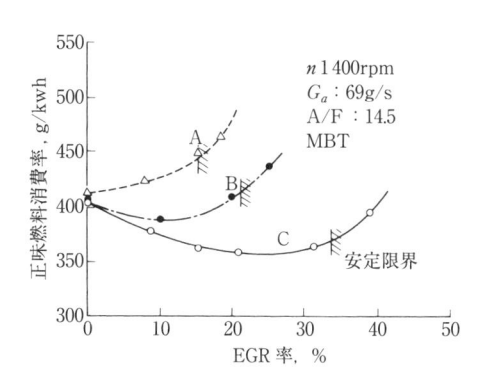

図 2.13　EGR の影響

様にポンプ損失，冷却損失の低減，比熱比の増大により燃料消費率の低減効果がある．しかし，EGR 量の増大は燃焼温度，燃焼速度の低下により燃焼変動が増大するため燃料消費率は悪化する．エンジンの燃焼安定性（2.2.4 項参照）を向上させるためには，多点点火や吸気ポート内の吸気通路を絞り，シリンダ内へ流入するガスの流速や乱れ（ガス流動）を強化し，燃焼期間の短縮やサイクルごとの燃焼期間のばらつきを低減することが必要である．

図 2.13 にそれらによる燃料消費率の向上効果を示す[9]．燃焼期間の最も長い A 仕様では，EGR 率の増大とともに燃料消費率は悪化し，エンジンが安定して運転できる EGR の限界も低い．一方，吸気弁かさ部に吸気通路の一部をしゃ断しスワールを強化するためのシュラウドを設けたものや，2 点点火により燃焼期間を短縮した仕様（B，C）では EGR の限界も高く，燃料消費率の改善効果が得られている．

なお作動ガス量を同一にした場合，EGR（作動ガスは理論空燃比の新気＋EGR）により燃焼温度が下がることによる比熱比の増加は，希薄化により作動ガスの組成（2 原子分子の多い組成に変化し，比熱は小さく，比熱比は大きくなる）が変化した場合のそれよりも小さいため，熱効率は希薄化に比べて低く，燃料消費率の向上率は少ない．

(3)　リーンバーン（希薄燃焼）

以上のように混合気の組成を変えることにより燃料消費率を向上することができるが，実際のエンジンへの適用例としてリーンバーンエンジンがある．車

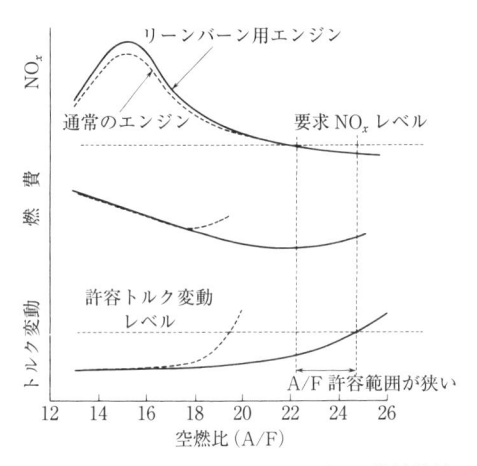

図2.14 リーンバーンエンジンの燃焼特性

両にリーンバーンエンジンを搭載する場合，三元触媒では希薄空燃比域で排出されるNO$_x$を低減することはできない．このため図2.14に示すように，できるだけ混合気を希薄化し，NO$_x$の排出量を低いレベルとしたうえで燃焼変動などによる運転性の悪化（トルク変動の増大）を生じないようにすることにより，部分負荷域で約10%の燃費改善が得られる．

これを成立させるために，大きくは二つの方法およびその組合せがとられている．その一つの方法は，吸気ポート形状（スワール制御弁を含む）の工夫により，燃焼室内に強力なガス流動（スワール：横渦．タンブル：縦渦）を発生させ，燃焼期間の短縮を行い，希薄域でも安定な燃焼を行わせる方法である．基準となる吸気弁からの吸込み流れに対し，各種の強制的なガス流動により点火時期付近の乱れ強さが強くなるほど火炎の伝ぱが速く，燃焼期間は短くなり，安定して運転可能な空燃比の領域が拡大できる[10]（図2.15）．

他の一つの方法は，燃焼室内に形成される混合気場を燃料噴射位置の変更や噴射時期の選択とガス流動の組合せにより，比較的濃い混合気場とより薄い混合気場を燃焼室内に層状に作り，点火から火炎が形成されるまでをこの比較的濃い混合気場で確実に行うことにより，安定した燃焼を実現するものである．いずれの方法も，実際に適用する場合にはシミュレーションを利用して最適化が図られている．

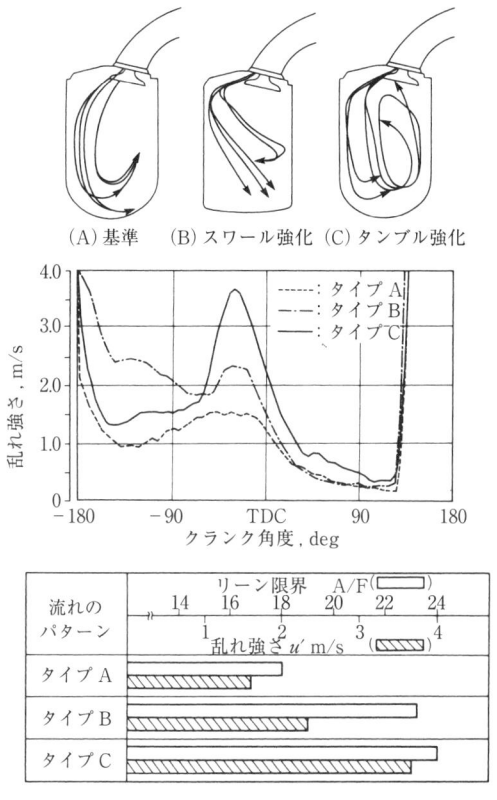

(A) 基準　(B) スワール強化　(C) タンブル強化

図 2.15　ガス流動パターンとリーン限界

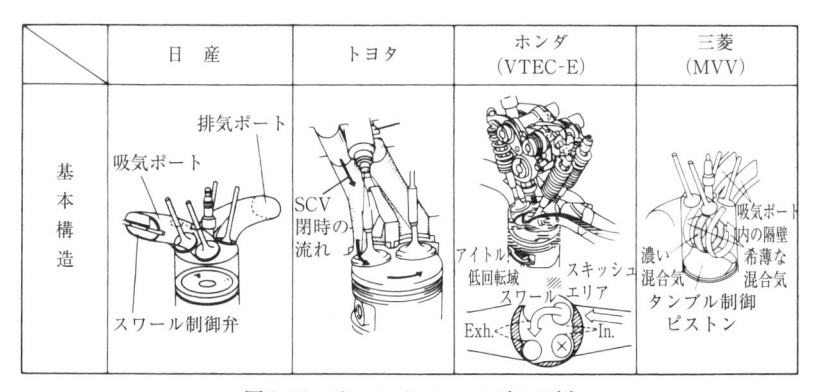

図 2.16　リーンバーンエンジンの例

1990年代の前半に市販された例を図2.16に示す．左の二つの方法は部分負荷運転時には吸気ポート内に設けたスワール制御弁を閉じ，シリンダ内に吸入される吸気の流速を上げる（ガス流動強化）ことにより希薄域の燃焼安定性を狙ったものである．他の二つの方法は，動弁系の切替えにより吸気2弁のうち一つを停止したり，吸気ポート内の隔壁や，ピストン冠面形状の変更により燃焼室内に層状の混合気場を形成し燃焼の安定性を狙ったものである．

平成12年（2000年）規制でNO_x規制値がそれまでの3割程度になると，それまで燃焼のみで達成していたNO_x対策に後処理が必要となり，コスト効果から新型車のリーンバーン採用はなくなった．

なお，現在のガソリン車の排気レベルは，ほとんどが税制優遇が得られる最新規制値の75%低減に適合させており，三元触媒システム（4章参照）で対応している．今後，リーンバーンでこのレベルを達成するには低コストで高効率のリーンNO_x触媒（$DeNO_x$触媒）の開発が不可欠である．

2.2.3 ポンプ損失の低減

ガソリンエンジンは出力の制御を絞り弁により行っているために，この弁における絞り損失によりポンプ損失が発生する．特に負荷が小さくなるほどポンプ損失は大きくなり，低負荷時の熱効率が低下する原因になっている（図2.17）．このため，ガソリンエンジンでも以下に述べるような方法でポンプ損失を低減することにより，燃料消費率を向上することができる．

(1) 直噴成層燃焼

リーンバーン，EGRとも，部分負荷時には理論空燃比運転と比べて，絞り弁を開いて運転するため，ポンプ損失を低減することができる．この希薄燃焼の考え方を進め，絞り弁は全開で燃料噴射量の変化で負荷を制御するのが直噴成層燃焼方式である．燃焼室内に燃料を直接噴射し，点火プラグ近傍の空燃比を点火可能な空燃比に保ちつつ混合気の成層度を上げ，トータルの空燃比を超希薄化（空燃比 > 30〜100）することにより大幅な燃費向上を狙った直噴層状給気エンジン（DISC；Direct Injection Stratified Charge）は古くから研究が行われてきた（図2.18）．成層度を上げるためにピストン冠面に設けられた特殊な形状の燃焼室内に直接燃料を噴射するとともに，スワールなどの強力なガ

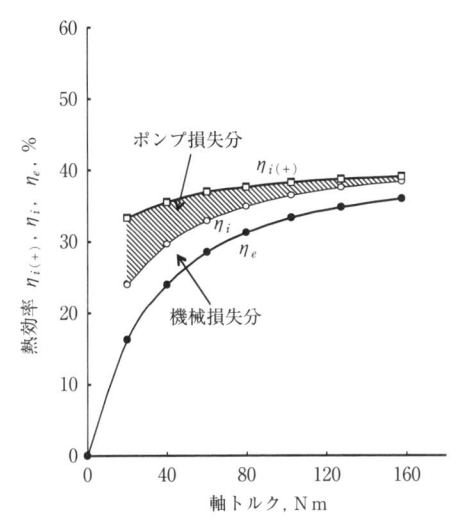

図 2.17 ガソリンエンジンのポンプ損失

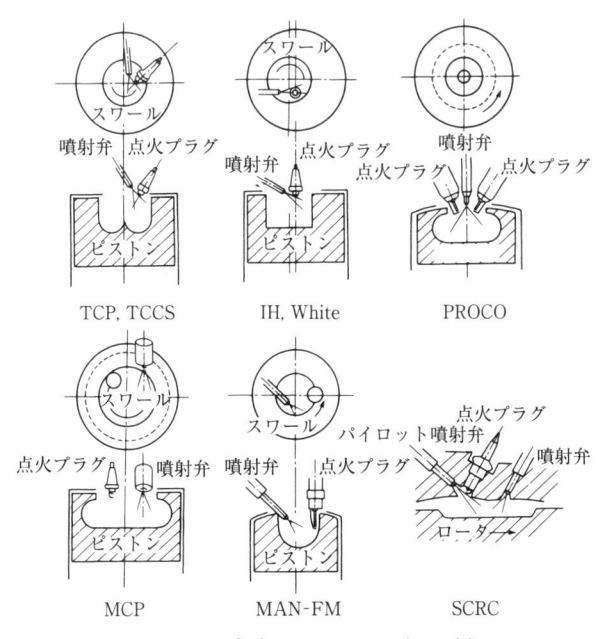

図 2.18 直噴ガソリンエンジンの例

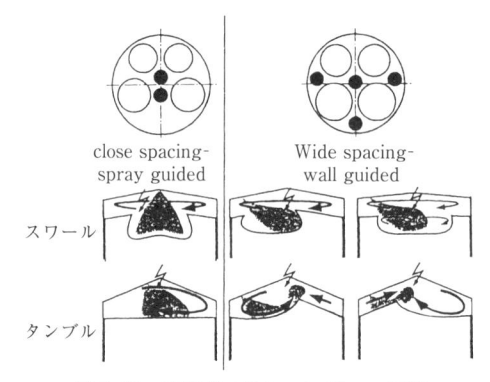

図 2.19　直噴ガソリンエンジンの分類

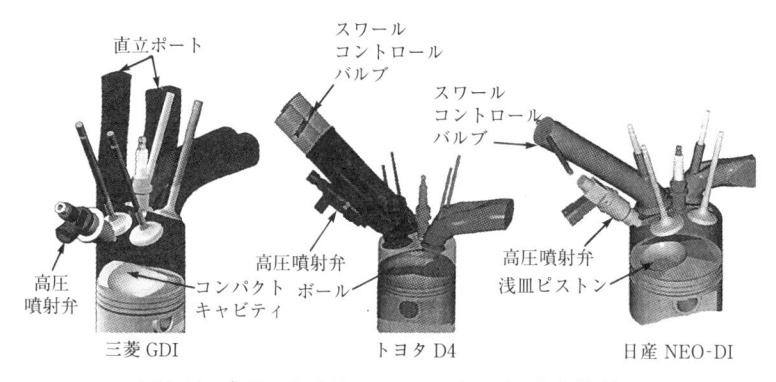

図 2.20　各社の直噴ガソリンエンジン（90 年代後半）

ス流動を利用し点火プラグ近傍に比較的濃い混合気場を形成する方法が用いられている．これらを分類すると，図 2.19 に示すように，点火プラグと噴射弁を近接させて配置するとともにガス流動とピストン形状により燃料噴霧を点火プラグ近くに閉じこめ，その噴霧に直接着火する方法と点火プラグを燃焼室中心，噴射弁を燃焼室端面に配置し，ガス流動とピストン壁面のガイドによって点火プラグ部に噴霧を導き，混合気場を形成する方法がある．しかし，安定な成層混合気の形成の困難さと，三元触媒を利用できないために NO_x 排出量が多いという問題もあり，長く実用化されなかった．

1990 年代後半に入って，図 2.20 に示すような 4 弁の筒内直接噴射エンジン

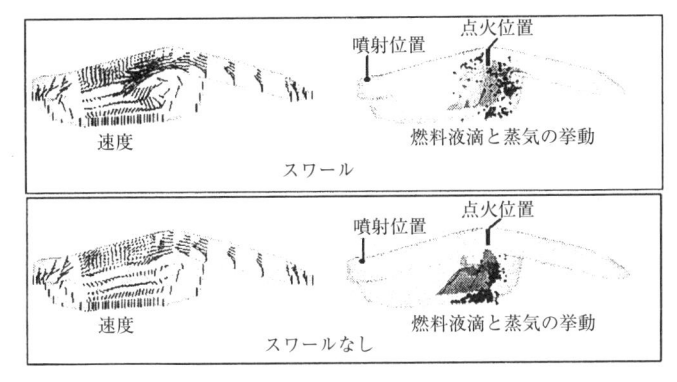

図2.21 燃焼室内のガス流動と噴霧挙動

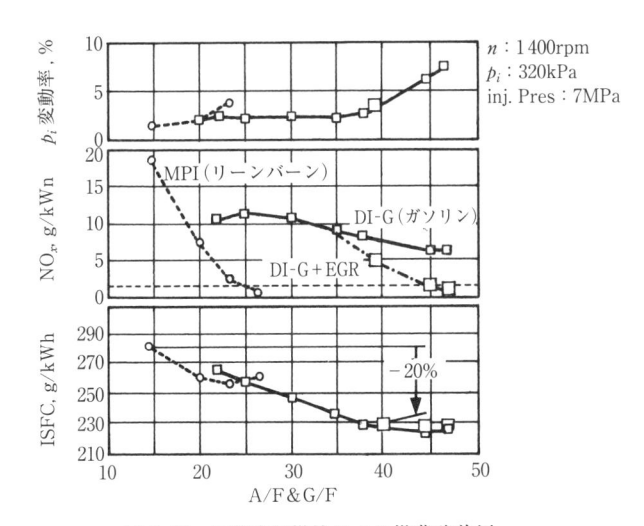

図2.22 直噴成層燃焼による燃費改善例

が実用化された．これらは噴射弁の改良に加え，ガス流動とピストン形状，噴霧の形状の最適化を行い，点火プラグ近傍の空燃比を制御できるようになったことや，負荷により成層燃焼と予混合燃焼を切り替えることにより燃焼の制御が行えるようになったこと，および排気後処理にはリーンNO_x触媒も用いるなどして従来の課題を解決し，実用化したものである．プラグ近傍の空燃比を最適化するために図2.21に示すようにシミュレーションも利用されてい

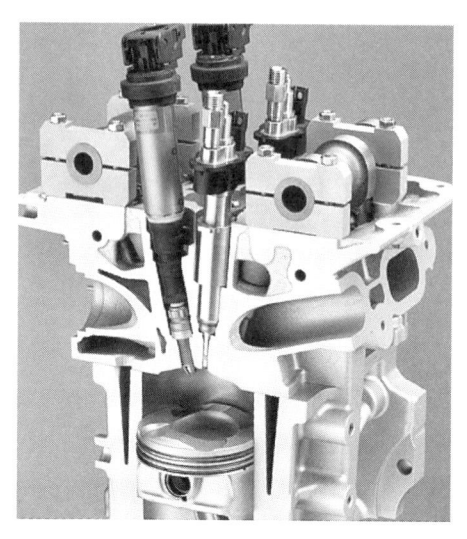

図 2.23　スプレーガイド直噴成層燃焼エンジン

る[11]).
部分負荷における燃費改善効果を図 2.22 に示す[11]).

　しかし 2.2.2 項のリーンバーンと同じく 2000 年以降の排気規制強化で対策コストがかさむため，現在の国内市場の新車の直噴エンジンの大半は理論空燃比で運転する三元触媒仕様となっている．国内ほど NO_x 規制値が厳しくない欧州では図 23 に示すような，噴射弁が燃焼室中央の直上に取り付けた図 2.21 左のスプレーガイドの成層燃焼方式が実用化され，約 20% の燃費向上を得ている[12]) 今後，内外で計画されている排気規制強化に適合させ，燃費改善効果をさらに得るには，いっそうの燃焼改善と，後処理技術の進展が望まれる．

(2)　吸気弁閉時期制御（可変動弁）
　吸気弁の閉じる時期を制御することによって図 2.24 に示すようにポンプ損失を低減することができる[13]). 吸気弁の閉じる時期を一般的なタイミングに対し早めた場合には，短い吸入時間で同一の空気量をシリンダ内に吸入する必要があるため，絞り弁は一般的なタイミングの場合に対し開くことになり，ポンプ損失が低減できる．一方，遅くした場合には，一度シリンダ内に吸い込んだ空気をピストンにより吸気管側へ一部押し戻すことになる．この押戻し分の

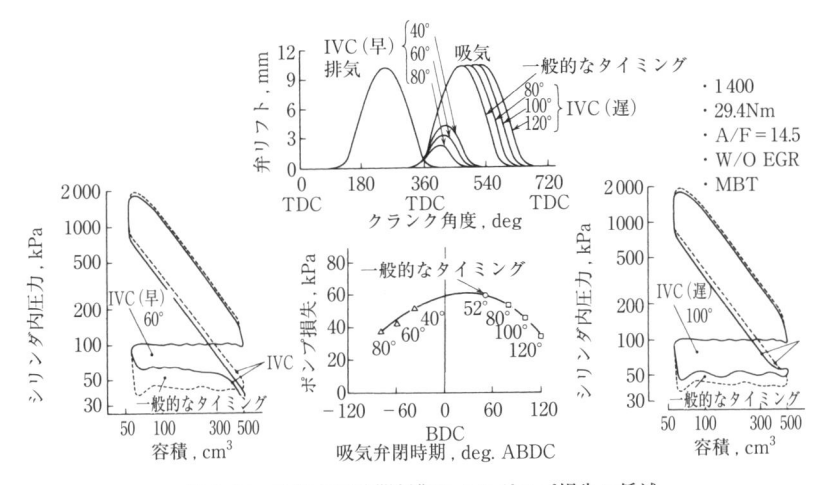

図2.24 吸気弁閉時期制御によるポンプ損失の低減

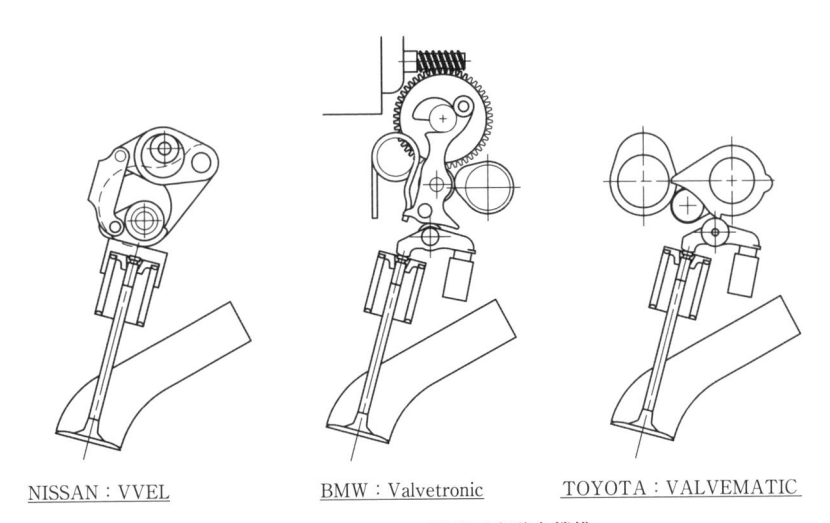

図2.25 メカニカル連続可変動弁機構

　空気を絞り弁を開いて吸入する必要があるため，早めた場合と同様にポンプ損失が低減できる（なお，図2.24のリフト特性からわかるように，吸気弁閉時期を早めた場合のほうが弁駆動仕事は少ない）．

　ただし，吸気弁の閉じる時期を下死点前まで早めると弁が閉じ，いったん膨

脹後に圧縮されるため，一般的なタイミングの場合よりも圧縮時の温度，圧力が下がる（図の指圧線図）．このため，特に冷機時に低負荷では早めすぎると燃焼変動が大きくなり，ガス流動の強化などによる燃焼改善が必要になる．また，遅くしすぎた場合にもガス温度は下がるため，早めたときと同様の対策が必要になる．

図25は2000年代に入って各社から実用化されたメカニカル連続可変動弁機構[14~16]であり，弁のリフトと作動角が最小～最大まで連続に変化させることができる．これにより燃費はモードで10%程度向上できるとともに，低速トルクと最大出力の同時向上も可能である．

(3) その他の方法

多シリンダエンジンで一部のシリンダの稼働を停止し，残りのシリンダの負荷を高めることによりポンプ損失の低減を図ることもできる[17]（気筒数制御エンジン）（図2.26）．しかし，減筒運転時には燃焼間隔が長くなり，振動や騒音の悪化が生じるため，エンジンマウントなどの対策[18]が必要である．

また，同一の車両に小排気量のエンジンを搭載し，部分負荷条件では大きな排気量のエンジンよりも高負荷で運転することによりポンプ損失を低減し，燃

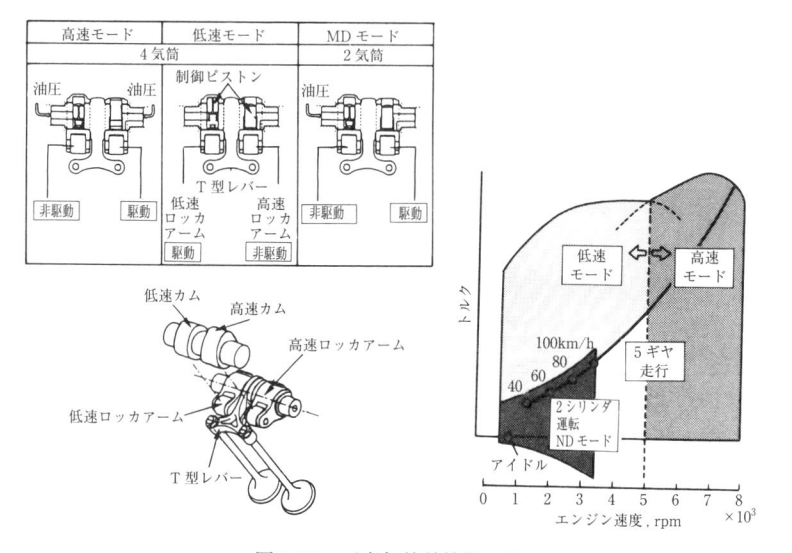

図2.26 可変気筒数機構の例

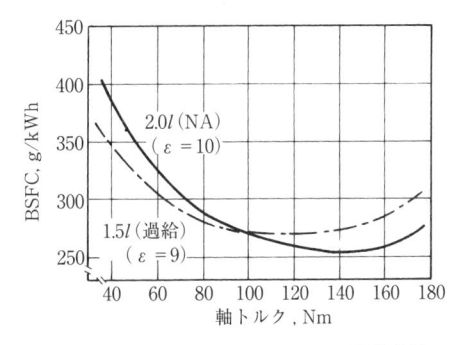

図 2.27 小排気量過給エンジンの燃費特性

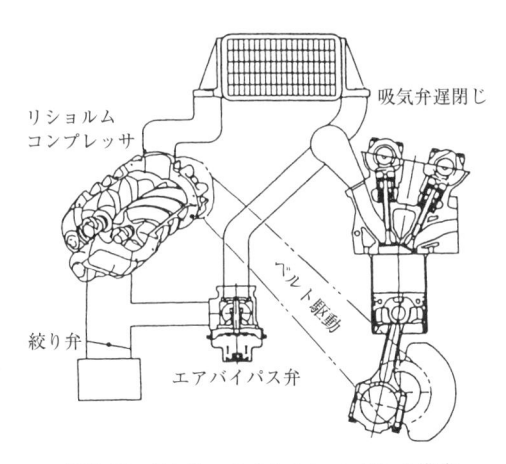

図 2.28 「ミラーサイクル」エンジンの構成

費を向上する方法もある（図 2.27[19]）．しかし，この方法で動力性能を同一にするには，小排気量で大排気量エンジンと同一の出力を出すために過給機が必要となり，高負荷時にはその過給仕事分が加わる．最近では耐ノック性が高い直噴エンジンにこの考え方を適用して，ダウンサイジング過給と称するエンジンの商品化例が欧州を中心に多くなってきている．

また，図 2.28 に示すように吸気弁閉じ時期を遅らせ高過給化を行う一方，高膨張比を維持し効率の向上を図ったミラーサイクルエンジンもある[20]．

2.2.4 燃焼安定性の向上

リーンバーン，EGR，各種のポンプ損失低減方法などを実現するときに課題となるのが燃焼変動の低減である．このため，以下に燃焼変動の燃費性能への影響と，変動に影響を及ぼす因子について説明する．

(1) 燃焼過程

実際のガソリンエンジン（火花点火）のシリンダ内の正常燃焼は，火炎が熱伝達あるいは拡散により順次隣の分子に伝わる，すなわち温度波により伝播する場合で，火炎が毎秒数mないし数十mの早さで伝ぱしてすべての混合気が燃焼することである（ノックは末端部の圧縮点火による異常燃焼）．

吸入された混合気は圧縮行程で圧縮され600～700 K（圧縮比，負荷などにより異なる）に加熱されて気化する．そして緩慢な酸化を起こし過酸化物，アルデヒドなどが生成し，わずかながら熱を発生する．これらの生成物を含んだ混合気は着火しやすくなっているが，点火プラグによって点火してもすぐには自ら伝播する火炎を発生しないで，点火後しばらくしてから火炎が発生する．この遅れを点火遅れ（Ignition Delay）という．正常な燃焼状態では燃焼過程は次の二つに分けられる．

1) 点火遅れ：着火した小部分の混合気が燃焼して拡大し，自分で伝ぱするだけの火炎の核を形成している期間であって，この期間の長さは燃料の性質，空燃比，温度，圧力などによって変化する．この期間の燃焼質量は非常に小さいため熱の発生はわずかであり，圧力の上昇は認められない．

2) 熱発生期間：この期間になって火炎面は混合気の乱れの影響を受け急激に拡大し，圧力上昇が現れる．圧力最大のところでもまだ熱発生は完全には終わらず，膨張行程まで続く．通常のガソリンエンジンにおける熱発生期間は，クランク角度で40～60°であり，そのパターンはほぼ二等辺三角形である（第1章図1.6参照）．熱効率が最大となる点火時期（MBT）におけるシリンダ内圧力は，上死点後15～20°で最大となる．このとき最大熱発生を得るのは上死点後5～10°になる．

(2) 燃焼変動と燃料消費率への影響

空燃比を過度に希薄化したりEGR量を増やしすぎると，火炎伝播速度が遅

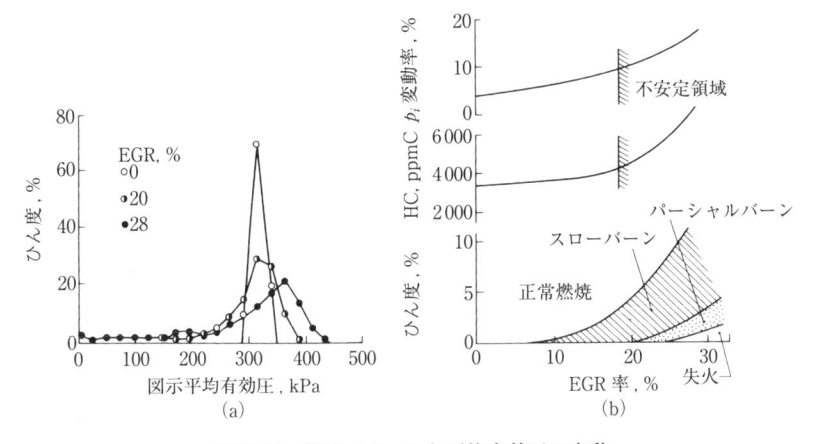

図2.29 燃焼パターンと平均有効圧の変動

くなって，燃焼期間が長くなり，サイクルごとの燃焼期間の変動も増大する．この結果エンジンは不安定になり，燃料消費率や未燃HCの増大といった排気性能の悪化を生じる．

部分負荷状態で，EGR量を増やしたときの図示平均有効圧と未燃HCの変化を図2.29[21]に示す．EGRを行わない場合，図示平均有効圧の変動は非常に少ないが，20，28%とEGR量を増やすと平均有効圧が平均値よりも低い値も現われ変動は増大する．そして，28%まで増やした場合には平均有効圧がゼロのサイクルも発生している〔図2.29 (a)〕．このサイクルごとの平均有効圧と正常燃焼，スローバーン，パーシャルバーン，失火といった燃焼状態との対応を見たものが図2.29 (b) である．EGR量を増やしていくとスローバーンが現れ，続いてパーシャルバーン，失火を発生する．ここで，スローバーンとは燃焼期間が正常燃焼よりも長くなるが，排気弁が開くまでに燃焼は終了しているもの．パーシャルバーンとは排気弁が開くまでに燃焼が終了しない，もしくは火炎伝ぱ途中で消炎してしまうものをいう．また失火は火炎核が形成されず，火炎伝ぱしない状態である．このためパーシャルバーンが発生すると急激に未燃HCの排出量は増えている．

このように空燃比を希薄化したり，EGR量を大幅に増やしていくと燃焼期間が長くなり，図2.13，14に示したように燃料消費率の改善効果は減少し，

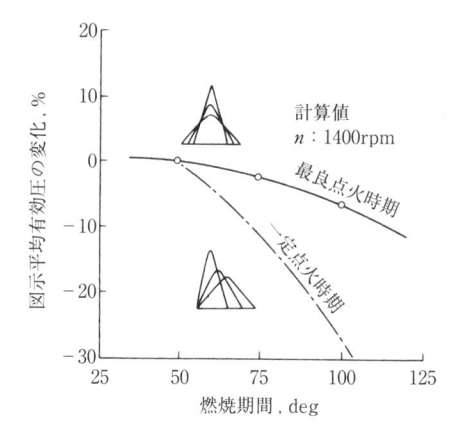

図2.30　燃焼期間の増大による図示平均有効圧の低下

ついには悪化する．この理由は等容度の低下とサイクルごとの燃焼期間のばらつきの増大によって生じる．

図2.30に，燃焼期間を増大させた場合の図示平均有効圧の変化を計算した結果を示す[22]．希薄化やEGRの増大により燃焼温度が下がり，燃焼速度が遅くなると等容度は低下する（燃焼速度が遅くなる）が，点火時期を燃焼期間に応じて最適な値に制御した場合には，等容度が低下しても平均有効圧の低下は比較的少ない．しかし，一定の点火時期で燃焼期間が変動した場合には，燃焼期間の長いサイクルの平均有効圧が大きく低下（失火の場合はマイナス）し，その平均値は急減するため燃焼消費率の悪化が大きくなる．

このように等容度の低下に加え，サイクルごとの燃焼期間のばらつき，すなわち，遅い燃焼期間のサイクルが混ざることによる燃費悪化が，実際のエンジンで過度の希薄化や高EGRを行った場合の燃費悪化の主要因といえる．

このサイクルごとの変動は，次に説明する乱れ，空燃比，残留ガス量などの変動によって生じる．

(3) 燃焼に影響を及ぼす因子

点火遅れ期間の火炎が燃焼室壁面近く（境界層領域，混合気の乱れは比較的弱い）を進行するため，火炎温度が高いほど火炎速度は速い．このため，点火遅れはおもに空燃比の影響を受け，過濃または希薄混合気では大きくなる．エ

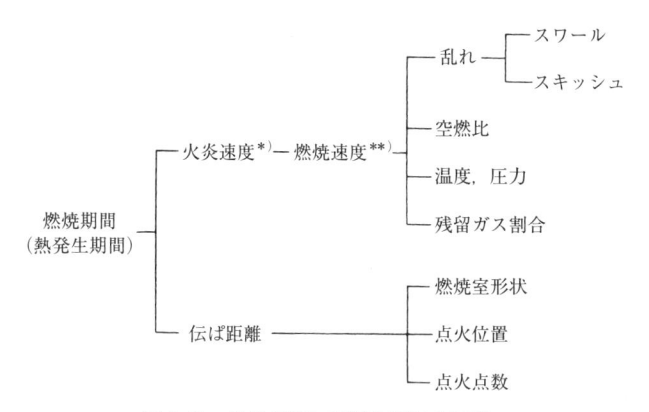

```
                    ┌─ スワール
            ┌─ 乱れ ─┤
            │       └─ スキッシュ
  ┌─ 火炎速度*)─燃焼速度**) ─┼─ 空燃比
  │         │       
燃焼期間    │       ├─ 温度，圧力
(熱発生期間)│       
  │         └─ 残留ガス割合
  │                 ┌─ 燃焼室形状
  └─ 伝ば距離 ──────┼─ 点火位置
                    └─ 点火点数
```

図 2.31　燃焼期間に影響を及ぼす因子

ンジン性能を支配するのは熱発生期間（燃焼期間）であり，一般に燃焼期間を短くするほど熱効率の向上を燃焼安定性の改善（サイクル変動の低減）が得られる．この燃焼期間に影響を及ぼす因子は図 2.31 のようになる．

(a) 乱れの影響

燃焼速度は混合気の乱れの強さが最も影響する．乱れは火炎先端の反応面を増加させ未燃部への熱伝達，拡散を助けるため，火炎の伝播速度を大きくできる．一般のエンジンでは，負荷が低いと吸気行程で生じたシリンダ内の乱れは圧縮行程には減衰してしまうため，リーンバーンや高 EGR 時など乱れにより燃焼速度を速めたい場合には，吸入時に生じるスワール，タンブルやピストンにより圧縮時に生じるスキッシュなど強制的なガス流動を用いている．

なお，ガソリンと空気の静止混合気の燃焼速度 S_L は 30～40cm/s というオーダーであるが，燃焼室内の平均火炎速度は 10～30m/s にもなる．これは乱れと既燃部の膨張速度による．エンジン回転速度が増大すると乱れも強くなり，燃焼に要する時間が短縮され，クランク角度で見た燃焼期間の変化は小さい．これが数百 rpm のアイドルから 6 000～8 000 rpm まで運転できる理由である．

(b) 空燃比

前述のように点火遅れに対しては空燃比の影響が支配的である．また，空燃比によって燃焼速度は変わり，一般に最大出力空燃比（空燃比 = 13 前後）付

---

*) 火炎速度：燃焼室壁に対する炎面の速度（＝燃焼速度＋ガス移動速度）
**) 燃焼速度：未燃ガスに対する炎面の相対速度

近で燃焼温度が最高となり，燃焼速度も最大となる．このためリーンバーンエンジンでは，そのままでは燃焼期間が増大してしまうため，前述の乱れの強化などによる燃焼期間の短縮を行っている．

(c) 温度，圧力

温度の上昇とともに反応速度は増し，燃焼速度は速くなる．圧力の影響は燃料により異なるが，一般のガソリン燃料では圧力の上昇とともに燃焼速度は増大する．

(d) 残留ガス割合

吸入負圧の大きい低負荷運転時は燃焼速度が遅くなる．これは，残留ガスの割合が大きくなり，燃焼温度が下がるためである．この遅れを補正するため吸入負圧が大きくなるとともに点火時期を進める必要がある．EGR は強制的に残留ガスを増大させたことになるため，燃焼温度が低下し燃焼速度が遅くなる．このため，リーンバーンと同様に乱れの強化や多点点火により燃焼速度を速める必要がある．

(e) 燃焼室形状と点火位置（数）

火炎の伝ぱ距離を短縮して燃焼期間を短くするためには，コンパクトな燃焼室形状＋中心点火，または多点点火が有効である．最近の燃焼室形状としては吸排気 4 弁化が進んでいるため，点火プラグ位置はほぼ燃焼室中心に設けられており，火炎伝播の面からは有利である．しかし，4 弁化した場合には吸気ポート形状だけではスワールの生成がむずかしいため，リーンバーンなどでは強制的な乱れの強化などが行われている（図 2.16 参照）．

2.2.5 機械損失の低減

エンジンを構成する可動部品のしゅう動による摩擦や補機類（オルタネータなど）の駆動仕事により機械損失が生じる．エンジンを外部の動力源により駆動運転したときのエンジン各部の機械損失の内訳は図 2.32 のようになる．クランクシャフト，ピストンなどの摩擦平均有効圧は，回転速度の上昇に従い増加するが，動弁系のそれは一般のガソリンエンジンで使用頻度の高い低回転において大きく，回転速度の上昇とともに潤滑状態が改善されるため低下する．以下に代表的な部位の機械損失について述べる．

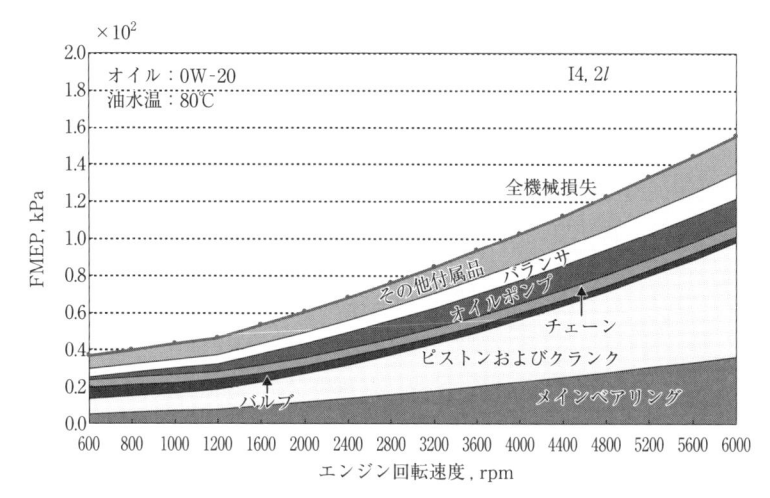

図2.32 エンジンの機械損失の内訳

（1）ピストン，ピストンリングによる損失

ピストン全体の機械損失は，ピストン本体の機械損失とピストンリングの機械損失からなり，エンジン全体の実働時の機械損失の約1/2を占めるといわれている．

図2.33にピストン/リング部の摩擦力の基本特性を各行程ごとの模擬的な状態を作り測定した結果を示す[23]．基本的な特性としては，吸排気行程に見られる正弦波状の特性であり，圧縮行程，膨張行程ではガス圧力の増加に伴い上死点付近で摩擦力が急増する．これは，リングの背面にかかるガス圧力によるシリンダ壁への押付け力およびピストンの側圧の増加による．

潤滑状態としては，上死点付近はピストン/リング部全体として境界潤滑的な特性を示し，負荷（ガス圧力）の影響が大きい．一方，中間行程から下死点にかけては流体潤滑的な特性を示し，負荷の影響は比較的小さく，回転速度の増加とともに摩擦力が増大する．

ピストン本体の機械損失を低減するには，ピストンとシリンダ壁間に作用する粘性摩擦力を小さくすることが有効である．このためには，ピストンスカート部のむだな接触面積を少なくし潤滑油の引きずり抵抗を減少すること，十分な厚さの油膜を形成しやすいようにピストンとシリンダ壁間のすきまを大きめ

60　　2.2　燃料消費率の向上方法

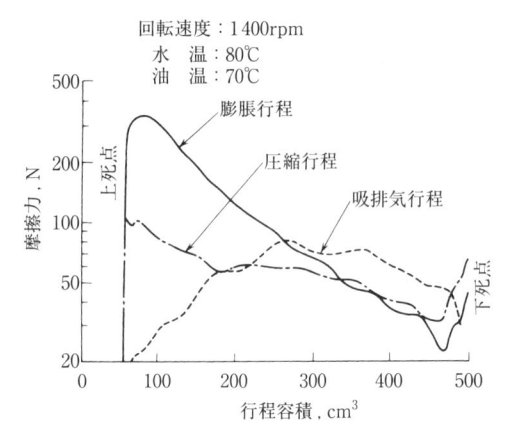

図 2.33　ピストンの各行程ごとの機械損失

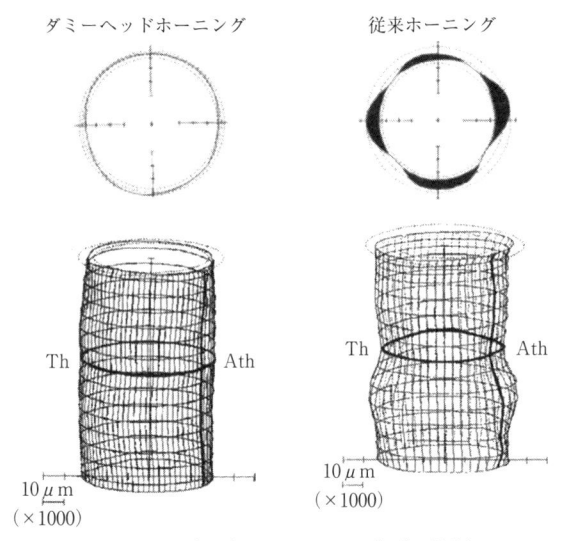

図 2.34　真円加工によるボア変形の抑制

に設定すること，およびスカートの面粗度を最適化する方法などがある．

　ただし，以上述べたようなピストンおよびリング諸元の変更は，オイル消費やブローバイガス対策なども併せて行う必要がある．主運動系では運動部品の軽量化，ピストンスカート面積の縮小と表面処理による保油性の向上，ボア変形抑制とセットでリング張力の低減などが行われてきた．図 2.34 はヘッドボ

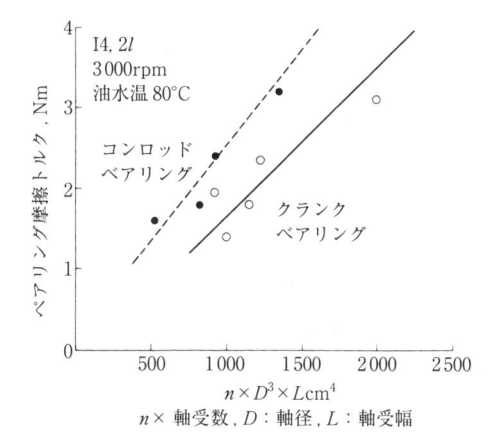

図2.35 ベアリングしゅう動面積と摩擦トルク

ルト締付け後にボア加工を行い,実働時のボア変形を大幅に低減して,ブローバイ量やオイル消費量も低減しながらピストン系のフリクションを大幅に低減させる技術[24]であり,今後一般化するものと考えられる.

(2) コンロッド,クランクによる損失

この損失はおもにクランク軸受の粘性摩擦であり,回転速度の2乗に比例して大きくなる.軸受に作用する荷重は燃焼室の作動ガス圧力と運動部品の慣性力であるが,高速エンジンではガス圧力の回転速度による変化は比較的小さく,慣性力の影響を大きく受ける.クランク軸の機械損失を少なくするには,軸受面積が小さく(軸受の幅が狭い,軸の径が小さい),軸受の数が少ないほど有利である(図2.35[25]).しかし,これらは強度,振動,騒音面では不利になるので,機械損失の低減だけからでは決められない.

なお,慣性力は往復運動部品(ピストン,コンロッド)の軽量化により低減できるため,高速形のエンジンではコンロッドに高強度材料を用いた軽量化も行われている.

(3) 動弁系による損失

低回転域においては全機械損失の15%前後が動弁系によるものであり,その低減は実用燃費の向上に大きく影響する.この機械損失の大半はカムとカムフォロワ間の滑り摩擦によるものである.カムとカムフォロワ間の潤滑状態

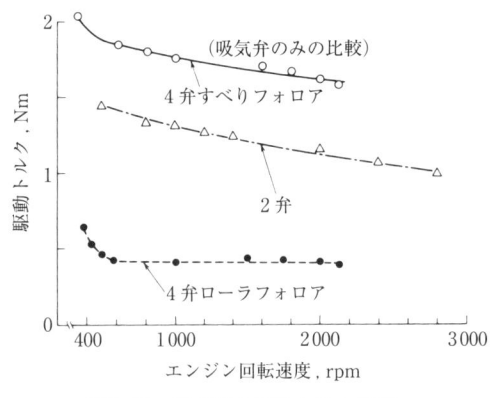

図2.36 動弁系の駆動トルク比較

は，カムの回転速度がクランク軸の1/2と滑り速度が低いこと，また弁ばね荷重による両者の接触力も大きいため十分な油膜を形成するのがむずかしく境界潤滑状態に近い．このため主として弁ばね荷重の影響を受ける．回転速度の上昇により接触部分への潤滑油の巻込みが進むと，油膜が形成しやすくなるため，流体潤滑状態に近づき機械損失は減少していく．

低減方法としては，動弁系の軽量化によるばね荷重の低減とカムフォロワ部にローラを用いるのが有効である．図2.36はローラ動弁系による機械損失低減効果を示した例[26]で，すべり式に比べ約80%，2弁比でも約70%減少している．ローラ化することにより滑り接触から転がり接触になるため摩擦係数が小さくなり，開弁時にはカムにより弁を押し下げるためのトルクは小さく，開弁時には圧縮された弁ばねに蓄えられたエネルギーを十分に回収できるため，1サイクル中の平均駆動トルクは大幅に減少する．この向上効果は，潤滑状態がより境界潤滑に近い低回転および軸出力に対する機械損失の割合の大きい低負荷ほど大きくなる．また最近では、バルブリフタ表面にDLC（Diamond Like Carbon）をコーティングして滑り摩擦形態でありながら大幅にフリクションを低減する技術[27]も実用化されている．その他のしゅう動部位への適用拡大が期待される。

(4) 補機駆動のための損失

ガソリンエンジンの補機としては，本来の運転に直接必要なウォーターポン

プ，オイルポンプ，オルタネータに加え，パワーステアリング用のポンプやエアコン用のコンプレッサなどがある．それぞれの駆動損失を低減するためには各部品の高効率化が必要である．

オルタネータやパワーステアリング用のポンプ，エアコン用のコンプレッサはエンジン低回転時にも大きな仕事を要求されるため，車の快適性の向上などに併せ高回転化や大容量化される．しかし，作動していないときでもエンジンにより駆動されるために機械損失を発生するとともに，エンジン高回転時には余分な仕事をすることになるため，電動化により作動していないときには運転を停止したり，可変容量化（コンプレッサ）や回転速度の可変化により機械損失の低減を行う技術の採用例が増えている．

機械損失はエンジンの基本諸元により決定される要素が強く，その低減はローラにより動弁系の機械損失を低減した例などを除けば，潤滑の基盤技術の積上げにより行われきた．今後いっそうの機械損失低減を図るためには，エンジン実働状態での詳細な潤滑状態の解析や，各運動部品の変形までも考慮した解析が必要である．そして，その改善の方向を達成するために，表面の加工法まで含めた検討が不可欠である．

2.2.6 主要な燃費向上技術の予測効果

以上述べてきた主要な燃費向上技術の効果を，圧縮比 10 の理論空燃比運転に対して予測計算したものが図 2.37[28)] である．それぞれエンジンの負荷により効果が変化していることがわかる．

高圧縮比化では，圧縮比の増大により理論熱効率は単調に向上するが，おもに冷却損失のため，実際のサイクルでは図示熱効率の向上効果は理論値よりも減少する．特に，低負荷域では供給熱量に対する冷却損失の割合が大きいため燃費向上効果は少なくなる．負荷の増大に伴い冷却損失の割合が減少するため燃費向上効果は増大する．

次に混合気の希薄化の効果については，予混合による希薄化（リーンバーン）と成層燃焼による希薄化の二つについて示している．リーンバーンの場合には，NO_x 排出量と燃焼安定性の両立から使用空燃比は 20〜22 程度に限定されるため，部分負荷時の燃費は 10% 程度向上するが，希薄燃焼時の全負荷出

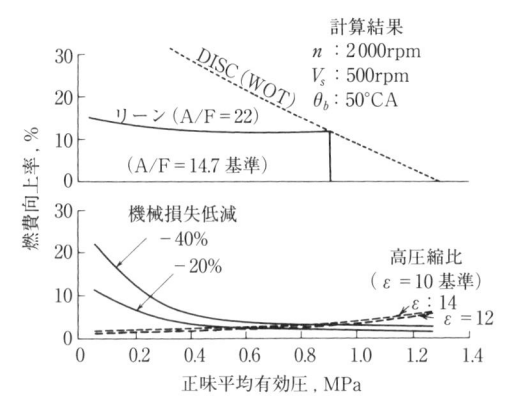

図 2.37 主要な燃費向上技術の予測効果

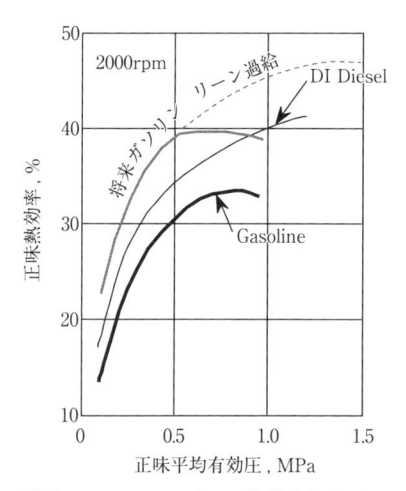

図 2.38 将来ガソリンエンジンの熱効率向上ポテンシャル

力が理論空燃比の6〜7割となることから，それ以上の負荷では従来の理論空燃比運転が必要となる．このため燃費向上効果はステップ状に変化する．

一方，成層燃焼の場合には，混合気の層状度と燃焼期間を制御でき，絞り弁なしによる運転が可能になれば，負荷が低くなるほど燃費向上効果は大きくなる．高負荷域でも徐々に空燃比を濃くするため，理論空燃比の燃費に近づく（リーンNO_x触媒前提）．

最後に機械損失を低減した場合の効果は，機械効率が急速に低下する低負荷

ほど燃費向上効果は大きくなり，機械損失を20%低減できれば10%程度の燃費向上が図れる．しかし，負荷の増加とともに機械効率が向上するため高負荷域では数%程度の向上に減少する．

以上の効果を合算して将来ガソリンエンジンの熱効率を見積もると、図2.38に示すように，行程容積500cm^{3}で2 000 rpmの条件で最大正味熱効率は約45%のポテンシャルがあると予測される．これは現状の大型トラック用直噴ディーゼルエンジンのレベルである．

2.3 運転条件の影響

圧縮比や諸損失のレベルは，主としてエンジンの仕様，諸元などの設計的な要件により決定される．一方，次のような運転条件によっても燃料消費率を低減することができる（このほかに混合気組成の影響は2.2.2項）．

・点火時期
・回転速度と負荷
・アイドル，減速時
・その他の方法

2.3.1 点火時期の最適化

全負荷で点火時期のみを変化させたときのシリンダ内圧力は図2.39[1)]のようになり，点火時期を早めるほど最高圧力は高く，その時期も上死点に近づ

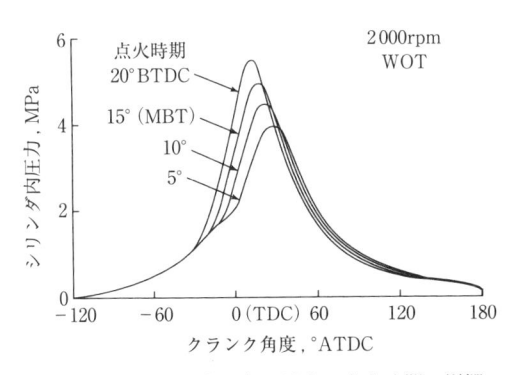

図2.39 シリンダ内圧力に対する点火時期の影響

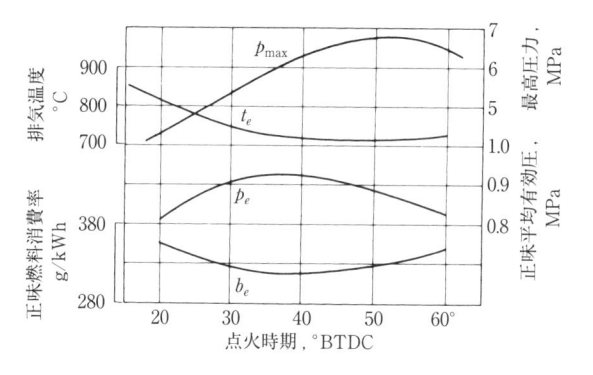

図 2.40　点火時期の影響

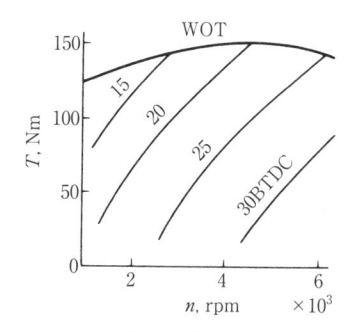

図 2.41　回転速度、負荷による MBT の変化

く，定容サイクルでは上死点で瞬時に圧縮圧力から最高圧力になる場合が最も効率が高いが，有限の燃焼期間を有する実際のエンジンでは，点火時期を早めすぎると上死点前の圧縮仕事が増大（機械損失，冷却損失の増大）し出力は低下する．一方，遅れすぎると膨張比が小さくなり，排気損失が増大し出力は低下する．このように，出力，燃料消費率が最良となる点火時期が存在する（MBT：Minimum advance for the Best Torque）（図 2.40）．

エンジン仕様，空燃比を一定とした場合，回転速度と負荷に対してこの最適な点火時期（MBT）の例を図 2.41 に示す．MBT は低回転高負荷ほど遅くなり，逆に高回転低負荷ほど速くなる．

負荷による変化は，低負荷では空気量が少ないため，吸気行程で生じた作動

ガスの乱れの減衰が速く燃焼速度が遅いこと，および吸気管内の負圧が高く，残留ガスの割合が増大するため燃焼速度が遅くなることから，相対的に点火時期を早める必要があることによる．また，回転速度による変化は，回転速度の上昇に伴い作動ガスの乱れレベルも強くなるため，クランク角度で見た熱発生期間が回転速度に対してあまり変わらないのに対し，点火から熱発生までの絶対時間はほぼ一定のため，高回転ほどクランク角度で見ると長くなることによって起こる．

実際のエンジンで水温や吸気温，リーンバーンなどによって空燃比が変わり，MBT は変化する．また，高負荷時にはノッキングの発生のため点火時期を MBT まで進められない場合もある．

2.3.2 回転速度と負荷の影響

一定回転で負荷を増大させた場合の図示燃料消費率，図示熱効率の関係は図 1.33 に示したように，負荷の増大に対し，ポンプ損失は減少し，供給熱量に対する冷却損失の割合も減少するため図示熱効率は向上する．この逆数関係にある図示燃料消費率も向上する．同一負荷の場合，低回転側では冷却損失の増大，高回転側では機械損失の増大により，中速域よりも正味熱効率は悪化する．

この結果，回転速度と負荷に対する図示熱効率と正味熱効率，およびそれらの比である機械効率は図 2.42 のようになり，正味熱効率に対する回転速度の影響は比較的小さくなる．しかし実際のエンジンでは，全負荷で出力向上のため理論空燃比よりも濃い空燃比で運転するため，燃料消費率は悪化する．この

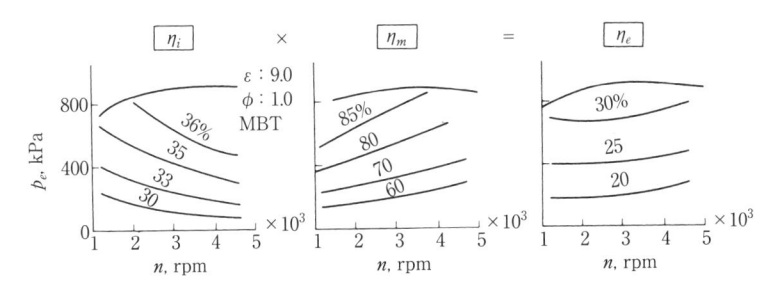

図 2.42 回転速度と負荷に対する図示，正味熱効率と機械効率

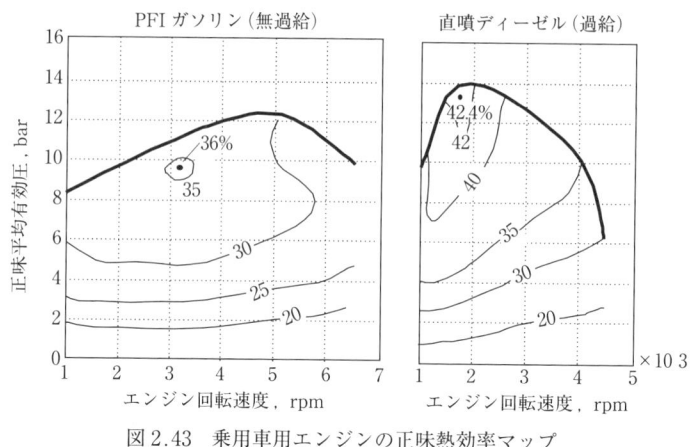

図2.43 乗用車用エンジンの正味熱効率マップ

ため，一般的な正味燃料消費率マップは図2.43[29]のように中速高負荷域で最良値を有することになる．

2.3.3 アイドル，減速時の燃費向上

アイドルとは軸出力を出さず，エンジンの機械損失に打ち勝って設定回転速度を維持している状態である．このため機械損失の低減はアイドル燃費の向上につながる．アイドル，減速特有の燃費向上方法としては，以下のようなものがある．

(1) バルブオーバラップの縮小

アイドル時は，絞り弁をほとんど全閉にして吸入空気量を調整しているため吸気管内の負圧が高い．吸気行程始めの吸/排気弁とも開いたバルブオーバラップ期間（3.2.1項参照）に，この負圧により排気がシリンダ内および吸気ポート内に吸い戻され，その後にピストンの動きによって新気およびこの排気がシリンダ内に流入する．このためシリンダ内の残留ガス割合が高くなり，部分負荷における大量EGR状態のように燃焼速度が遅く燃焼変動も大きくなる．残留ガスの割合は同一回転速度では，ほぼバルブオーバラップ量によって決まるため，小オーバラップ化することにより燃焼改善，燃費改善が得られる．

(2) 回転速度の低下

同一空燃比でアイドル回転を低下させると仕事量が減少するため，燃料消費量も低減できる．しかし回転速度を低下させると，オーバラップのクランク角度が一定でも，その時間が長くなるため残留ガス割合が増加し，さらに燃焼改善の必要が生じる．具体的には小オーバラップ化，ガス流動の強化などが有効である．

(3) アイドルストップ

また近年の燃費改善要請の高まりから，以前から一部の車種で設定のあった"アイドルストップ"システム搭載車の例が多くなってきている．これは暖機後で負荷の小さいアイドル条件ではエンジンを停止するものであって，再始動時の振動・騒音対策に色々な方策がとられ一般化するものと考えられる．

(4) 減速時燃料カット

減速時の燃料流量は過渡時を除きアイドル時と同一なので，減速時の燃費低減法はアイドル燃費の低減法と同じである．また，減速時は本来燃料供給の必要がないため所定のエンジン回転速度以上では減速時燃料カットが一般化している．

2.3.4 その他の方法による燃費の向上

(1) 電力消費の低減

車における電力消費源としてはエンジンを運転するのに必要な点火系，燃料ポンプや燃料噴射弁などの燃料系と，ライト類，ブロワなど多種にわたる．エンジン運転中の電力消費はオルタネータの負荷となり，エンジンから見れば補機駆動損失の増大となって燃費を悪化させる．この電力消費量を下げるためには，オルタネータを始めとする電気部品の高効率化に加え，不要不急の電力消費を抑えることが必要である．

(2) 暖機性能の向上

10・15 モード燃費や 60 km/h 定地燃費といった公称燃費に対し，実際に走行したときの燃費は季節，運転者などにより異なる．

エンジンが完全に暖まったあとの市内走行パターンにおける実用燃費に対し，1 回あたりの走行距離と外気温度（この外気温に放置後走行）が変化した

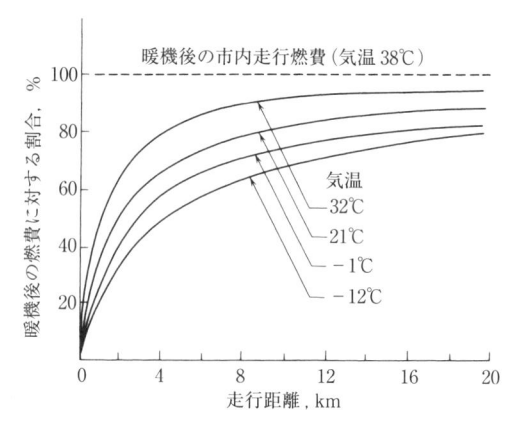

図2.44 走行距離と外気温による市内走行燃費の変化

場合に，燃費がどのように変化するかを調べた結果が図2.44[30]である．気温が低いほど，走行距離が短いほど燃費は悪化している．特に走行距離が10 km以下では距離が短くなるに従い急激に悪化している．この理由は全運転時間に占める暖機時間の比率が高くなるためであり，暖機中の燃費が悪いのは潤滑油温が低く粘度が高いために機械損失が増すことと，冷機時はシリンダ内における燃料の気化率が低いため，良好な燃焼を維持するため暖機時よりも濃い混合気を供給しているためである．

暖機性の向上のためには，エンジン熱容量（冷却水込み）の低減，すなわち軽量コンパクト化と，低温でも粘度の低いマルチグレード油の使用，燃焼改善により冷機時の使用空燃比を理論空燃比に近づけることなどがある．

最近では排気系に冷却水との熱交換部を設け暖機促進を図ったハイブリッド車用システム[31]も実用化されている。

2.3.5 今後の燃費向上技術

(1) エンジン技術

今後の燃費向上技術として燃焼面，およびエンジンシステムとして種々の研究が行われている．その一例を以下に示す．

燃焼面の改善による燃費向上技術としては，ガソリンエンジン予混合圧縮自

己着火（HCCI, PCCI）エンジンがある．ガソリンにより自己着火を行わせるため圧縮比を高くし，シリンダ内での圧縮行程を経て，ガソリンの自己着火燃焼過程を実現させようとするものである．吸気絞りをなくし燃料噴射量による負荷のコントロールを行い，ポンプ損失の低減と超希薄化による低 NO_x 燃焼と熱効率の向上をねらっている．自己着火運転領域の拡大が課題である．

また，圧縮比を可変にするシステムも提案されている．部分負荷運転時には高圧縮比化するとともに，低回転高負荷時などのようにノックにより燃焼室内の圧力が上昇するとピストン冠面が下降し，低圧縮比化によりノックを回避するものである．高過給化による高出力化と低燃費の両立を達成できる技術である．サイズ，重量の増加を抑えつつ，効果に見合うコストで作れるかが課題である．

動弁系では電磁駆動弁がある．カムによる機械的な駆動に変わり，電磁力により吸排気弁を直接駆動するものであり，弁の開閉時期を自由に変えることができるシステムである．これらは今後信頼性の向上などの開発が必要である．

このように，今後もサイクル論的な熱効率の向上と合わせ，エンジンの使い方による効率向上といった面での高効率化もますます進むものと考えられる．

(2) 車両の燃費向上技術

車両として燃費を向上させるためには，図 2.45 に示すように，エンジン単体としての効率向上に加え，車両としての転がり抵抗や空気抵抗といった諸抵抗を低減する必要もある．さらには従来はブレーキで熱として放散していた減

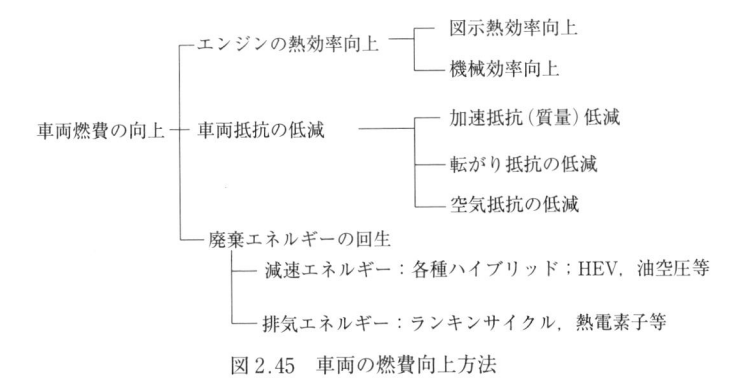

```
                    ┌─ エンジンの熱効率向上 ─┬─ 図示熱効率向上
                    │                      └─ 機械効率向上
                    │
車両燃費の向上 ─────┼─ 車両抵抗の低減 ─────┬─ 加速抵抗（質量）低減
                    │                      ├─ 転がり抵抗の低減
                    │                      └─ 空気抵抗の低減
                    │
                    └─ 廃棄エネルギーの回生 ┬─ 減速エネルギー：各種ハイブリッド；HEV, 油空圧等
                                            └─ 排気エネルギー：ランキンサイクル，熱電素子等
```

図 2.45　車両の燃費向上方法

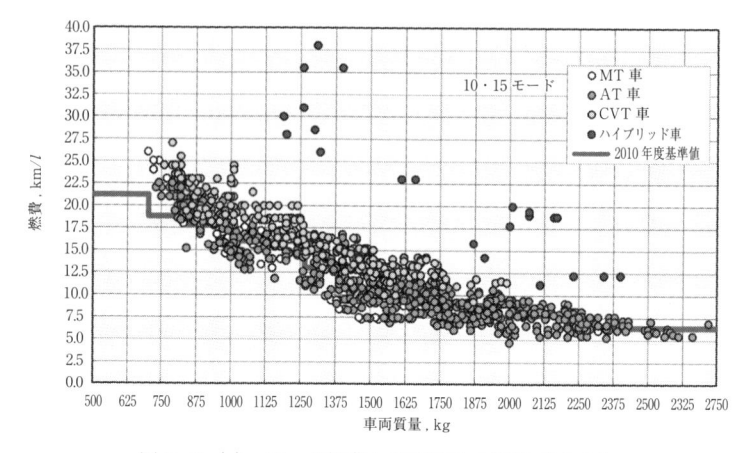

図2.46 (a)　モード燃費と車両質量の関係 (10・15)

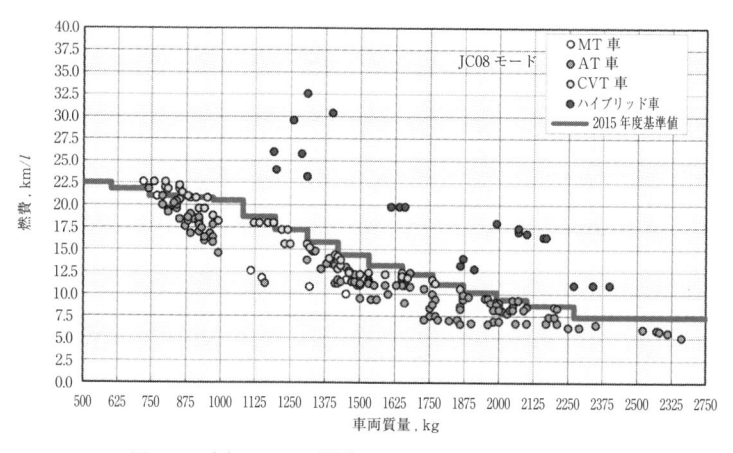

図2.46 (b)　モード燃費と車両質量の関係 (JC08)

速エネルギーや冷却水や排気の熱エネルギーも回生利用する必要がある．

　たとえば，車両質量とモード燃費の関係を市販車について見てみると図2.46[32)]のようになる．車両の軽量化によって大幅な燃費の向上が期待できるほか，同一出力性能でも加速性能は向上するため，燃費と出力（車両の加速性能）の両立を図ることができる．このためにはエンジンの小形軽量化が重要である．図の上方（良燃費）の一群は減速エネルギー回生等の技術で大幅な燃費向上が得られるハイブリッドエンジン車である．ハイブリッドシステムは2.4

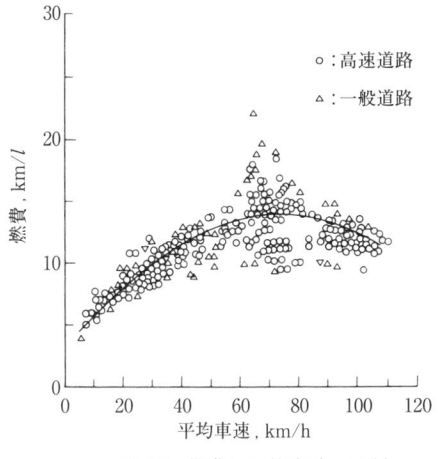

図 2.47 燃費と平均車速の関係

節で述べる．

さらなる燃費改善のためには，また図 2.47 の平均車速と燃料消費量の関係[33]に見られるように，80 km/h 以上における車速の上昇は空気抵抗の増大により燃費を悪化させることはもちろん，交通渋滞などによる平均車速の低下は輸送効率の悪化を生じ，燃費は悪化する．このため，道路網の整備と IT 技術の組合せによる交通流の改善等も必要である．

2.4 ハイブリッドシステム

2.4.1 ハイブリッドシステムとは

ハイブリッド（hybrid）という言葉は「混成」や「変種」という意味であるが，自動車用ハイブリッドシステムとは，広くは 2 種類以上の動力源を有するものを意味する．すなわちエンジンに加えて他の動力源を組み合わせたものはすべてハイブリッドシステムということになるが，今日一般的には電気エネルギーを利用するモータおよびバッテリを組み合わせたシステムを指し，それを搭載した自動車は HEV（Hybrid Electric Vehicle）と表記される．ハイブリッドシステムは主として自動車の燃費低減手段として発達してきた．

ガソリンエンジンの熱効率の最大値は 35% 以上に達しているが，運転条件により大きく変化し，低負荷領域では熱効率 10% 台となる．従来一般的な動

力伝達装置（トランスミッション）である機械式変速機では，CVT の登場によってエンジンの運転条件をできるだけ効率の良い点へもっていくことはできるようになった．しかしながら動力源としてエンジンしかもたない従来の車両では，市街地走行時は効率の良くない低負荷領域での運転は避けられない．

これに対しハイブリッドシステムは，機械式のトランスミッションに対し電動の動力源を付加することによって，機械式ではできなかったさらなる高効率運転を可能とする新たなトランスミッションとして捉えることができる．

2.4.2　ハイブリッドシステムのメリット／デメリット

以下ではハイブリッドシステム固有のメリットである高効率運転モードと，続いてハイブリッド化することで生じるデメリットを説明する[34]．

(1)　ハイブリッドシステム固有の運転モード（図 2.48）

(a)　アイドリングストップおよび EV 走行

代わりとなる動力源を使うことにより，エンジンの運転を停止して燃費性能上不利な低負荷領域運転を回避することができる．ハイブリッドシステムは，モータおよびバッテリのサイズ（定格出力）大小により，走行中の「電動」分の出力分担も増減し，結果的に燃費向上効果も増減する．ミニマムな構成としては車両停止中にエンジンの自動停止（アイドリングストップモード）を行うもので，従来同様のスタータモータを利用することも可能である．サイズが大きくなればより高負荷領域での走行条件までエンジンを停止しておくこと（EV 走行モード）ができ，実使用条件でのエンジン停止頻度（時間）を高く（長く）することができる．

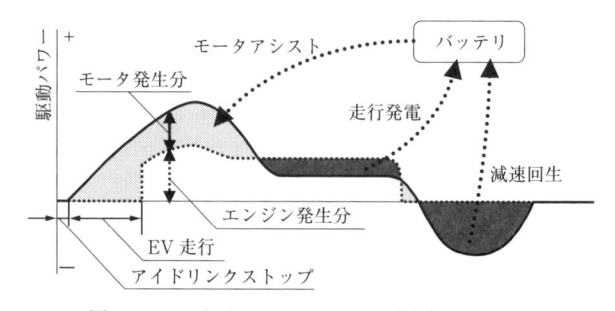

図 2.48　ハイブリッドシステムの駆動パワー配分

(b) モータアシストおよび走行発電

モータは，バッテリに貯蔵したエネルギーを利用して力行(りきこう)することにより，走行に必要な出力に対してエンジン出力を抑えて運転することができる（モータアシストモード）．反対に，モータで発電させることによりエンジン出力の一部を吸収し，バッテリに貯蔵することもでき，それにより走行に必要とするよりも高い出力でエンジンを運転する（走行発電モード）ことが可能である．すなわち，モータ出力との組合せにより，走行に必要な出力を得ながら，エンジン出力を任意に調整することができるので，走行中のエンジン運転条件を最適化しやすい．

(c) 減速回生

従来の車両では機械式の制動装置，あるいはエンジンブレーキを用いることで，車両の運動エネルギーを熱に変えて捨てることでしか制動力を得ることができなかった．モータで制動力を発生すれば，減速時の運動エネルギーは電気エネルギーへ変換され，バッテリへ貯蔵することができる（減速回生モード）．回生されたエネルギーはモータアシストに利用することで燃費低減につながる．

(2) ハイブリッド化によるデメリット

トランスミッションとしてハイブリッドシステムを捉えた場合，機械式トランスミッションを置き換えようとすれば，上記メリットと引換えに下記のデメリットが生じることは避けられない．

(a) サイズ・重量の増加

機械式トランスミッションにはないモータ，バッテリ，およびそれらを駆動するために必要なインバータ等の強電系装置を搭載する必要がある．ハイブリッドシステムの構成によって，ベースとする機械式の構成から一部を排除できるものもあるが，収支結果としてはサイズ・重量ともに増加となる場合が多い．

(b) システムの大規模化・複雑化

今日の高効率のモータならびにバッテリは，その性能を保持するためにそれぞれに高精度な制御装置を必要とする．そしてハイブリッドシステムとして前記メリットに述べたような複雑な運転モードを適切に制御するために，これら

電気系のシステムと，エンジンを中心とした機械系のシステムを協調動作させる必要がある．このため，システム全体を統括する制御装置および個々の制御装置を繋ぐネットワークが不可欠である．このようにシステムが大規模化・複雑化するほど，全体の信頼性を保持するための労力が増大する．

(c) コストの増加

ハイブリッド化することにより，モータやバッテリ等，純粋に増加するシステムコストに加え，上記 (a) (b) のデメリットに対処するためにさらにコストが増加することになる．たとえばハイブリッド化により増えた重量を車両全体でカバーするために，他の車体部品で軽量化を図ることが多い．また複雑化した制御システムの性能を確保し，かつ信頼性を保持するために，開発工数は大きなものになる．

2.4.3 ハイブリッドシステムの分類

(1) ポテンシャルによる分類 （図2.49）

これまで紹介してきた各運転モードでの走行が可能か否かは，モータおよびバッテリのサイズによって左右される．サイズが大きくなるほどハイブリッドシステムとしてのポテンシャルは高くなり，より大きな燃費効果が期待できることになるが，反面，コストおよび重量が嵩むことになる．目標とする燃費性能だけでなく，コストまで含めたシステム設計としての観点から，ハイブリッドシステムをそのポテンシャルにより分類する考え方がある．一般的には以下の三つに分類される[35]．ポテンシャルとしては最も低いがコストも安いアイ

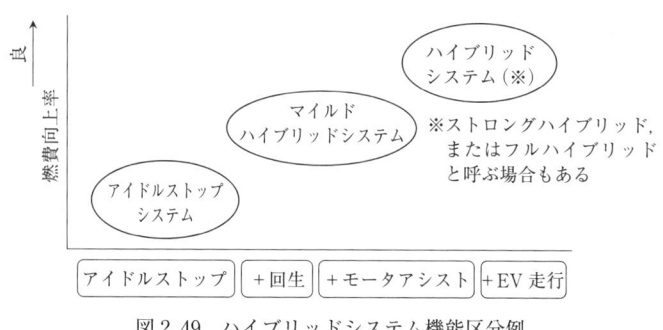

図2.49 ハイブリッドシステム機能区分例

ドルストップシステム，モータによる回生とアシスト程度まで可能なマイルドハイブリッドシステム，さらには実用的な車速までEV走行が可能なポテンシャルをもち最も強力なモータおよびバッテリを必要とする（ストロング）ハイブリッドシステム，の三つである．

(2) 動力伝達方式による分類

メカニズムとしては，エンジンが発生した動力を駆動軸まで伝達する方式により，シリーズ方式，パラレル方式，シリーズ・パラレル方式の3種類に大別される（表2.1）．

(a) シリーズ方式

シリーズ方式は，エンジンが発生した力学エネルギーを，発電機を介してすべて電気エネルギーへ変換し，モータで駆動力を発生する方式である．エンジンは発電用の動力源とみなされる．発電効率を考慮して車格に比較し小排気量のエンジンを組み合わせ，最高効率点近傍で定常運転を行う．エンジンとしては最も燃費が良い状態で運転でき，排気低減にも有利である．しかし動力伝達

表2.1　ハイブリッドシステム—動力伝達方式による分類

		シリーズハイブリッド (S-HEV)	シリーズ&パラレル (S&P-HEV)	パラレルハイブリッド (P-HEV)	
システム構成					
性能	モータだけで走行	○	○	△	○
	エンジンを燃費が最適な点で運転	○	○	△	△
	ブレーキエネルギーの回収・再生（回生）	○	○	○	○
	回生時のエンジン切り離し	○	○	—	○
	モータを効率が最適な点で運転	—	—	○	○

M/G：モータ/発電機

装置として見た場合，エンジン動力から発電機回生－充電－放電－モータ駆動とする構成は，システムとしての効率面では不利である．モータおよび発電機の単体での効率は95%を超えているが，バッテリの充電／放電効率は80〜90%（リチウムイオン二次電池）程度である．このため，力学エネルギーのまま伝達する経路を有するパラレル方式に対して，特に高速高負荷領域において効率で劣る．また，駆動力は全てモータがまかなうため，大出力のモータと大容量バッテリを必要とする．以上の特徴から，乗用車よりも大型車両に適しており，都市圏のバスで採用されている．

(b) パラレル方式

パラレル方式は，エンジンの動力を力学的な伝達手段を介して駆動軸へ伝達する機構を有する．同時に電気エネルギーを併用し，モータ動力も伝達する方式である．シリーズ方式とは異なりモータと別体の発電機はなく，1基のモータジェネレータを用いる．このモータジェネレータを，従来のスタータモータと置き換える形式や，軸方向に薄型化し通常のエンジン車両でトルクコンバータやフライホイールがあったスペースに配置する形式のものがある．エンジンとモータジェネレータの間あるいはモータジェネレータと変速機の間にクラッチを設ける場合もある．コストやレイアウトの都合によりクラッチがない場合，エンジンとモータジェネレータ間が常時連結され，モータ動力のみでの走行はできない．この場合はEV走行時や減速回生時でも，エンジンフリクションの影響により効率が低下してしまうという面で，他の方式に比べて不利である．その反面，モータおよびバッテリのサイズ（定格出力）は小さくできるので，コスト，重量，およびレイアウト面では有利である．マイルドハイブリッドシステムとして使用されるものはこのパラレル方式であることが多い．

(c) シリーズ・パラレル方式

シリーズ・パラレル方式は，両方の特徴を兼ね備えており，走行条件によりどちらかを適宜選択して運転する．通常走行時はシステム効率が良いパラレル方式での運転を行い，エンジンの効率が悪い条件ではエンジン動力を切り離してモータ動力のみで走行することができるのが大きな特徴である．システム構成としては3方式の中では最も複雑になる．シリーズ方式での走行（＝エンジンで発電しながら，モータ動力のみで走行する）を行うために2基のモータジ

ェネレータを備えるものを指すことが多い．ただし，回生によりバッテリに貯蔵した電気エネルギーを利用し，エンジン動力を完全に切り離し，モータ動力のみで走行できるものを「間接型シリーズ・パラレル方式」と呼ぶ場合もあり，1基のモータジェネレータとクラッチを組み合わせたものをシリーズ・パラレル方式と見なす場合もある．シリーズ・パラレル方式は主として乗用車で採用されているが，燃費効果とコストのバランスに対する考え方により，マイルドハイブリッド寄りのものからストロングハイブリッド寄りのものまで幅広く実用化されている．

　以上，ハイブリッドシステムの基本的な分類について述べたが，これらに加え近年，車両の外部からバッテリにエネルギーを供給・貯蔵する手段を付加したプラグイン・ハイブリッドシステムが提案され，一部で実用化されている．走行前に予め外部からエネルギーを供給・貯蔵されたエネルギーを使い，可能な限りエンジンを使わずに EV 走行を行おうとするものである．このためベースとなるシステムよりもバッテリ容量を大きなものを選定する．

2.4.4　実用化されたハイブリッドシステムの例

　以下では国内の乗用車において商品化された各社のハイブリッドシステム例

表2.2　各社のハイブリッドシステム例

会社名	トヨタ	ホンダ	日産
システム名称	THS	IMA	インテリジェントデュアルクラッチコントロール
システム分類	シリーズ・パラレル	パラレル	パラレル（間接型シリーズ・パラレル）
駆動方式	前輪駆動	前輪駆動	後輪駆動
システム構成	エンジン／動力分割機構／発電機／昇圧回路／バッテリ／減速機／モータ／インバータ　ハイブリッド	エンジン／動力分割機構／発電機／昇圧回路／バッテリ／減速機／モータ／インバータ／外部充電回路　プラグイン・ハイブリッド	エンジン／モータ／クラッチ／CVT／インバータ／バッテリ	インバータ／バッテリ／エンジン／クラッチ／モータ／機械式 AT

について説明する[36] (表2.2).

(1) トヨタ THS (Toyota Hybrid System)

トヨタが同社「プリウス」に搭載し，世界で初めて市販化されたハイブリッドシステムで，シリーズ・パラレル方式に分類される．エンジン動力は遊星歯車を利用した動力分割機構により，一部を発電用モータジェネレータへ配分しつつ，そのまま減速機を介して駆動軸へも伝達される．また駆動用にもう1基のモータジェネレータを有し，EV走行やモータアシスト走行，および減速回生を効率的に行うことが可能である．また同社ではTHSをベースとしたプラグイン・ハイブリッドシステムも開発・発売した．ベース車両のTHSに対して外部充電機構を追加，さらにバッテリ容量を4倍としている．

(2) ホンダ IMA (Integrated Motor Assist)

ホンダが同社「インサイト」に搭載したシステムであり，パラレル方式である．構造としては，エンジンとCVTの間に薄型化したモータユニットを挟み込んでいる．クラッチを持たない構成であり，前述したとおりEV走行時や減速回生時もエンジンフリクションの影響を受ける点で不利である．インサイトではエンジンに気筒休止機構をもち，減速時にエンジンの吸気・排気バルブを停止させてポンピングロスを低減することによってエネルギー回生量の低下を抑える工夫をしている．

(3) 日産 インテリジェント デュアルクラッチ コントロール

日産が「フーガ ハイブリッド」に搭載した．パラレル方式に分類される．他のパラレル方式と同様に，駆動用・回生用を兼ねる1基のモータを有している．加えて，エンジンとモータの間，およびモータと変速機の間の2箇所にクラッチを設けたことが特徴である．パラレル方式だが，クラッチによりエンジンを切り離すことができるため，EV走行時および減速回生時にもエンジンフリクションの影響を回避できる．

参考文献

1) 村中重夫：エンジンの熱効率向上方法とその効果, 機械学会講習会 (2006/1)
2) S. Muranaka, et al.：Factors Limiting the Improvement in Thermal Efficiency of S. I Engine at High Compression Ratio, SAE Paper, 870548, SAE, Trans., 96 (1987)
3) 長尾不二夫：内燃機関講義 上巻, 養賢堂 (1972)

4) Y. Nakagawa, Y. Takagi et al.：Laser Shadowgraphic Analysis of Knocking in S. I. Engine, XX FISITA CONGRESS PROCEEDING, SAE Paper, 845001（1984）
5) R. H. Thring, et al.：Gasoline Engine Combustion-The High Ratio Compact Chamber, SAE Paper 820166, SAE Trans, **91**,（1982）
6) D. F. Caris, et al.：Mechanical Octanes for Higher Efficiency, SAE Trans., **64**（1956）p.76
7) D. F. Caris, E. E. Nelson：A New Look at High Compression Engines, SAE Trans., **67**,（1959）
8) 中田ほか：未燃ガス温度と混合気性状のノッキング発生への影響，第 10 回内燃機関合同シンポジウム講演論文集（1992）p.289
9) 村中ほか：EGR が燃費率に及ぼす影響の解析，内燃機関合同シンポジウム講演会論文集（1979）p.163
10) 李ほか：バタフライ式スワール制御弁によるスワール生成とその流動特性の解析，第 10 回内燃機関合同シンポジウム講演会論文集（1992）p.85
11) Iiyama：Attainment of High Power with Low Fuel Consumption and Exhaust Emission in a Direct-Injection Gasoline Engine, FISITA, F98T048
12) Ch.Schwarz et.al：Potentials of Spray Guided BMW DI Combustion System, SAE Paper 2006-01-1265
13) S. Hara, et al.：Effect of Intake-Valve Closing Timing on Spark-Ignition Engine Combustion, SAE Paper 850074（1985）
14) S. Kiga et al.：The Innovative Variable Valve Event and Lift System for the New NISSAN V6 and V8Engine, 29th International Vienna Motor Symposium（2008）
15) H. Unger et al.：VALVETRONIC-Experience from 7 Years of Series Production and a Look into the Future, 29th International Vienna Motor Symposium（2008）
16) J. Harada et al.：The New L4 Gasoline Engines with VALVEMATIC, 29th International Vienna Motor Symposium（2008）
17) 波多野ほか：休筒機構可変バルブタイミングの開発，自動車技術会学術講演会前刷集 924, **1**（1992）
18) 熊谷和英：新可変シリンダソシステム V6 ガソリンエンジンの開発，自技会　新開発エンジンシンポ（2009/2）
19) 村中：低燃費ガソリンエンジンの展望，自動車技術会リーンバーンエンジンシンポジウム（1992）
20) 畑村ほか：ミラーサイクルエンジンの開発，自動車技術会学術講演会前刷集 931, 9302088（1993）
21) Nakajima et al.：Effects of Exhaust Gas Recirculation on Fuel Consumption, P.I.M.E., **195**（1981）p.369-376
22) H. Kuroda et al.：The Fast Burn with Heavy EGR, New Approach for Low NOx and Improved Fuel Economy, SAE 780006, SAE Trans., **87**（1978）
23) T. Goto et al.：Measurement of Piston and Piston Ring Assembly Friction Force, SAE Paper, 851671
24) 新井ほか：新型中型 4 気筒ガソリンエンジンの開発，自技会学術講演会前刷集 20055144（2005）
25) 中西，服部：ガソリンエンジンの燃費低減と安定性，内燃機関，**22**, 284（1982）
26) 亀ケ谷ほか：外側エンドピボット式 Y 字ロッカーアーム動弁機構の開発，自動車技術会講演会前刷集，901024（1990）

27) 馬渕ほか：エンジンバルブリフター用水素フリーDLCコーティングの開発，自技会学術講演会前刷集，20065817（2006）
28) 村中，亀ケ谷：ガソリンエンジン技術の現状と展望，自動車技術，**47**（1993）p.41
29) 村中重夫：自動車用エンジンの熱効率は50%を超えられるか，自技会シンポジウム No.9802（1998）
30) 自動車工学便覧1-21，自動車技術会（1983）
31) 内貴ほか：ハイブリッド自動車用1.8Lガソリンエンジンの開発，自技会学術講演会前刷集，20095133（2009）
32) 国土交通省：自動車燃費一覧（2010/3）
33) 片山ほか：交通流と燃料消費率に関する調査研究（その1），自動車研究，**15**，1（1993）
34) 自動車技術会ハンドブック編集委員会：自動車技術ハンドブック，第2分冊 環境・安全編（2005）p.42
35) 日本機械学会編：機械工学便覧 応用システム編，γ4 内燃機関（2006）p.211
36) 大徳 他：ハイブリッド車・電気自動車・燃料電池車，自動車技術，**64**，8（2010）p.86

第3章　出力の向上

　車両の動力性能（最高速度，加速性，登坂性能など）を向上するには，空気抵抗や質量といった諸抵抗の低減や，ギヤ比の選定など，車両としての最適化が必要であるが，その駆動源であるエンジンに求められるのは，絶対的なレベルを決める出力性能と運転者の意思に素早く応答するための過渡性能の向上である．本章では，この出力性能の向上方法について説明する．
過渡性能については第6章の6.7節で述べる．

3.1　出　　力

(1)　力，トルクと仕事
　力と距離の積を仕事という．たとえばFNの力でlmが動かす仕事Wは，
$$W = F \times l \quad \text{Nm} \tag{3.1}$$
物を回転させる場合も同様で，FNの力で円弧上lm回す仕事も式（3.1）で表される．
　トルク（回転力）は，力と腕の長さの積で表わされ，rmの腕の長さのものをFNの力で回すときのトルクTは，
$$T = F \times r \quad \text{Nm} \tag{3.2}$$
となり，式（3.1）と単位が同じであるが，この二つは異なるものである．式（3.2）は，回転させるとき腕の長さが短ければ大きな力が必要であり，長ければ少ない力でよいこと，つまり，トルクは回転させるのに必要な力の大小を表わすものであり，仕事ではない．この力（FN）に逆らって回転したとき初めて仕事をしたことになる．
　トルクTでn回転した場合の仕事Wは，式（3.1），（3.2）より
$$W = F \times 2\pi r n = 2\pi n T \tag{3.3}$$

(2)　仕事，出力
　仕事は，どれだけのことをするかという量のみをいい，どれだけの時間をかけてという観点はない．そこで単位時間あたりの仕事を定義して出力という．
　いま，エンジンが毎分n回転しているとすれば，エンジンの出力とトルク

の関係は，

$$P = (2\pi nT)/(60 \times 1\,000) = 0.1047nT/1000 \tag{3.4}$$
$$(T = 9549 \times P/n)$$

ここで，P：出力，kW

T：トルク，Nm

n：エンジン回転速度，rpm

3.2 出力の向上方法

今日のガソリンエンジンの比出力（排気量あたりの出力）は，図3.1[1)]に示すように市販車の無過給エンジンで約50〜80 kW/l（回転速度は6 000〜8 000 rpm）であり，図に示していないが過給機付きエンジンの上限は100 kW/l以上であり，レース用過給エンジンでは400 kW/lを超えて，ダイムラーのエンジン（1.4 kW/l）に対し飛躍的な向上が図られてきた．

以下，この出力向上方法について述べる．

平均有効圧と出力の関係を求めてみると，

$$p_e \propto T/V_{st}$$

よって，

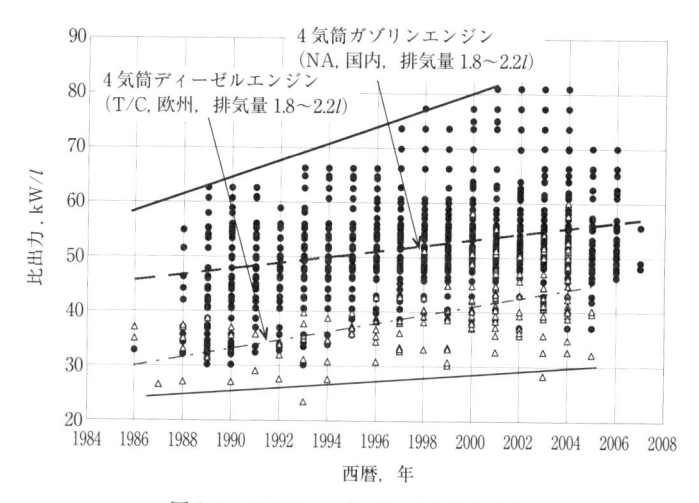

図3.1 ガソリンエンジンの比出力推移

$$P \propto T \cdot n \propto p_e \cdot V_{st} \cdot n \tag{3.5}$$

このように，出力は正味平均有効圧，総行程容積，およびエンジン回転速度の三者の積に比例する．また正味平均有効圧は，熱効率と充填効率の積に比例するため，総行程容積（総排気量）を一定とした場合の出力向上方法としては以下のようになる．

・正味熱効率の向上
・充填効率の向上
・高回転化

正味熱効率の向上に関しては第1，2章で述べたので，以下，充填効率の向上，高回転化について述べる．

3.2.1 充填効率の向上
(1) 充填効率，体積効率の定義

吸気行程終わりのシリンダ内混合気の圧力は，吸気系（エアクリーナ，吸気マニホルドなど）の抵抗により吸気系入口の圧力よりも低く，温度も吸気系やシリンダ壁との熱交換や残留ガスとの混合により入口温度よりも高くなる．その結果，吸入新気（空気または混合気）の体積を入口の温度，圧力で換算すると，一般に行程容積より小さくなる．

この比率を体積効率 η_v といい，式（3.6）で表わされる．p, T を吸気系入口の圧力，温度とすると，

$$\eta_v = (p, T における吸入新気の体積)/総行程容積$$
$$= 吸入新気の質量/p, T で総行程容積を占める新気の質量 \tag{3.6}$$

体積効率はエンジンの吸込み能力を表わすが，外気条件が異なる場合は，体積効率が同一でも吸気の絶対量が異なり出力も異なる．そこで絶対量の基準としては，次に示す充填効率 η_c を用いる．

$$\eta_c = 吸入新気の質量 / 標準状態で総行程容積を占める新気の質量$$
$$= p/p_0 \times t_0/t \times \eta_v \tag{3.7}$$

p_0, t_0：標準状態（99kPa，298K）における吸気の絶対圧力，絶対温度

式（3.7）から明らかなように，標準状態では体積効率と充填効率は同一で

ある.体積効率に影響を及ぼす要因を分類すると,静的な要因と動的な要因がある.

・静的要因(定常的な要因:通路抵抗の減少)
・動的要因(吸気,排気が間欠的に行われることに起因する)

以下,それぞれについて説明する.

(2) 充填効率,体積効率に影響する静的要因

静的な要因としては,以下のようなものがある.

(a) 吸排気弁の開閉時期

理論サイクルでは吸排気弁が瞬時に開き,ガス交換も瞬時に行われるが,ポペット弁を用いる実際のエンジンでは,弁開閉時における加速度の制限から,弁のリフトカーブは正弦波状のゆるやかな曲線(図3.2)となっている.

このため,吸排気弁の開閉時期によりガス交換が影響を受け,体積効率,充填効率が変化する.以下,吸排気弁の開閉,合わせて四つのタイミング(図3.3)について見てみる.

1) 吸気弁開時期(Intake Valve Open:IVO)

シリンダ内への空気の流入はピストンの動きによって行われるが,開弁始めの間は開口面積が小さく,またピストン速度も低いため空気の流入速度は小さい.ピストン速度の大きなところで十分な弁開口面積(最大リフトに近い状態)を得ておくために,一般には上死点前5~20°で開ける.この値を大きくすると後述のバルブオーバラップ量が増え,低速では残留ガス量の増大により体積効率は低下する.高速では逆に動的効果により増加する.

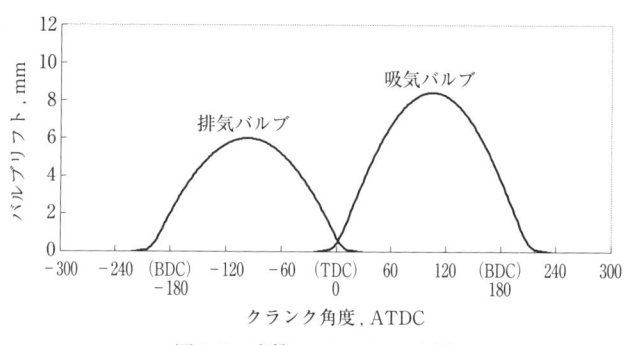

図3.2 実機のバルブリフト例

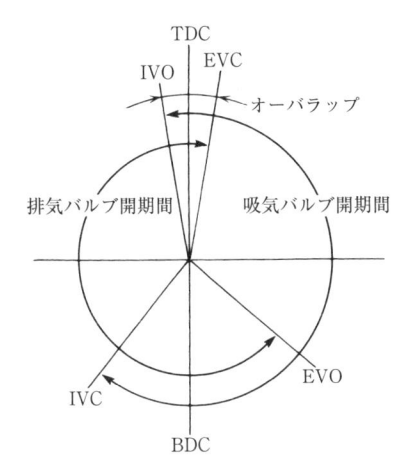

図3.3 4サイクルエンジンのバルブ開閉時期

2) 吸気弁閉時期 (Intake Valve Close : IVC)

吸気行程の初期では，空気の通過面積が小さく，また吸気が加速されるために急激な圧力降下を生じる．しかし，弁が開き通過面積が次第に大きくなり，かつ新気がシリンダ壁で熱せられるためにシリンダ内圧力は上昇する．

吸気行程の終わりでは吸気の運動エネルギーも加わり，ほとんど大気圧近くまでは回復する．このとき，吸気弁の閉じが早いと圧力が十分回復しないため，IVCは下死点後30〜50°程度にする。これよりも閉じが早いと体積効率は低下する．部分負荷では2.2.3項で述べたように，この体積効率の低下分絞り弁を開くためポンプ損失が低減し，燃費は向上する．逆に遅いと，一度シリンダ内に吸入した新気を吸気系に逆流させることになり，早い場合と同様に体積効率は低下する．吸気の慣性（動的要因の項参照）の影響でIVCの最適値は回転速度により変化し，低速では早く，高速では遅くなる．

3) 排気弁開時期 (Exhaust Valve Open : EVO)

EVOの値が体積効率に及ぼす影響は比較的小さいが，早すぎると膨脹仕事が十分に行えず，逆に遅すぎると十分な排気時間が得られないため残留ガスの増大により体積効率の低下を生じる，両者のバランスから下死点前50°前後の値をとる．

4) 排気弁閉時期（Exhaust Valve Close：EVC）

排気行程中のシリンダ内圧力は，排気弁の絞りにより排気管圧力より少し高い．残留ガス量を減らすため，EVC は上死点後 5〜20°の値とする．早すぎると排気が十分に行われず，残留ガス量が増え体積効率が低下する．一方，閉時期が遅すぎると排気が排気ポートからシリンダ内に逆流し，やはり残留ガス量が増える．

このように，吸気弁は上死点前から開き，排気弁は上死点後に閉じるから，上死点近傍では吸排気弁がともに開いている．これをバルブオーバラップといい，この値が大きいと低速，特に低負荷では吸気管内の負圧により排気ポートからの排気ガスがシリンダ内に吸い戻されるため，残留ガス割合が多くなり，アイドル不調などになりやすい．一方，高速高負荷では動的効果で高い体積効率が得られる．

全負荷時，最大リフト時期を一定にし，作動角を変化させて IVC とバルブオーバラップを変えた場合の軸トルク（体積効率）の変化を計算したものが図3.4 である．前述のように，低速域では IVC を早く，かつ，バルブオーバラップを小さくした場合の軸トルクが大きく，高速域では IVC を遅く，バルブオーバラップを大きくした場合のほうが大きいことがわかる．以上のような開閉時期に対し，各運転条件ごとの要求値を表3.1 に示す（燃費の向上について

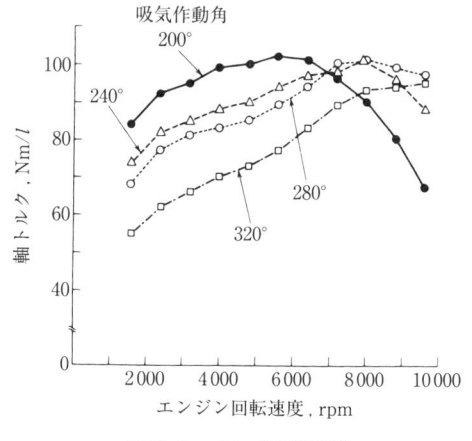

図3.4　バルブ開閉時期

表3.1 バルブ開閉時期の要求値（吸気）

条件	O/L	IVC	リフト
アイドル安定度・燃費	小	早	小
パーシャル燃費	小	早（遅）	小～中
低中速トルク	小～中	早	中
最大出力	大	遅	大

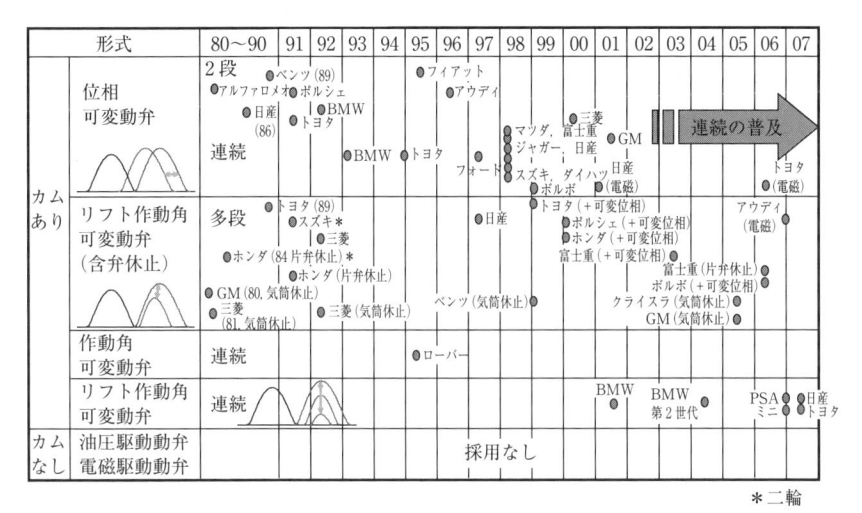

図3.5 可変動弁機構の商品化の歴史

は2.2.3項参照）．

このような異なった要求値を満足するために，動弁系の可変機構が実用化されている[2～4]（第6章6.2.2項参照）．図3.5はこれらをまとめて可変動弁機構の商品化の歴史を示したものである[5]．

トルクのワイドレンジ化を狙いとした1980年代のIVCを可変とする位相可変（カムひねり）から始まり，'90年代には2～3段のリフト・作動角可変が高性能エンジンに適用され，今世紀に入り，リフト・作動角連続可変動弁機構が実用化になっている．低コストの位相可変はほとんど全社のエンジンに採用されているが，作動角の多段可変，連続可変のシステムの採用は限定的である．

(b) 吸入，排気抵抗

エアクリーナ，吸気マニホルド，吸気バルブなどによる圧力損失は，吸気終わり時期における外気圧（入口圧）と燃焼室内圧力との差を生じ，体積効率，

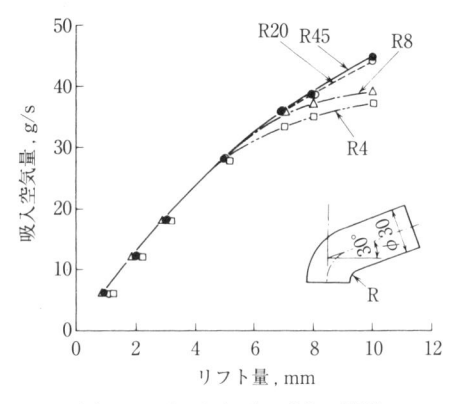

図3.6 ポート底面R形状の影響

　充填効率とも減少する．曲がりや絞りのない十分な断面積をもつ吸気通路にしたり，吸気バルブを多弁化（3弁，4弁エンジン）することにより圧力損失が低減し，吸気量が多くなるため体積効率，充填効率を向上できる．

　図3.6に吸気ポート径を同一にし，曲がりの大きさを変えた場合の吸入空気量の変化を示す（ポート入口と出口の差圧を一定に保ったときの吸入空気量）．曲がりを大きくとることにより吸入空気量は増すが，ある程度以上になるとその変化率は小さくなる．そのため，実際のエンジンでは吸入抵抗の低減を図るとともに，シリンダヘッドの高さや幅といったレイアウト的な面との両立を考えてポート形状が決定される．

　排気管や触媒，マフラの圧力損失は排気ガスの押出し損失となるほか，残留ガスが増大するため，体積効率，充填効率は低下する．図3.7に示すように，回転速度の上昇により単位時間あたりの作動ガス量が増えるため圧力損失が増加している．

(c) 燃焼室壁温

　エンジンの負荷や冷却水の温度が高くなると，燃焼室の壁温が上昇して吸気行程においても吸気を加熱するため，体積効率，充填効率とも低下する．図3.8に，壁温と体積効率の関係を調べた実験結果を示す[6]．

(d) 入口温度

　吸気の入口温度が高くなると，燃焼室壁温との温度差が小さくなり，体積効

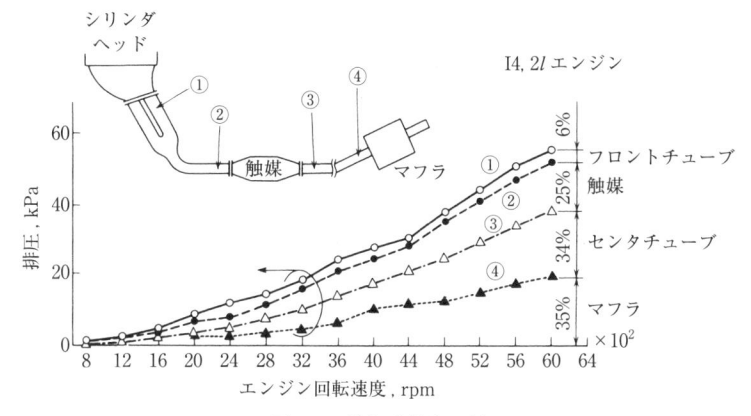

図 3.7 排気系損失の例

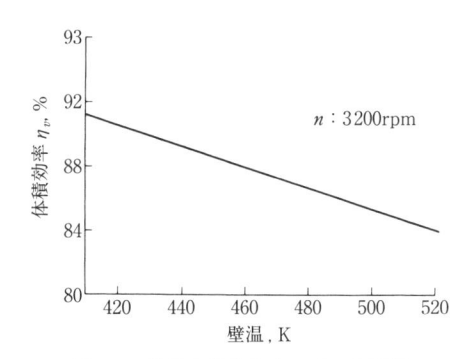

図 3.8 壁温が体積効率に及ぼす影響

率は上昇する．しかし，吸気の密度が減少していくため充填効率は低下する[6,7]．実験的には以下のような関係が得られている．

$$\eta_c = (t_0/t)^m \times \eta_{co} \tag{3.8}$$

ここで，η_c：入口温度 t (K) の充填効率

η_{co}：標準状態の充填効率

m：指数 0.6〜0.9

(e) 入口圧力

温度一定で吸気の入口圧力が変化しても体積効率はほとんど変化しないが，充填効率は圧力にほぼ比例して変化する．

$$\eta_c = (p/p_0)^n \times \eta_{co} \tag{3.9}$$

ここで，η_c：入口圧力 p の充填効率
　　　　η_{co}：標準状態の充填効率
　　　　n：指数 1.1～1.2

過給エンジンでは，過給機（ターボチャージャ，スーパーチャージャ）により吸気圧を上げ，充填効率を増大させている．このとき過給機の圧縮仕事により吸気温度も同時に上昇するため，インタクーラ（冷却器）が用いられている．

(f) 空燃比

ガソリンエンジンでは燃料が空気といっしょに吸入され，吸気ポートやシリンダ内で気化する．その気化熱を吸気から奪うと吸気温度が下がり体積効果は増加する．また，この吸気温度の低下により耐ノック性も向上する．

(3) 充填効率，体積効率に影響する動的要因

動的な要因とは吸気，排気が間欠的に行われ，そのときに発生する吸排気系の圧力振動によるものである．圧力振動が，その発生したサイクルに直接影響する場合を慣性効果，次のサイクルに影響を及ぼす場合を脈動効果という．吸気管で起こる場合を吸気管効果，排気管で起こる場合を排気管効果という．

(a) 吸気管効果

吸気行程で吸気弁が開くとともに，ピストンの動きによる吸入作用が開始される．吸気行程の初期では弁の開口面積が小さいため急激な圧力降下を生じ，吸気管の弁側端に負圧波が発生する．この負圧波は図 3.9[7] に示すように吸気管内を伝わり，大気開放側に達する．ここで負圧波は逆位相の正圧波として反射され，吸気弁側に t 秒後に戻ってくる．

吸気管が長かったり，高回転時のように，この時間が吸入時間 t(s) よりも短ければ，図 3.9（A）のように直接影響を及ぼさないが，管が短いときのように，吸入時間 t(s) よりも短い時間で戻ってきた場合には，吸入の負圧波に正圧波がかさなり〔図 3.9（B）〕，その合成により吸気行程の終りは正圧になる．一方，吸気行程の後半では下死点後にピストンが上昇するため，シリンダ内に吸入された新気を吸気管側に押し戻そうとするが，そのとき正圧波が弁側に戻ってくると，この押戻しを抑え新気がシリンダ内に流入するため体積効率が向

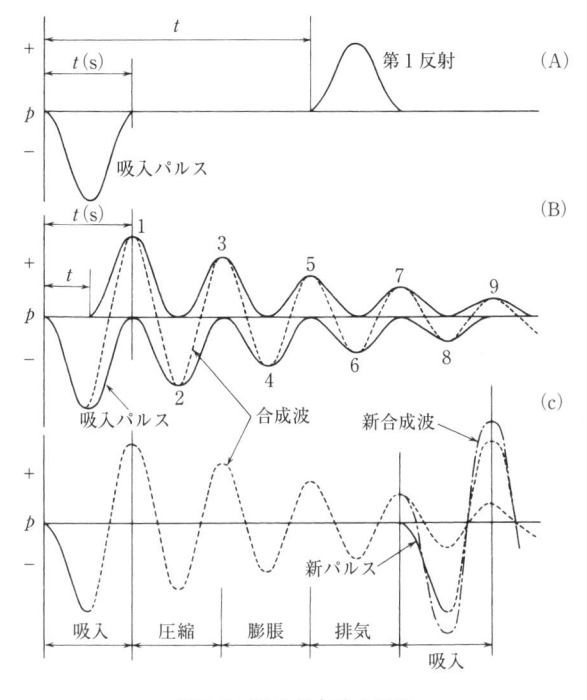

図 3.9 吸入圧力波の同調

上する（慣性効果）．吸気弁が閉じた後もこの圧力波は吸気管内で減衰しながらも振動を続け，次のサイクルの吸気行程開始時に，再び正圧波が弁側に達した場合〔図 3.9 (C)〕には，新気のシリンダ内への流入を加速し体積効率が向上する（脈動効果）．

以上のように，弁開閉時期が一定の場合には，吸気管の効果は管の長さに対し最適な回転速度（吸気の間隔）がある．図 3.10 に吸気管長さの影響を計算した結果を示す．吸気管の長さが長い場合には低い回転速度（吸気行程の間隔が長い）で体積効率の最適値をもち，管の長さを短くするほど体積効率のピーク回転速度は上昇する．また図 3.11 に，吸気管長さを一定として吸気弁を閉じる時期の体積効率に及ぼす影響を計算した結果を示す．吸気管長さにより決まる最適な体積効率を得る回転速度に対し，低回転側では吸気管内への新気の押戻し，高回転側では吸込み不足により体積効率は減少するため，低回転域で

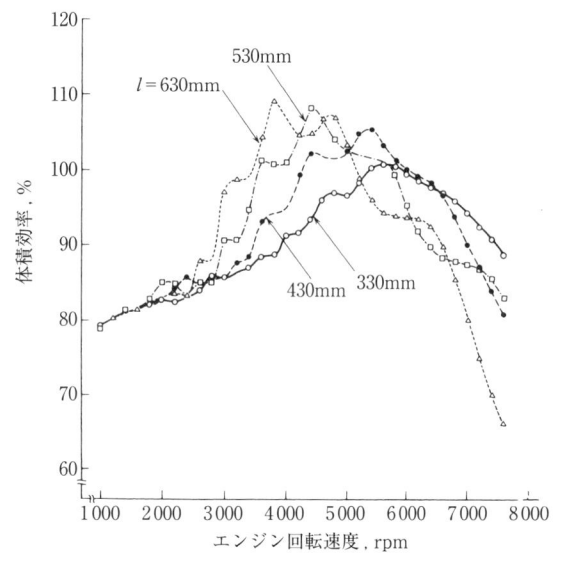

図 3.10　吸気管長さの体積効率に及ぼす影響

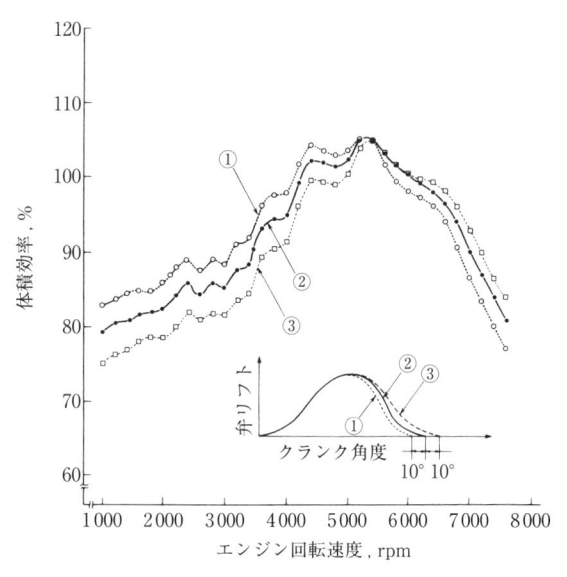

図 3.11　吸気弁閉時期の体積効率に及ぼす影響

は吸気弁を早く閉じ，逆に高回転域では遅く閉じることにより体積効率は向上する．

このように，回転速度で最適となる吸気管長さや弁開閉時期が変化するため，吸気管長さの可変機構や動弁系の可変機構（ともに第6章参照）が広く実用化されている．

(b) 排気管効果

排気管が開いたとき，排気の吹出しにより大きな正圧波が発生する．この圧力波は排気管内を伝わり，大気開放端で負圧波として反射されて排気弁側に戻ってくる（吸入波と正負が逆）．この負圧波を排気行程の後半（バルブオーバラップ時）に戻るようにすると，残留ガスが吸い出されるため体積効率は向上する．

(c) 多シリンダエンジンにおける動的効果

一般のエンジンの吸気系では共通の容積部（コレクタ）から各気筒に吸気管がつながる構成のため，あるシリンダの吸気行程後半に他のシリンダの吸気開始による負圧波が同調すると，入口圧力を下げた状態となり，体積効率は低下する（吸気干渉）．

一方，各気筒が作った圧力波が吸気系全体を加振し，その結果，吸気系に定在波を作り，その定在波が他の気筒に影響することがある（共鳴）．吸気系（コレクタ上流）は（エンジン回転速度/2）×（気筒数）の周波数で加振されている．この周波数が吸気系の固有振動数に近いときには共鳴し，吸気コレクタ内に大きな圧力脈動を生じる．この固有振動数は一般のエンジンでは低速域にあり，圧力脈動を吸気行程後半の新気が吸気管内へ押し戻されるときに同調すれば，体積効率を向上することができる（共鳴過給）．

エンジンの低回転域では一般に慣性，脈動効果が小さいため，前述のような弁開閉時期の制御と並んで効果がある．しかし，共鳴過給ではある回転速度で体積効率が高まる反面，その前後の回転速度では逆に低くなる．また，この効果は気筒数が多くなるほど小さくなり，実用的に使用できるのは3, 4気筒までである．このため，6, 8気筒エンジンでは2系統の吸気系に分け，可変化することによりその効果を利用しているものも多い．

排気マニホルドでも同様に，排気の正圧波が他のシリンダの排気行程後半に

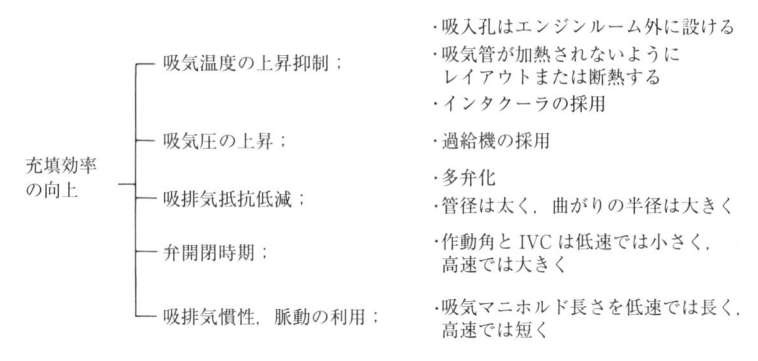

```
充填効率     ┬ 吸気温度の上昇抑制 ;   ・吸入孔はエンジンルーム外に設ける
の向上       │                        ・吸気管が加熱されないように
             │                          レイアウトまたは断熱する
             │                        ・インタクーラの採用
             ├ 吸気圧の上昇 ;         ・過給機の採用
             ├ 吸排気抵抗低減 ;       ・多弁化
             │                        ・管径は太く,曲がりの半径は大きく
             ├ 弁開閉時期 ;           ・作動角とIVCは低速では小さく,
             │                          高速では大きく
             └ 吸排気慣性,脈動の利用 ; ・吸気マニホールド長さを低速では長く,
                                         高速では短く
```

図3.12 充填効率の向上方法

同調すると,排圧が高くなり,残留ガスが増すために体積効率は低下する(排気干渉).このため実際の自動車用エンジンでは,目標となる性能特性を得るために吸排気管の長さや,気筒間の合流の仕方などをエンジンルーム内の限られた空間内で成立させるための適合が行われている.

以上,体積効率と充填効率の向上方法をまとめると,図3.12のようになる.

3.2.2 エンジンの高回転化

体積効率が同じでも,エンジン回転速度の上昇に伴い吸排気時間は短くなるため,吸排気弁での見かけの速度は大きくなる.この速度が大きくなりすぎると弁部分での抵抗が増大し,体積効率は低下する.

このように,高回転化により高出力を得るためには,高回転域でも体積効率を低下させないように,見かけの吸排気速度を低下させる必要があり,以下のような方法がとられている.

(1) 多シリンダ化

同じ総行程容積で多シリンダ化すれば,シリンダ径も吸気バルブ径も小さくなる.簡単のため,シリンダ内径とストロークが同じエンジンで,シリンダ数 N と見掛けの吸気流速 v_i(= 吸入空気量/弁の総面積)の関係を求めてみると,

$$V_{st} = N \cdot V_s \propto ND^3 \tag{3.10}$$

$$v_i \propto V_s/D^2 \propto 1/N^{1/3} \tag{3.11}$$

ここで，V_{st}：総行程容積
N：シリンダ数
V_s：行程容積
D：シリンダ内径

すなわち，吸気流速 v_i はシリンダ数の3乗根に逆比例し，シリンダ数を増すほど同一回転速度での吸気流速は低下することを表しており，この吸気流速が低下した分だけ多シリンダエンジンは高回転化が可能となり，同一行程容積で高出力が得られる．

(2) ショートストローク化

吸気弁径はほぼシリンダ内径に比例するため，同一行程容積ではショートストローク化し，内径を増大させるほど吸気弁径が大きくとれ高回転化できる．

同一排気量でシリンダ内径に対する吸排気弁径の比を同一として，ショートストローク化した場合，高回転の充填効率の低下が少なく，高出力化が可能となる．また，ショートストローク化により高回転でのピストン平均速度が低下し機械損失は低減するため，この機械的な面からも高回転化が可能になる．

一方で，ショートストローク化は低回転域で冷却損失の増大を招き，燃費の悪化を生じる．このため，市販の四輪車用ガソリンエンジンのストローク/ボ

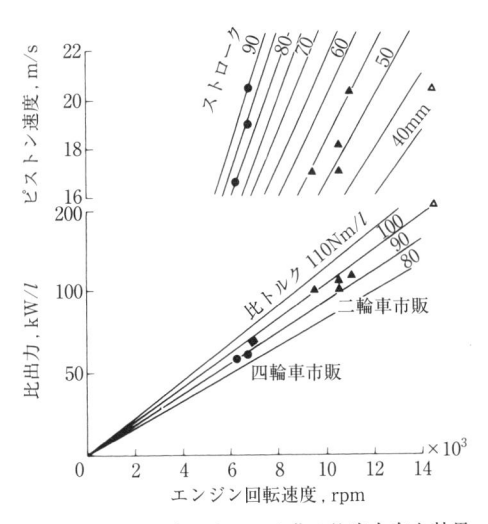

図3.13 ショートストローク化の比出力向上効果

ア値（S/D 値）は，おおむね 0.9～1.1 であるが，高回転域の使用頻度が高い二輪車やレース用エンジンでは，0.6 前後まで小さいものもある（図 3.13）．ただし，いずれの場合にも最大出力点での平均ピストン速度は 20～22 m/s になっている．

(3) 吸気多弁化

シリンダ内径 D が決まると，そのなかで配置できる吸気弁径もそれに比例して決まる．2 弁エンジンでは $0.5D$，4 弁エンジンでは $0.4D$ 前後が吸気弁の最大径である．2 弁と 4 弁を同一シリンダ径のなかに配置した場合，吸気弁の面積比は，

$$(4\text{バルブエンジンの吸気面積}) / (2\text{バルブエンジンの吸気面積})$$
$$= 2 \times (0.4D)^2 / (0.5D)^2 = 1.28 \tag{3.12}$$

となり，2 弁から 4 弁にすることにより約 30％吸気弁面積が増えたことがわかる．その結果，より高回転まで吸気流速を低くでき，高出力が得られる．

図 3.14 に 2 弁と 4 弁エンジンの全開性能を比較した一例を示す．4 弁エンジンは高回転域でも体積効率の低下が 2 弁に比べ少ないため軸トルクの低下も少ない．また，回転速度が上昇するほど吸気流速が大きくなるため，この差は大きくなっている．

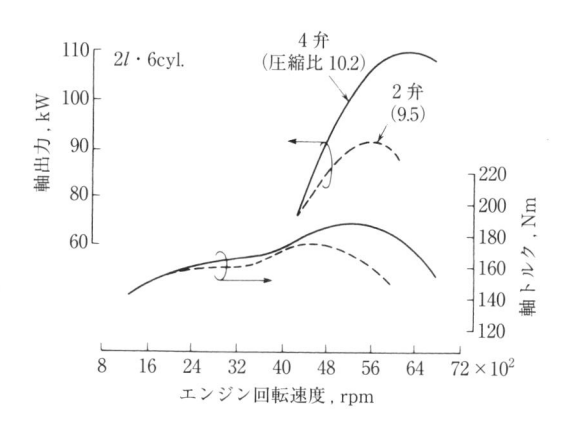

図 3.14　2 弁，4 弁エンジンの出力特性比較

(4) 吸気弁の作動角, リフトの増大

 吸気弁が開いている時間(作動角;クランク角度で表わしたもの)およびリフト量を大きくすることにより,吸気弁での流速は低下でき,より高速化できる.吸気弁の作動角は通常クランク角で240°前後であるが,レース用エンジンでは280~320°まで大きくとる.

 図3.15に,同一エンジンで作動角およびリフト量を変えた場合の比出力の例を示す.吸気弁の作動角,リフトを増すことにより最大出力の値と最大出力を得る回転速度は増大している.実際のエンジンでは,高速形,または低速形といったエンジンの性格付けを基に,最高回転速度を決め,それに見合った作動角,リフト特性を与えている.

 図3.16[8)]に弁の作動角(開閉時期),リフト量を可変にし低速から高速までトルクを向上させた一例を示す.ロッカアームに設けた油圧切替え制御機構により二つのカム形状(低速/高速)を使い分け,弁の開閉時期,リフトを可変とするとともに吸気弁と排気弁の切替えを独立して電子制御することにより三つのパターンを実現している.これにより図3.17[9)]に示すような低速から高

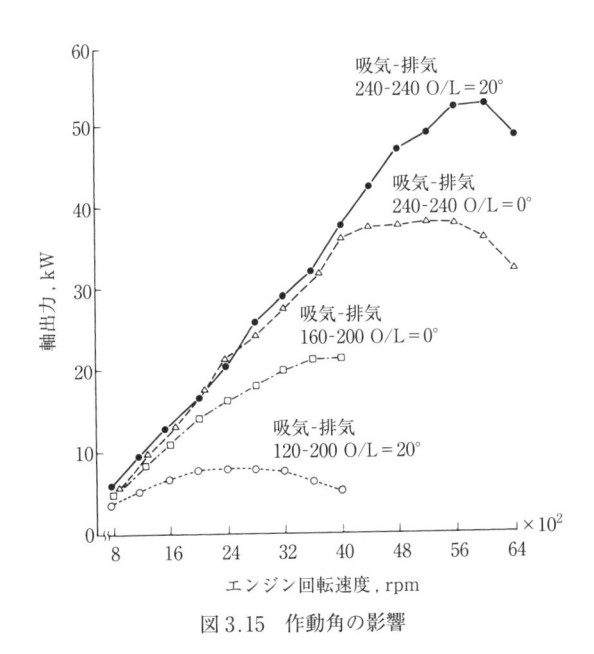

図 3.15 作動角の影響

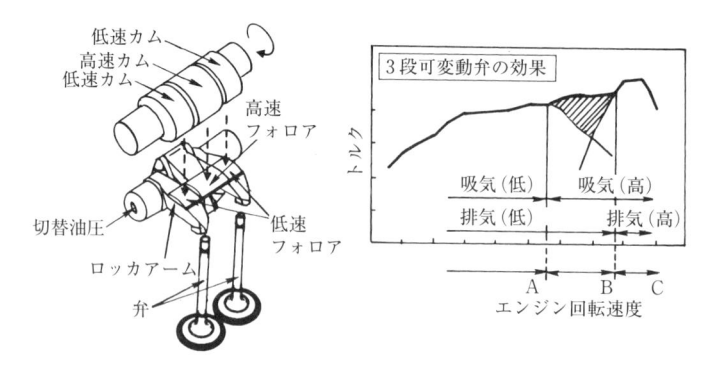

図3.16　3段可変動弁システム

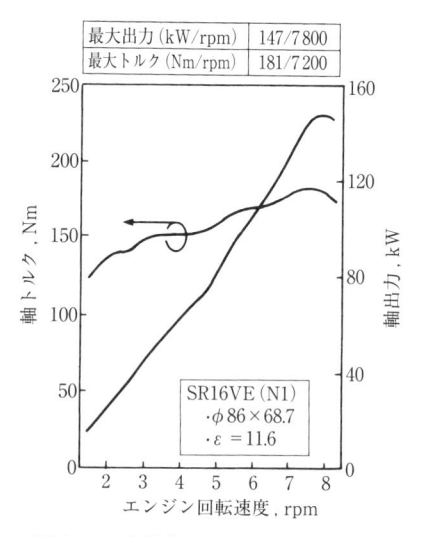

図3.17　高性能エンジンのトルク特性

速までフラットなトルク性能が得られ，約 $92\text{kW}/l$（$125\text{PS}/l$）という高い比出力が達成できている．

(5) 許容限度回転速度の上昇

エンジンを高回転化すると，運動部品による慣性力が増大するため，各部品の強度を高める必要がある．たとえば，バルブサージの発生を防止するためにバルブスプリング力の強化や，ピストン，コンロッドの慣性力に耐えるために

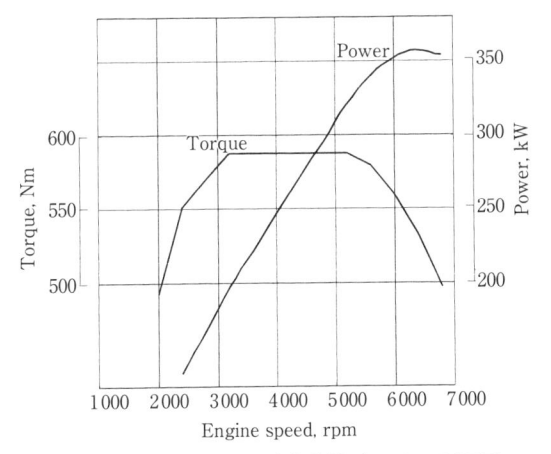

図3.18 過給エンジンの出力特性(NISSAN GTR)

クランク軸の軸径増加が行われる.しかしこれらの対策は,エンジンの機械損失の増大を招き,燃費の悪化などを生じる.このため,運動部品の軽量化は,エンジンを高速化する場合不可欠である.

(6) **過給**(過給機については6.4.3項参照)

無過給エンジンでは吸気の取り入れ口の圧力は大気圧であるが,過給エンジンでは排気タービン(ターボチャージャ)やエンジンで(スーパーチャージャ)でコンプレッサを駆動して,吸気圧を1.5〜2倍程度に加圧する.その分体積効率は増大して出力が増大する.過給機で加圧すると吸気温度が上昇してノックが発生しやすくなり充填効率も減少するため一般にはインタクーラを設け吸気温度を低減させる.図3.18はV6ツインターボエンジン[10]の出力性能の例である.

3.2.3 低燃費と高出力の両立

以上説明してきたように,出力を向上させるためには,基本仕様を小行程容積のエンジンをショートストローク化($S/D<1$)することにより達成できるが,第2章で述べたように燃費を向上させるためには,大行程容積のエンジンをロングストローク化($S/D>1$)する必要がある.このように相反する低燃

図3.19 出力と燃費の両立

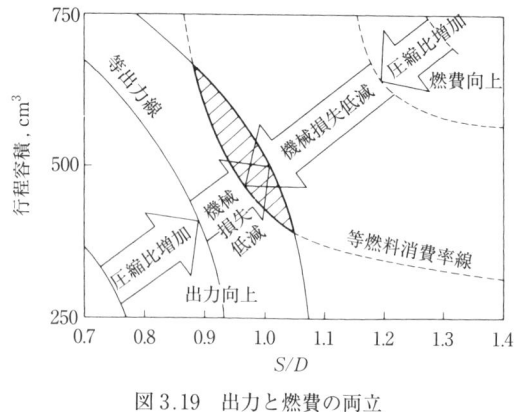

費と高出力を両立するためには，高圧縮比化や機械損失の低減といった熱効率の向上が重要である．図3.18にその一例を示す．

ガソリンエンジン開発の歴史を振返ると，コスト，サイズ，重量等からの要求は簡素化であり，部品統合，モジュール化や加工レス部品，軽量新材料の採用が進められた．一方出力や燃費性能の向上のためには可変化技術の開発と実用化も進んだ．乗用車用エンジンは600 rpmのアイドリングから6 000 rpmの全負荷までワイドレンジで使用される特性があり，色々な回転，負荷の運転点ごとにエンジンの設計・運転変数の最適値は当然異なる．

各点最適化の手段として，可変吸気や可変動弁は広く用いられている．低負荷域の燃費改善のために，可変空燃比（直噴成層燃焼）システム等が開発されてきた．アイドルストップ，モータアシストのHEVもこの延長上にある．さらなる可変化の可能性があるものには，可変圧縮比や電磁動弁を用いた可変サイクル等がある．

上述の簡素化と全点最適化の技術開発は共に今後も進行し，時代の要求から決まるコストパフォーマンスで評価・選別された技術が今後のエンジンに採用されて，低コスト化と性能向上の両立はこれからも続くと予測される．

参考文献

1) エンジンデータブック，山海堂，1988-2005

2) 間瀬ほか：バルブタイミング制御システムの開発，自動車技術，**41**, 9, (1987)
3) 長弘ほか：新しい可変バルブタイミングリフト機構を装備した高出力, ワイドレンジ, 高効率エンジン，自動車技術会講演会前刷集，891004 (1989)
4) 福尾ほか：自在バルブタイミング機構を用いたノンスロットリングエンジンの研究, HONDA R & D Technical Review, **5** (1993)
5) 中村　信：可変動弁機構とその応用システムの現状と将来エンジンテクノロジーレビュー，**1**, 3 (2009/8)
6) 長尾不二夫：内燃機関講義，上巻，養賢堂 (1972)
7) 自動車技術会：自動車技術ハンドブック，基礎・理論編，第1章 (1990)
8) 本多ほか：新可変動弁付き高性能4気筒エンジンの開発，自動車技術会学術講演会前刷集，9832143
9) 藤ヶ谷ほか：量産用自然吸気ガソリンエンジンの高出力化技術，自動車技術会学術講演会前刷集，9832152
10) 矢島ほか：新型V6 VVELとツインターボエンジンの開発，自動車技術会シンポジウム No.19-07 (2008/3)

第4章　排気の清浄化

4.1　排　気

4.1.1　排出ガス

ここでいう排出ガスとは，エンジンで燃焼したあと排気管から排出されるガス（Emission あるいは Exhaust Emission）である．

(1) 排出ガス成分

排出ガスの成分は，ガソリン成分原子である炭素（C）および水素（H）と空気中の成分である酸素（O_2）および窒素（N_2）との高温・高圧下での燃焼反応により生成する．おもな排出ガス成分は，二酸化炭素（CO_2），一酸化炭素（CO），水（H_2O），酸素（O_2），水素（H_2）および窒素（N_2）であるが，微量成分として，窒素酸化物（NO_x）および未燃焼の燃料成分である炭化水素（HC）も排出される．これらの成分は，燃焼する際の空気とガソリンとの

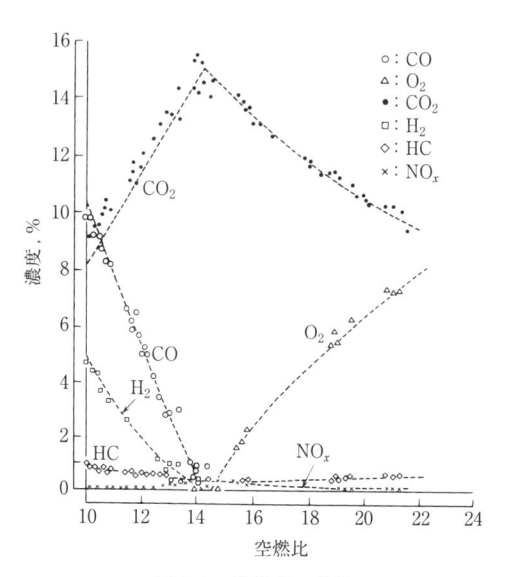

図4.1　排出ガス成分

質量比(空燃比)に影響される.

図4.1は,空燃比と排出ガス成分の測定例を示す.これらの成分のうち,微量成分であるHC, NO_x 以外は,後述する式(4.1)により計算でき,実測値とほぼ一致する.

(2) 排出ガス成分量の表し方

排出ガス成分量は,濃度(モル比)または排出量で表わされる.濃度を用いる場合,そのレベルにより%(10^{-2})やppm(10^{-6})が使われる.ただし,HC濃度の表示法には,HCの多種の分子が混在するため,$ppmC_1$, $ppmC_2$, …$ppmC_6$, $ppmC_n$と区別する.この C_n の n は,基準としたHCの炭素数を表わしており,$ppmC_6$ はヘキサン(C_6)換算のHC濃度のことで,$ppmC_1$ の6分の1の値となる(例:$ppmC_6 = 6ppmC_1$).単に,ppmと書かれているときは $ppmC_1$ と考えればよい.

排出ガスの濃度と排出量の表示方法を,まとめて表4.1に示す.

表4.1 排出ガス成分量の表し方

	単位 / 計算式	
濃度表示		成分濃度 = $\dfrac{体積中の成分体積}{体積}$
	%	成分濃度 × 10^2
	ppm	成分濃度 × 10^6
	ppb	成分濃度 × 10^9
排出量表示		排出量 = 成分濃度 × 体積 × 密度*
	g	g = 成分濃度 × 排気量(dm^3) × 密度(g/dm^3)
	g/km, g/mile	g/km, g/mile = $\dfrac{g}{走行距離(km, mile)}$
	g/min	g/min = 成分濃度 × 排気量(dm^3/min) × 密度(g/dm^3)

* 各成分密度:101 kPa, 294 Kにおける $\dfrac{各分子量(g)}{1モル体積(dm^3)}$
ただし,HC分子量:$C_1H_{1.85}$, NO_x 分子量:NO_2 とする.

(3) 排出ガスの中の有害成分

排出ガス成分のうち,環境に対し直接または間接的に影響を及ぼす成分は,一酸化炭素(CO),炭化水素(HC)および窒素酸化物(NOおよび NO_2 など,総称して NO_x と呼ぶ)である.

直接,人体に影響を及ぼす成分はCO, NO_x である.COは血色素(ヘモグ

ロビン：Hemoglobin）との結合力が酸素の300倍もあり，吸気中のわずかな量でCO-ヘモグロビンとなって代謝機能に悪影響を及ぼす．NO_x も連続して呼吸する時間と濃度によって中枢神経機能，呼吸気系への障害などを生じる[1]．

間接的に影響する成分はHCとNO_xである．これらの成分は，大気中に拡散し，強い太陽光線によりさまざまな化学反応を生じ，光化学スモッグを生成する[2]．この光化学スモッグは，オゾン，アルデヒド，ニトロの化合物からなり，皮膚や粘膜，目を刺激する原因となる．

CO_2 に関しては，人体に対する有害な影響はないものの，地球温暖化問題から，燃費規制などにより排出量の削減を図ろうとしている（第2章参照）．

4.1.2 有害成分の生成メカニズム

CO, HC, NO_x の排出特性は，図4.2[3]に示すように，空燃比の影響を強く受ける．それぞれの成分の生成について，以下に述べる．

(1) COの生成

COは，燃焼反応途中の複雑な素反応を経て得られるガソリンと空気の燃焼反応式（4.1）に従って排出される．

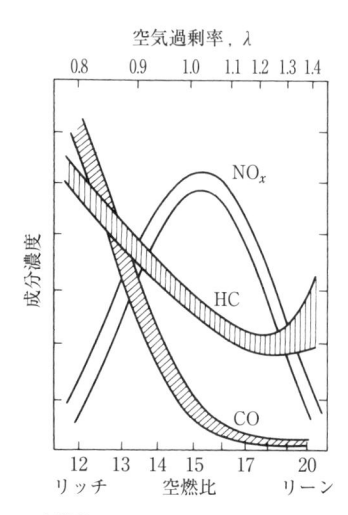

図4.2 空燃比によるHC, CO, NO_x の排出特性

$$C_nH_m + \lambda\left(n+\frac{m}{4}\right)(O+\gamma N_2) \rightarrow aCO_2 + bCO + cH_2O + dH_2 + eO_2 + fN_2 \quad (4.1)$$

ここで C_nH_m：ガソリンの平均組成

m/n を H/C 比と呼び，通常 $n=1$ とおいた H/C 比を用いて計算する．

λ：空気過剰率$\left(\dfrac{実際の空燃比}{理論空燃比}\right)$

γ：空気中の，窒素/酸素濃度比（3.76）

$a \sim f$：各反応成分のモル数

$\lambda \geqq 1$ のとき，$b = d = 0$

$\lambda < 1$ のとき，$e = 0$ で $k = bc/ad$ とし，

k は，水性ガス反応の平衡定数（通常 3.4）

式（4.1）から，理論空燃比よりもリーン側（$\lambda \geqq 1$）では生成せず，リッチ側（$\lambda < 1$）で生成する．実際のエンジンからの排出濃度も大部分が $\lambda < 1$ で排出される（図 4.2）．したがって，CO 生成は空燃比（あるいは空気過剰率）によって一義的に定まると考えてよいが，$\lambda < 1$ でもわずかに排出されている．これは，局所的に $\lambda < 1$ の部分が存在することや，排気行程中に未燃 HC の部分酸化により生成する．

(2) HC の生成

排出ガス中の HC，すなわち未燃焼の燃料成分は，エンジンの空燃比に対して図 4.2 のような排出特性を示す．HC はどのような運転条件でも排出され，前述の CO のように燃焼反応式から計算することは困難である．

HC の成分は，次の (a)，(b) のように，燃焼室内の混合気が正常に燃えない場合と，燃えた場合に分けて考える必要がある．

(a) 不完全燃焼によって排出される HC

燃焼室内の混合気（空気，燃料，残留ガス）が，燃えにくい条件，たとえば減速状態で残留ガスが多い場合やリーン空燃比の場合などでは，失火（点火しても燃焼に至らないミスファイア）や，部分燃焼（混合気が全部燃える前に消炎する）などが生じ，多量に HC が排出される．図 4.2 のリーン空燃比における HC の排出濃度の増加は，このような不完全燃焼サイクルの増大によるものである．

(b) 正常燃焼時に排出されるHC

この場合に排出されるHCは，燃焼室壁面近くにある未燃混合気，ピストンのトップランドのすきまおよびトップリング回りのすきまなどに存在する未燃混合気の一部である．

火炎に冷たい鉄板を近づけると，鉄板の表面近くでは温度が低く，燃焼反応が抑制され消炎（クエンチング：Quenching）される．この現象が燃焼室でも起こっており，燃焼室壁面に0.1mm程度のごく薄い未燃混合気が残り，膨張排気行程中の未反応分の一部が排出される．また火炎は，狭いすきまでも同様に消炎され，ピストンとシリンダとのすきまや，トップリングとピストン溝との間などに入った混合気は，燃焼しないで排出される．このため，エンジンの運転条件によらずHCが排出されることになる．このHC生成については，透明な燃焼室を用いた実験により明確に説明されている[3]．

図4.3は，透明燃焼室での高速写真を図式化したもので，①は燃焼が進んだ状態を表わし，消炎層が燃焼室全面に存在する（1～4）．②で燃焼が終わりに近づき排気バルブが開き始め，燃焼ガスとともに排気バルブ回りの消炎層が排出（ブローダウン）される．③で，ピストンが上死点に近づき，排気行程後半にシリンダ壁に付着した消炎層がはく離して，排出ガス中にHCが排出される[3]．図4.4[4]には，実機におけるHCの排出挙動を示す．図4.3の説明が，図4.4の結果をよく裏づけている．

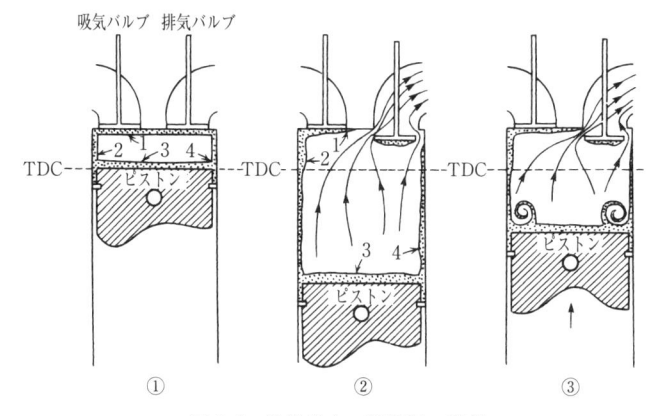

図4.3 燃焼室内の消炎層の挙動

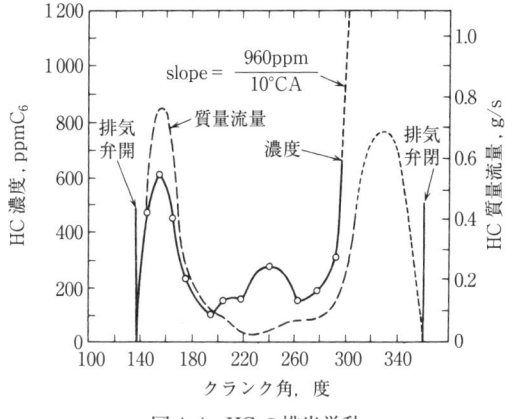

図4.4 HCの排出挙動

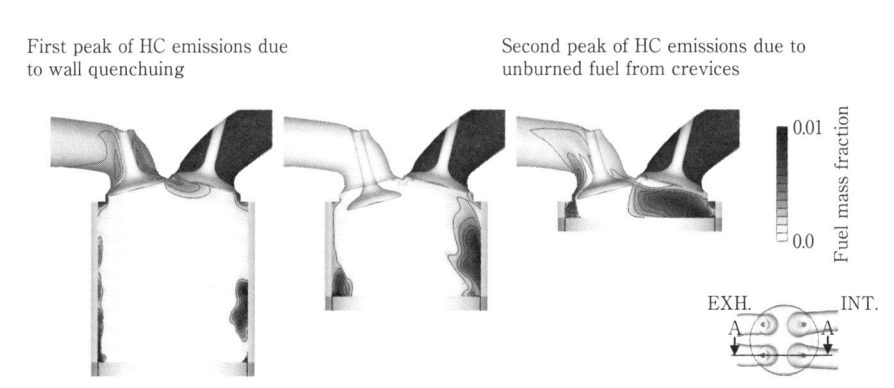

図4.5 HC排出挙動のシミュレーション

近年では三次元燃焼シミュレーションの発展により未燃HCの予測が可能となっている．図4.5には火炎伝播モデルに，壁面クエンチモデルおよび後燃えモデルを組み合わせた三次元燃焼シミュレーション結果を示す．排気バルブが開き始めにおいて燃焼室内排気バルブ付近の消炎層が排気ポートに排出される．また排気行程後半にはピストンの上昇によりシリンダ壁に付着した消炎層がかきあげられるとともに排気ポートに排出されており，図4.4で示した排出挙動を計算により再現できている．

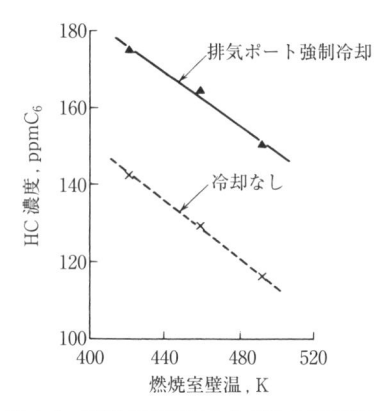

図4.6 壁温の影響によるHCの排出特性

なお燃焼室壁面の消炎層厚さは,壁温により影響される.図4.6に示すように,燃焼室壁温が高いほど消炎層厚さは薄くなり,排出ガス中のHC濃度が低減すること,また排気ポートにおいても高温ならば酸化反応により,HC濃度が低下することがわかる[6].

(3) NO_xの生成

エンジンの燃焼室で生成されるのはほとんどがNOであるので,NOについて考える.NOは,燃焼による高温,高圧下でN_2とO_2が反応して生成する.その反応の素反応と生成因子について述べる.

(a) 生成反応

燃焼室内の燃焼反応でNOが生成する場合の素反応式は,拡大Zeldovich機構[7]と呼ばれる次の3式によって代表される.

$$N_2+O \rightleftarrows NO+N \tag{4.2}$$

$$N+O_2 \rightleftarrows NO+O \tag{4.3}$$

$$N+OH \rightleftarrows NO+H \tag{4.4}$$

この素反応を基に,燃焼室内でのNO生成量はシミュレーションにより予測できる.図4.7に一例を示すが,予測計算結果と実測結果とはよく一致している[8].

(b) 生成因子

NO生成を支配する大きな因子は,O_2濃度および燃焼ガス最高温度であるこ

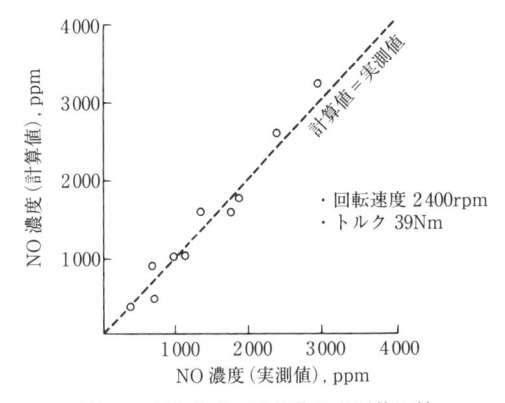

図 4.7 NO 生成の計算値と実測値比較

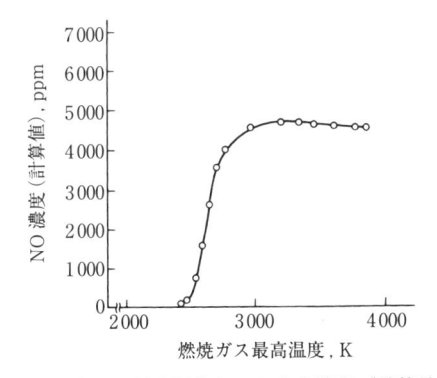

図 4.8 燃焼ガス最高温度と NO 生成濃度（計算結果）

とが，NO 生成シミュレーションの結果により明らかにされている（図 4.8）[8]．この図から，燃焼ガス温度が 2500 K 付近から NO 生成が始まり，100 K の温度上昇によって NO が 1000〜2000 ppm も増加している．

このことから，発熱量が一定ならば燃焼が速く，熱損失が少ないほど燃焼ガス最高温度が高くなるので，NO 排出濃度が増大することがわかる．逆に，残留ガスなどにより燃焼温度が低下すると，NO は低減する．

4.1.3 有害成分の排出特性

次に，エンジンの運転条件やエンジン諸元が HC, CO および NO_x の排出特

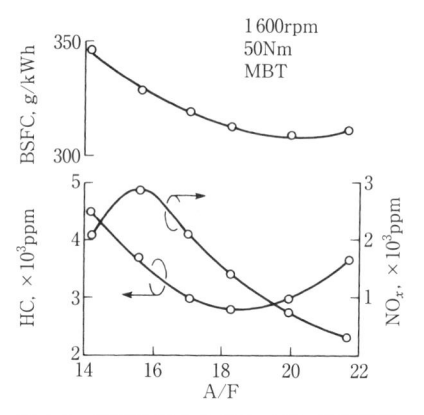

図 4.9 空燃比による HC, NO_x 排出特性

性に及ぼす影響を考える．ただし，CO の排出特性は，前述したように空燃比によって一義的に決まるので，ここでは，HC と NO_x に絞って説明する．

(1) 空燃比，点火時期の影響
(a) 空燃比

空燃比と HC, NO_x の排出率および燃料消費率の関係を図 4.9 に示す[9]．HC の排出率は，空燃比をリーンにするに従い減少し，空燃比が約 18 以上の領域で急激に増加する．これは前に述べたように，部分燃焼や失火による HC の増加である．空燃比のリーン化による HC の減少傾向は，消炎層内の燃料濃度の低下と，排気行程や排気ポートでの酸化がより進むためである．

NO_x 排出率は理論空燃比よりリーン側の約 16 近傍で最大となり，それよりリーン側でもリッチ側でも減少する．これは，リッチ側では酸素濃度の低減により，リーン側では燃焼ガス最高温度が低下することによる．図 4.9 からわかるように，NO_x が最大値を示す空燃比よりもリーン側で運転したほうが，HC, NO_x, CO, 燃料消費率とも有利である．しかし空燃比を大幅にリーン側にすると燃焼が不安定となり，HC の増加や燃料消費率の悪化を招く．

(b) 点火時期

点火時期と HC, NO_x および燃料消費率の関係を図 4.10 に示す[10]．空燃比一定の条件で，HC, NO_x ともに点火時期を遅らせるに従い低減していくが，燃費は悪化する．HC 低減の主要因は，点火時期を遅らせることにより，排気

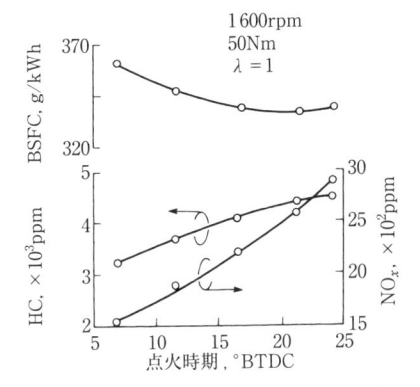

図 4.10 点火時期による HC，NO_x 排出特性

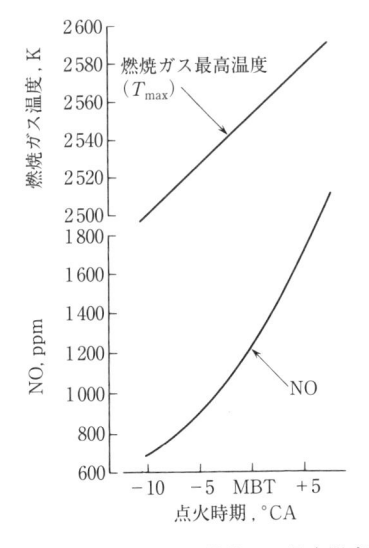

図 4.11 点火時期による燃焼ガス最高温度特性

温度が上昇し，排気行程中の燃焼室内および排気ポートでの HC の酸化反応が促進されることによる．また，NO_x 濃度の低下原因は，点火時期による燃焼ガス最高温度の計算結果（図 4.11）で示すように，点火時期を遅らせるに従って直線的に燃焼ガス温度が低下するためである[8]．

(2) エンジン諸元の影響

エンジン諸元のうち，排出ガスに関係が深いのは，行程容積，ストローク/ボア（S/D）比，燃焼室形状，圧縮比，ピストントップランド回りの寸法，バルブタイミングおよび排気系である．

これらの影響を考えるにあたって，次の①，②が基本となる．

① HC 排出量は上死点における燃焼室内の表面積/容積（S/V）比が大きいほど，ピストントップランド回りの寸法によりクリアランスにある混合気が多いほど，排気系での酸化が少ないほど大きくなる．

② NO 排出量は，燃焼室壁面からの熱損失が少ないほど，残留ガスも少ないほど大きくなる．

(a) 行程容積の影響

相似形の燃焼室で考えた場合，行程容積が増すと，S/V 比が小さくなるため HC 排出量は減少し，NO_x は増加する．

(b) ストローク/ボア比の影響

相似の燃焼室形状では，ロングストローク（S/D が大きくなる）ほど S/V 比が小さくなるため，HC 排出量は減少し，熱損失が小さくなるため，NO_x はやや増加する傾向にある[10]．

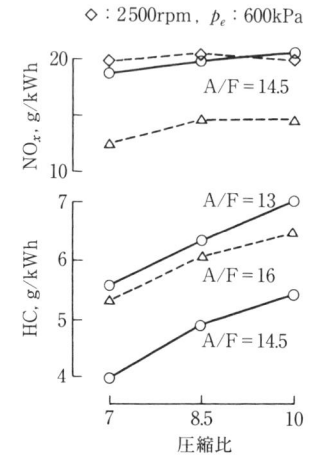

図 4.12 圧縮比による HC，NO_x 排出特性

(c) 圧縮比の影響

図 4.12[11] に示すように，圧縮比を高めると S/V 比が増加するため，HC 排出率は増加する．NO_x 排出率は，熱効率向上と S/V 比増加による減少分と，圧縮比が高くなるため燃焼温度が上昇する増加分があり，明らかな傾向は見られない．

(d) 燃焼室形状の影響

図 4.13 に示すように，行程容積および圧縮比一定条件のもとに，燃焼室形状を変化させた場合，HC 排出率は S/V 比に比例し，S/V 比の増大につれて HC 排出率も増加する．NO_x 排出率は HC 排出率とは逆となり，S/V 比に逆比例の傾向となる．これは S/V 比の増大につれて熱損失が大きくなり，燃焼ガス最高温度が低下するためである．ただし，NO_x 排出率については，同一 S/V 比においても点火プラグ位置などにより，燃焼速度つまり燃焼温度に大きく影響されるため，S/V 比の関数だけで議論できない[12]．

(e) バルブタイミングの影響

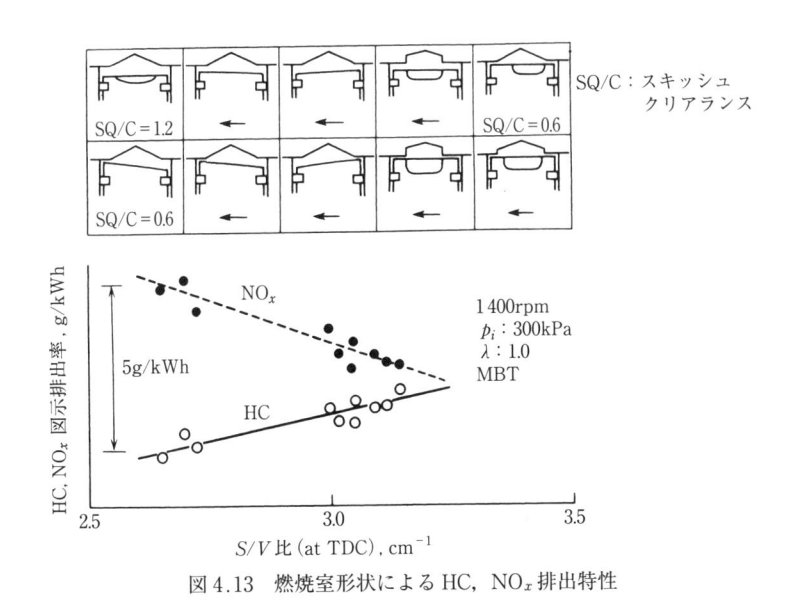

バルブタイミングを変えたときの結果を図 4.14[13] に示す．NO は，残留ガ

図 4.13 燃焼室形状による HC，NO_x 排出特性

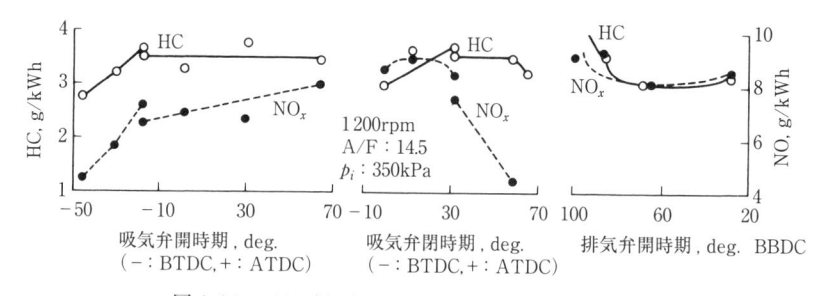

図 4.14 バルブタイミングによる HC, NO 排出特性

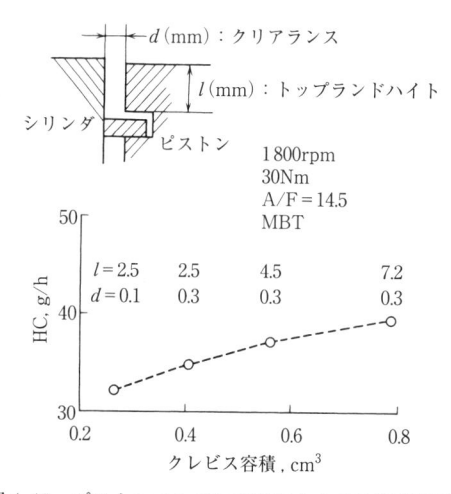

図 4.15 ピストンクレビス容積による HC 排出特性

スが変化する吸気弁開時期および排気弁閉時期,すなわち,オーバラップに影響され,吸気弁の早開き,排気弁の遅閉じにより低減する.この原因は前に述べたように,残留ガスの増加により燃焼ガス温度が下がるためである.HCは,燃焼途中で排気することになる排気弁早開きにすると増加する.

(f) ピストンクレビスの影響

ピストントップランドとシリンダとのすきまやピストンリング溝に入った混合気は,燃焼の際,火炎が到達しにくいため,HC 排出量に影響する.図 4.15[14] は,ピストン回りのクレビス容積と HC 排出特性についての実験結果

で，トップランドハイトやクリアランスの増大とともに，クレビス部に入り込む混合気量が増えて，HC 排出量も増大することを示している．

(g) 排気系の影響

排気系に影響される排出ガス成分は HC である．点火時期の影響の項で述べたとおり，HC は排気系で酸化される．HC の酸化は高温ほど進むため二重管排気管やシリンダヘッドと一体化した排気マニホルドの例がある。

(3) 燃料性状の影響

ガソリン組成のエミッションに対する影響は，いろいろ研究されているが，明確な傾向が出ているものは，極めて少ないのが現状である[15]．

排出 HC 組成への影響

燃料組成と排出 HC 組成との関係は，排出 HC 中のアロマティック含有率については，燃料中のアロマティック含有率とほぼ比例関係にあり，排気中のオレフィン含有率は，燃料中のオレフィンとパラフィン含有率の総和に比例し，燃料中のアロマティックの量と逆比例関係にある[15]．

(4) 大気条件の影響

エンジンが大気からシリンダのなかに吸入する大気の状態（湿度，気圧，温度）も排出特性に影響する．

(a) 大気湿度の影響[16]

湿度は，NO_x への影響が特に大きいため，排気の「試験法」において，湿度修正係数を用いることになっている．大気湿度が排出ガス特性に及ぼす影響は，次の二つが考えられる．

① 湿度変化により，空燃比フィードバック制御域外の運転領域で空燃比が変化する．
② 大気湿度により，燃焼室内ガスの熱容量を増加させるため，最高燃焼ガス温度を低下させる．

空燃比は，大気中の湿度により，式 (4.5) に従って変化する．

$$空燃比 = (A/\rho F)(1 - H_m) \qquad (4.5)[17]$$

ここで，A：エンジン吸入空気量，m^3/h
　　　　ρ：空気比体積，m^3/kg
　　　　F：燃料消費量，kg/h

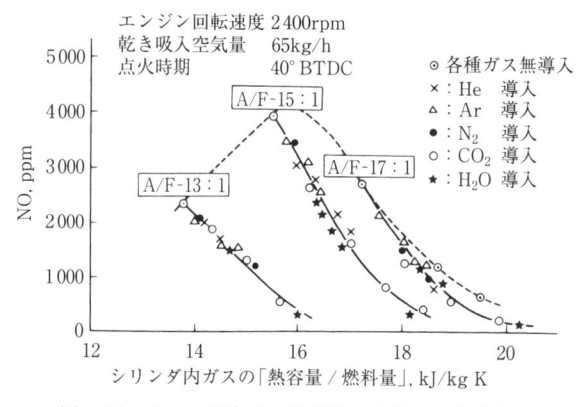

図4.16 シリンダ内ガス熱容量によるNO排出特性

H_m：絶対湿度，kg/kg

また燃焼ガス温度については，大気湿度が高くなると，水分が燃焼室内で熱を奪うため，最高燃焼ガス温度が低下し，NOの排出量が低減する．水分だけでなく，燃焼に関与しない成分が燃焼室に導入されると，その導入したガス量に伴って，NO排出濃度が低下する．これは図4.16に示すシリンダ内ガスの熱容量によるNO排出量への影響であることがわかる[18]．

(b) 大気圧，気温の影響

電子制御式空燃比フィードバック機構を持つ気化器仕様でも，空燃比フィードバック制御域外の運転領域では空気の質量流量が測れないため，大気圧，気温により，空気密度が変化することにより空燃比が変わる．高い山に登っていくとパワー不足を感じることがあるが，それは空気密度が小さくなることに加えて，空燃比がオーバリッチな状態になることによる．

現在多く使われている，フィードバック式の空燃比制御を採用した三元触媒システム車で，吸入空気通路の途中に空気の質量流量が測定できるホットワイヤ式エアフローメータが配設されたものは，大気圧の影響を受けない．

4.2 排気の清浄化

4.2.1 排出ガスの清浄化
(1) 法規動向
近年，酸性雨，オゾン層の破壊，地球温暖化等の環境問題が地球規模で論議され，危機感が高まっているなか，世界各地域で排気規制の強化が進められている．

米国では各都市での光化学スモッグの問題の深刻化に伴い，1970年に大気浄化法案（マスキー法）が成立した．その後，1990年には大気浄化法案の見直しが行われ，その年，最も厳しい排出ガス規制であるカリフォルニア州の低エミッション車規制が制定された．2004年以降の排気規制強化では，従来より厳しい企業平均NMOG規制や排気カテゴリーとしてULEVの値の1/4とするSULEV（Super Ultra Low Emission Vehicle）が提示され，その後も定期的に排気規制の見直しが行われている（付図3参照）．

欧州では1993年からヨーロッパ共同体が発足に対応するとともに排気規制強化が進められてきている．

2000年にはEuro Ⅲ規制が導入され，その後も4～5年で規制強化が進められている．ディーゼルで規制されているPM（Particulate Matter）量やPN（Particle Number）粒子数の排気規制をガソリンエンジンにも適用する動きと

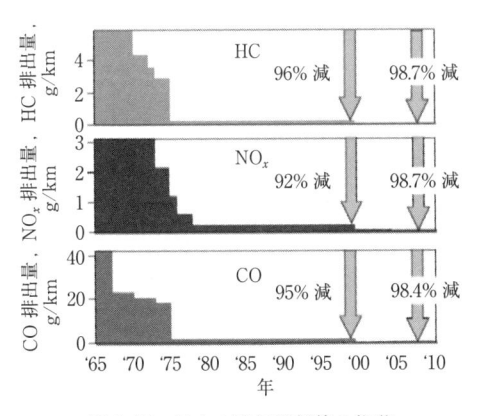

図4.17 日本の排気規制値の推移

表 4.2 日本の大気環境基準と達成状況[19]

物質	環境上の条件	現状（年平均）	
二酸化硫黄 SO_2	1時間値の1日平均値が 0.04 ppm 以下であり，かつ，1時間値 0.1 ppm 以下であること	0.003 ppm	☺
一酸化炭素 CO	1時間値の1日平均値が 10 ppm 以下であり，かつ，1時間値の8時間平均値が 20 ppm 以下であること	0.4〜0.5 ppm	☺
浮遊粒子状物質 SPM	1時間値の1日平均値が $0.10\ mg/m^3$ 以下であり，かつ，1時間値が $0.20\ mg/m^3$ 以下であること	$0.024\sim$ $0.027\ mg/m^3$	😐
光化学オキシダント O_x	1時間値が 0.06 ppm 以下であること	達成率 0.2% 被害届約 400 人 （殆ど首都圏）	☹
非メタン炭化水素 NMHC	（指針）O_x：0.06 ppm 対応の NMHC：0.2〜0.31 ppmC	0.25 ppm	😐
二酸化窒素 NO_2	1時間値の1日平均値が 0.04 ppm から 0.06 ppm までのゾーン内またはそれ以下であること	$0.013\sim$ 0.025 ppm	😐

なっている．

日本では 1968 年に法制化された大気汚染防止法に基づき一酸化炭素濃度の規制に始まり，1971 年には炭化水素，窒素酸化物，鉛化合物および微粒子物質が追加された．自動車からの排出ガスに対する NO_x 規制は日本版マスキー法として 1978 年から規制化された．図 4.17 にガソリン・LPG 自動車の排気規制値の推移を示す．HC は 1965 年に対し 1975 年で 96% 低減し，CO は 95% 低減する規制値となり，その後 NO_x も 92% 低減となる厳しい規制値となった。その後さらに排気規制強化が進められ，2007 年度の大気環境基準の達成状況は表 4.2[19] に示すように光化学オキシダントを除き基準を満足するレベルまで改善されている．

日本，欧州，米国の評価モード比較と規制の変遷は付図 2, 3 参照．

(2) 日本の排気規制

排気規制の対象となるガソリンエンジンの排出ガスは

① エンジンの排気管からの排気
② エンジンのクランクケースから排出されるブローバイガス
③ ガソリンタンクなどから蒸発する燃料蒸発ガス（エバポガス：evaporative gas）

他の規制としては，継続検査（車検）時排気規制値で
- アイドル CO 規制：1.0%
- アイドル HC 規制：300 ppm
- ブローバイガス還元装置：取付け義務

がある．

詳細な測定方法については，日本工業規格（JIS）ならびに日本自動車技術会規格（JASO）を参照のこと．

(3) 清浄化システムの種類

清浄化システムの種類としては，表4.3に示すような，二つのシステムがある．

表4.3 清浄化システムの種類

システムの種類 \ システムの特徴	空燃比の制御方法	触媒の種類	低減対象のエミッション
①三元触媒システム	フィードバック制御	三元触媒	HC, CO, NO_x
②三元触媒＋NO_x触媒システム	フィードバック制御	三元触媒, NO_x触媒	HC, CO, NO_x

一つは，排気系に三元触媒を有し，三元触媒入口の空燃比を$\lambda=1$近傍にフィードバック制御することにより，有害な3成分（HC, CO, NO_x）を同時に低減することのできる三元触媒システムである．もう一つは，空燃比をリーン（$\lambda>1$）状態での運転に対する清浄化システムで従来の三元触媒に加え，酸素過剰状態では処理の困難なNO_xに対し，選択的に還元する触媒やNO_xを吸蔵しHCが存在する運転時に処理する触媒との組み合わせたシステムがある．現時点では世界的に見て三元触媒システムが主流である．

三元触媒システムとリーンNO_x触媒の詳細については，4.2.3項で説明する．

参考として各社の排気清浄化システム図を付図4に示した．

(4) 清浄化システムの基本構成

排気に対する清浄化システムの基本構成としては，図4.18[22]に示すように，以下の三つのシステムから成っている．

① 触媒システム：前項で記したように，エンジンから排出された有害成分をさらに低減するための，制御も含めたシステム．

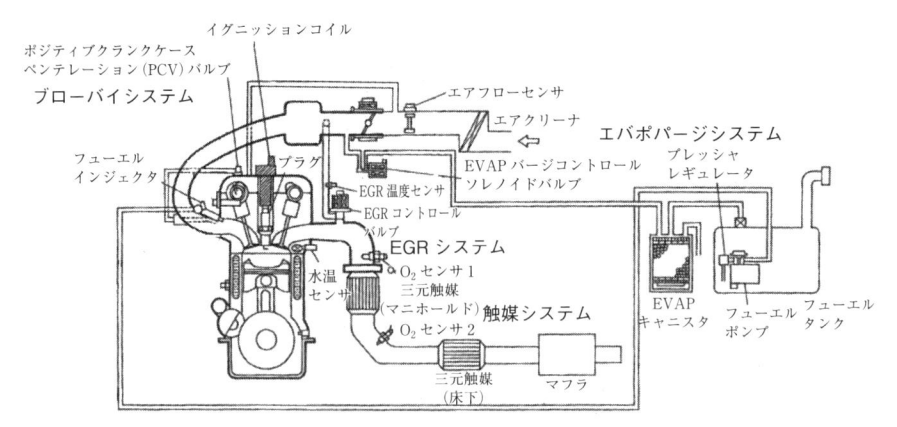

図4.18 清浄化システムの基本構成

② ブローバイガス還元システム：ピストンとシリンダ壁のすきまを通って，クランクケース内に漏れ出るガスをブローバイガスといい，おもな有害成分は HC である．このガスをクランクケースから排出し，清浄化するため，吸気系に再循環させて燃焼させるシステム．
③ エバポレーション（燃料蒸発）ガスパージシステム：燃料タンクから発生する有害な HC であるエバポガスを，キャニスタのなかにある活性炭に吸着させ，エンジンの吸入負圧により吸気系に空気とともに吸入して燃焼させるシステム．

そのほかに，清浄化システムとして種々のものが存在するが，代表的なものとしては，EGR システムがある．以下の項で詳述する．

これまで述べてきた，有害成分（HC，CO，NO_x）を含んだ排出ガスの清浄対策としては，触媒システムによらず大きく二つに分けて考えることができる．一つは，エンジンの排気ポートから排出される触媒入口エミッション（Engine-Out Emission）を低減する方法と，もう一つは，触媒などにより有害成分を低減し，触媒出口エミッション（Tailpipe Emission）を下げる方法である．

4.2.2 触媒入口エミッションの低減対策

(1) 燃料供給装置

現在,自動車用ガソリン燃料供給装置としては,排気対策や燃費対策を考慮し,空燃比の制御精度が得られやすい,電子制御燃料噴射式が主流である.

電子制御燃料噴射式としては各シリンダの吸気ポート部にインジェクタ(噴射弁)を設けた方式(PFI:Port Fuel Injection)が最も一般的であるが,近年,燃焼の自由度向上するため,燃焼室内に加圧した燃料を直接供給する筒内燃料直接噴射方式(DI:Direct Injection)がある.

現状,広く普及しているPFI仕様では,始動直後において吸気ポート並びに吸気バルブの温度が低く,そのため壁面での燃料付着量が多くなり,要求される燃料量が増大しHC排出量が大きくなる問題がある.これを改善する一つの方法として,燃料の微粒化が考えられる.

図4.19[20]に,PFI仕様における噴霧粒径のHCエミッションへの影響を示す.微粒化の手段としては,インジェクタの噴口部から噴射された燃料に空気

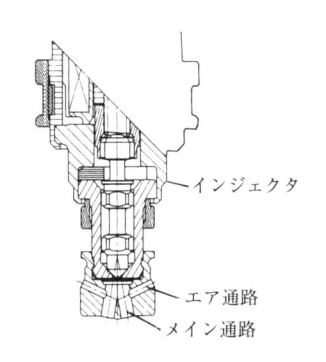

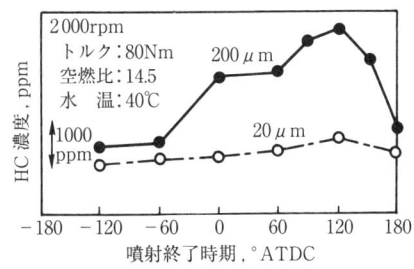

図4.19 噴霧粒径のHCへの影響

を衝突させて実験している．結果は，燃料の微粒化に伴い，噴射終了時期によらず HC 濃度は低減し，噴射時期の影響を受けにくくなることがわかる．また，噴霧粒径の影響度合いは，エンジンの冷却水温が低いほど大きいことが知られている[21]．

一方，筒内燃料直接噴射方式では吸気ポートおよび吸気バルブへの燃料付着がなく適切な噴射タイミングを設定することで，始動直後から最適な空燃比に設定でき，PFI 仕様に見られる始動直後の未燃 HC のピークを低減することができる．

(2) 排気還流装置

NO_x は，先に述べたように燃焼温度が高いときに多く発生する．したがって，空燃比や点火時期が燃焼に適した状態のときに NO_x は多く発生するため，NO_x を低減するには，空燃比や点火時期を燃焼しにくい状態にすることが考えられる．しかし，これでは不完全燃焼を起こしてしまい，HC，CO が増加し，エンジンの出力も低下する．そこで考えられたのが排気還流（EGR：Exhaust Gas Recirculation）装置である．

EGR は，図 4.18[22] で示したように，排気の一部を吸気系に戻すもので，燃焼室に不活性ガス（おもに CO_2）が導入されるため，燃焼室内ガスの熱容量が増加し，燃焼ガスの最高温度が下がり NO_x の発生を抑えることができる．さらに，EGR では燃焼温度の低下による冷却損失の低減，比熱比の増大，吸気圧力の上昇によるポンプ損失の減少などのために，点火時期を適切に選べばむしろ熱効率は改善される．しかし，あまり多量の EGR を行うと，燃焼速度が遅くなり燃焼変動が増大する原因となるため，空燃比を多少濃くしたり，点火時期を早めたり，シリンダ内のガス流動を強めたりする対応が必要となってくる（2.2.4 項参照）．近年，EGR は可変動弁を活用し，吸気バルブの開時期と排気バルブの閉時期とで設定されるバルブオーバラップをコントロールすることで行う場合が多くなっている．

(3) ブローバイガス，燃料蒸発の放出防止装置

ブローバイガス還元装置は，4.2.1 項で述べたように，クランクケース内に漏れ出た未燃 HC を，クランクケースから排出するため，吸気系に再循環させる装置で，図 4.18 で示したように，クランクケース内の未燃 HC はシリンダ

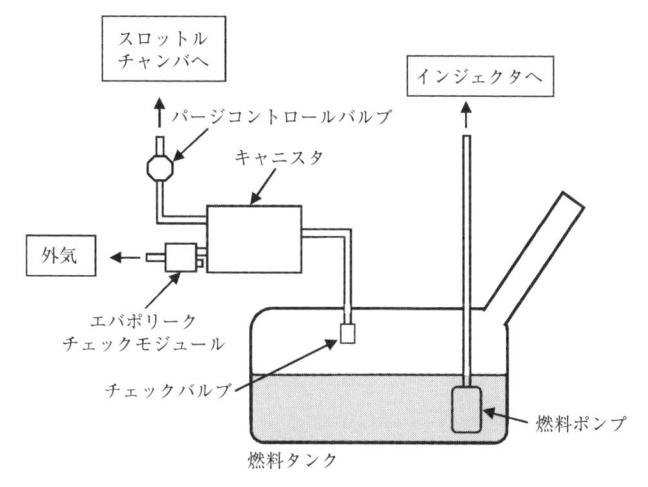

図4.20　キャニスタ式のパージシステム

ブロック内の通路よりシリンダヘッド内に送られ，ヘッドカバー上部に設けられたポジティブクランクケースベンチレーション（PCV）バルブを介して吸気系に導かれ吸気圧力に応じて吸気系へのブローバイガス量を制御している．

燃料蒸発（エバポ）ガス抑止装置としては，一般的に図4.20[23]に示すキャニスタ式と呼ばれるシステムが採用されている．作動は，燃料タンク内の圧力が高くなるとチェックバルブが開いて，エバポガスがキャニスタ内の活性炭に吸着される．そして，吸気圧力に応じてパージコントロールバルブが開き，活性炭に吸着されたエバポガスは，新気とともにパージエアとして吸気系に導入される．

4.2.3　触媒出口エミッションの低減対策

(1) 触　媒

触媒（Catalyst）は，排出ガスを通過させ触媒自身は変化せずにHC，CO，NO_xの酸化や還元反応を促進するもので，4.2.1項で簡単に述べたように自動車用として大別すると，三元触媒（Three Way Catalyst）と，リーン状態（酸素過剰）で処理の困難なNO_xを浄化するNO_x触媒の二つのタイプがある．

表 4.4 触媒担体の種類と特性[24]

形状特性	セル形状	メタル担体 1.28 (400 セル/inch^2)	セラミック担体 1.27 (400 セル/inch^2)
	幾何学的表面積	38.8(cm^2/cm^3)	26.8(cm^2/cm^3)
	開口率	90.3(%)	75.0(%)
材料特性	材質	フェライト系ステンレス	コージェライト
	熱伝導率	16.7×10^{-2}(J/s·cm·K)	12.5×10^{-3}(J/s·cm·K)
	熱膨張係数	11.0×10^{-6}(1/K)	0.6×10^{-6}(1/K)
	比熱	0.50(J/g·K)	0.84(J/g·K)

(a) 触媒担体の種類と特性

担体（Substrate）は，触媒作用をもつ触媒層（コーティング層）を保持する役目を持っており，現在使われているのは，表4.4[24]に示すようにセラミックス担体およびメタル担体のものが大部分である．担体形状はいずれもモノリス形（Monolith Type）あるいはハニカム形とよばれるものである．排出ガスの流れ方向に存在する貫通孔（セル）形状は，セラミックス担体では格子形で，メタル担体ではコルゲート状が一般的である．

メタル担体のセラミックス担体に対する効果としては，以下の3点がいわれている[24]．

① 幾何学的表面積が向上し，排出ガスとの接触面積が大きくなるため，触媒反応上有利となる．

② 開口率が向上するため通気抵抗が低減され，エンジン出力性能へのはね返りを小さくできる．

③ 担体の熱伝導がよく，触媒の熱劣化が抑制される．

一方，触媒早期活性や触媒の小容量化のためのセラミックス担体の改良（薄壁化や高密度化）も行われており，一例を以下に示す．

図4.21[25]には薄肉高密度セル触媒担体の寸法を示している．従来，担体は400セル/inch^2 8ミル（約0.2 mm）が投入されていたが，より厳しい排気規制に対応するため，600セル/inch^2 4ミル（約0.1 mm），900セル/inch^2 2ミル（約0.05 mm）まで薄肉化が進められている．その結果，図4.22[25]に

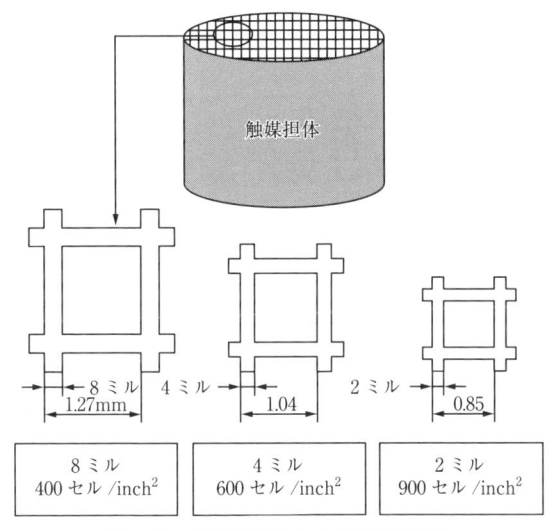

図 4.21　薄肉高密度セル触媒担体寸法

8 ミル	4 ミル	2 ミル
400 セル/inch²	600 セル/inch²	900 セル/inch²
1.27mm	1.04	0.85

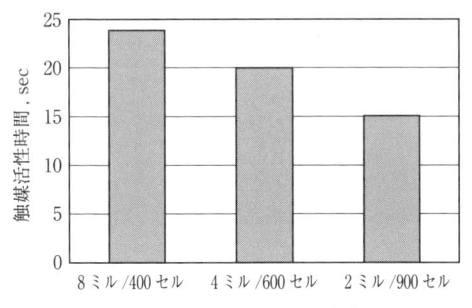

図 4.22　薄肉高密度セルの活性時間

示すように触媒活性時間が 8 ミルから 2 ミルにすることで約 9 sec の大幅に活性時間の短縮ができている．

セラミックス担体と同様にメタル担体の改良も進められ，20 μm 900 セルが開発されている．しかしながら，メタル担体触媒は耐熱性，コスト面で解決すべき課題もあり，採用実績はごく限られているのが現状である[25]．

(b) 触媒性能の表し方

触媒性能は，式 (4.6) により HC，CO，NO_x のそれぞれの転化効率（Conversion Efficiency，転換効率あるいは転化率などさまざまな呼び名がある）で表される．

$$転化効率（\%）= \left(1 - \frac{触媒出口濃度}{触媒入口濃度}\right) \times 100 \tag{4.6}$$

転化効率の測定は，エンジン試験ベンチや車両に装着した状態で行われる．なお触媒の転化効率は，式（4.7）に示す空間速度 SV（Space Velocity）が低いほど反応ガスが触媒内に長くとどまるため，また，入口温度が高く，入口ガス濃度が高いほど，高い値を示す．

$$空間速度 SV(\mathrm{h}^{-1}) = \frac{触媒通過排出ガス量\,(\mathrm{dm}^3/\mathrm{h})}{触媒体積\,(\mathrm{dm}^3)} \tag{4.7}$$

(c) 三元触媒

モノリス形触媒を例にとって三元触媒の基本構造を示すと，図 4.23[26] のようになる．セラミックス担体を構成するコージェライトは，多くのセルで形成されており，各セルの内面には排出ガスを浄化するための触媒層がコーティングされている．触媒層は，多孔質で大きな表面積を有するアルミナ（Al_2O_3）の表面に，三元触媒は白金（Pt）-ロジウム（Rh）や，パラジウム（Pd）-ロジウム系の貴金属が，微粒子として分散している構造となっている．また，助触媒としては，耐熱性を向上させるためのセリア（CeO_2），バリウム（Ba），ランタン（La）などが知られている．

貴金属（Pt, Pd, Rh）の中の Pd は低温 HC 浄化特性に優れるが，高温で

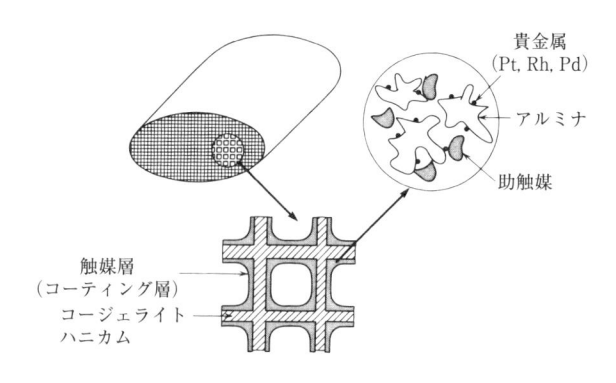

図 4.23 モノリス形触媒の構造

の劣化（粒子に肥大化）が進みやすい欠点があったため，十分な活用が行われていなかったが，2002年にペロブスカイト酸化物（セラミック結晶）にPdをイオンとして原子レベルで複合することにより，低温活性に優れ，高温での耐久性に優れる自己再生型触媒が開発されている（インテリジェント触媒)[27]．

(d) NO_x 触媒

三元触媒では，NO_x は触媒上で HC, CO, H_2 などの還元成分により，容易に還元されていたものが，酸素過剰下では，これらの還元成分が O_2 により酸化されやすくなってしまうため，十分な浄化性能が得られない．

そのため，現在2種類のリーン NO_x 触媒が実用化されている．一つは酸素過剰下で NO_x と HC とを選択し，接触還元で浄化するゼオライト系の選択還元型リーン NO_x 触媒であり，もう一つは希薄空燃比域での NO_x を吸着し，理論空燃比または過渡混合比運転時に吸蔵した NO_x を排気中の HC や CO で還元する NO_x 吸蔵還元型リーン NO_x 触媒である．

リーン NO_x 触媒の構造は，前述した三元触媒とほぼ同様であり，選択還元型リーン NO_x 触媒では Pt-Ir-Rh／ゼオライト系をベースとし，吸蔵還元型リーン NO_x 触媒では，Pt-Rh／アルミナ系をベースとしている．

吸蔵還元のメカニズムは図4.24[28]に示すように，リーン運転時に排出されるNOはPt上で酸化され NO_2 となり，その後，吸蔵材と反応して硝酸塩

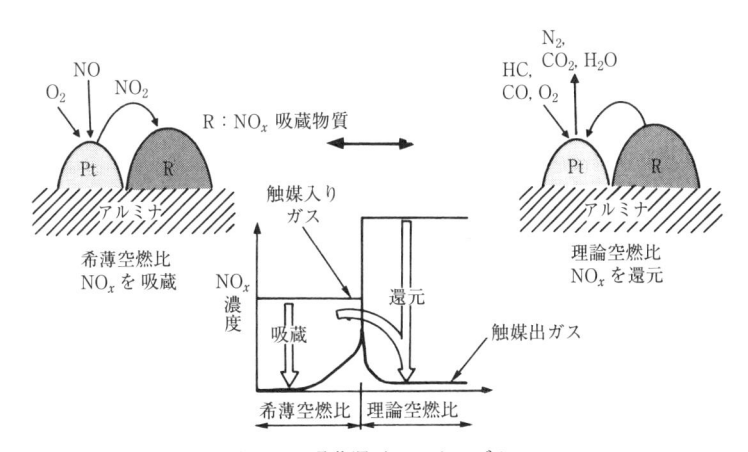

図4.24 吸蔵還元のメカニズム

(NO_3^-) として吸蔵される．また理論空燃比またはリッチ時には排気ガス中に含まれる HC, CO, H_2 などの還元剤により，吸収されていた NO_x を還元浄化する．図 4.25[29] には 10・15 モード走行での NO_x 浄化のための空燃比リッチ化の実例を示す．この例では空間速度 SV の小さいアイドル付近で空燃比リッチ化が行われ，高い NO_x 還元率を得ている．

NO_x 吸蔵還元型リーン NO_x 触媒の 10・15 モードトータルでの NO_x 浄化率は初期で約 90%，耐久試験後で約 60% である（図 4.26[29]）．

NO_x 触媒の転化効率、耐久性の点では，まだ改善の余地が残されており，これらを改善できれば，より広範囲な運転域でリーンバーンを実現でき，さら

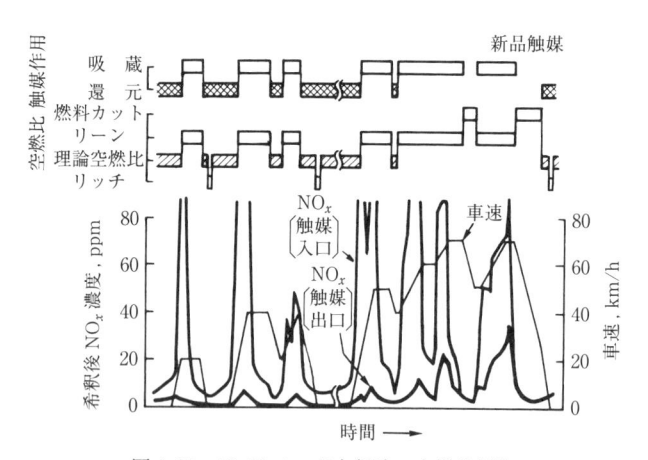

図 4.25　10・15 モード走行時の空燃比制御

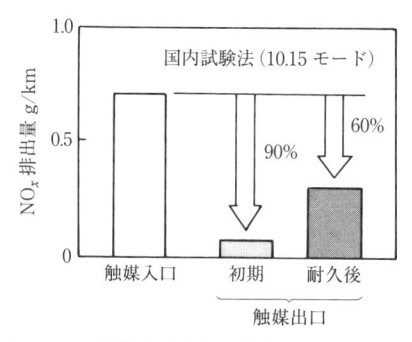

図 4.26　新品と耐久後の触媒の NO_x 浄化率

なる燃費向上が可能となる．

(e) HC 吸着型触媒

HC吸着型触媒は三元触媒の三元層に下にHC吸着層が追加された触媒である．

吸着剤としては，石油化学用触媒として広く利用されているゼオライト（Zeolite）の中で，比較的耐熱性に優れるZSM-5が広く知られている[30]．

図4.27[25]に吸着剤による機関冷間時の吸着性能例を示す．エンジン冷間時に触媒入口の排出ガス温度が低く触媒活性が不十分なときに，未燃HCを吸着剤に吸着させておき，吸着剤下流の触媒が活性化した後に吸着されたHCを脱離させ，触媒の転化効率向上を図るものである．

開発当初は、吸着剤であるゼオライト系の耐熱性の不足や酸素放出能を向上

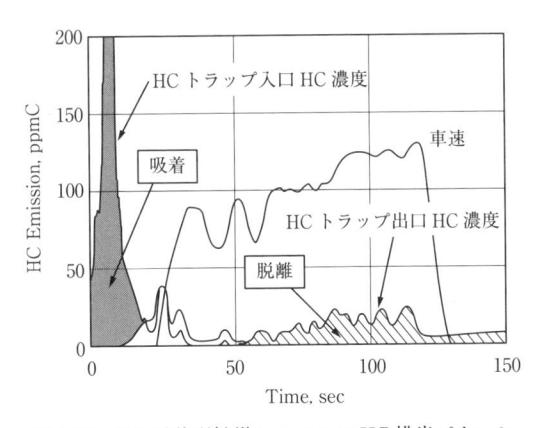

図4.27　HC吸着型触媒システムのHC排出パターン

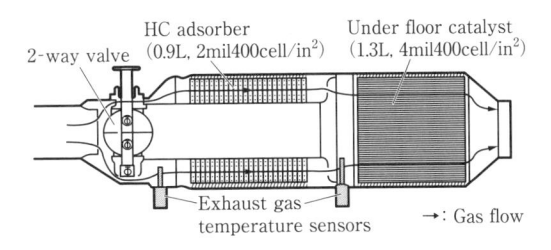

図4.28　バイパス式HC吸着型触媒システム

させるためのセリアの熱劣化問題があったが，材料の改良や触媒技術の開発が進められるとともにHC吸着型触媒配置改良（マニ触媒後と床下触媒前への2箇所配置）やバイパス式（図4.28[31]）により浄化率の向上が図られている．

(2) 三元触媒システム

三元触媒を用いた排気浄化システムのおもな基本構成要素は，三元触媒の入口空燃比に対する，エミッションの転化効率特性を最大限に生かしきるための，O_2センサを中心とした空燃比フィードバック制御である．

以下，各構成要素について述べていく．

(a) 空燃比フィードバック制御

三元触媒は一つの触媒により，理論空燃比近傍でHCをCO_2とH_2Oに，COをCO_2にそれぞれ酸化し，NO_xをN_2に還元する作用を同時に行っている．この反応をひと言でいうと，還元性の成分（HC，CO，H_2）と酸化性の成分（NO_x，O_2）との間の化学反応（酸化還元反応）により，無害の成分（H_2O，CO_2，N_2）を作り出すことである．したがって，三元触媒システムでは，還元性のガスと酸化性のガスの量的バランスがとれていることが，最も重要な条件となる．これらのガス組成のバランスがくずれると，高活性の三元触媒を用いても，有害成分は除去されずに多量に排出されてしまう．

このガス組成のバランスを保つために，空燃比フィードバック制御が非常に重要となってくる．図4.29[32]に示すように，三元触媒の空燃比に対する有害成分の転化効率特性は，"ウインドウ"と呼ばれる理論空燃比付近の狭い範囲

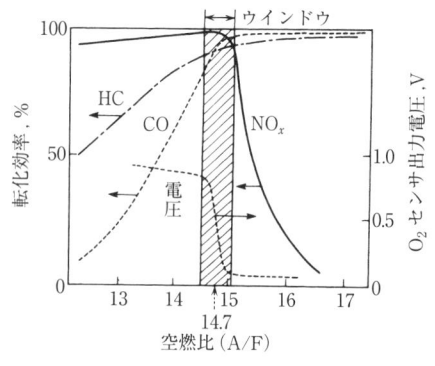

図4.29 三元触媒の転化効率特性

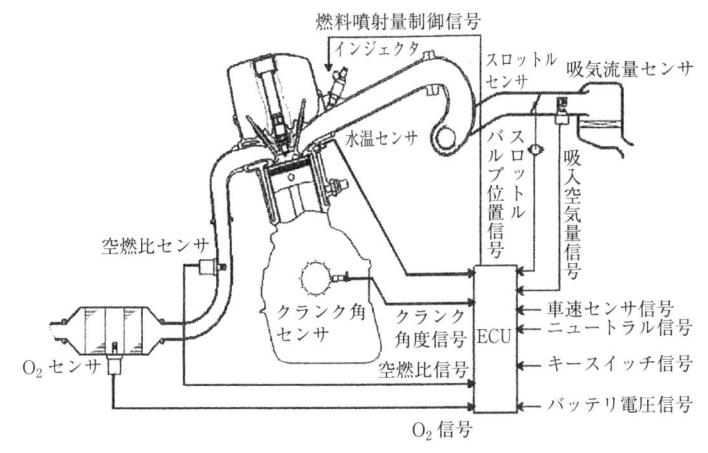

図 4.30　空燃比フィードバック制御の概要

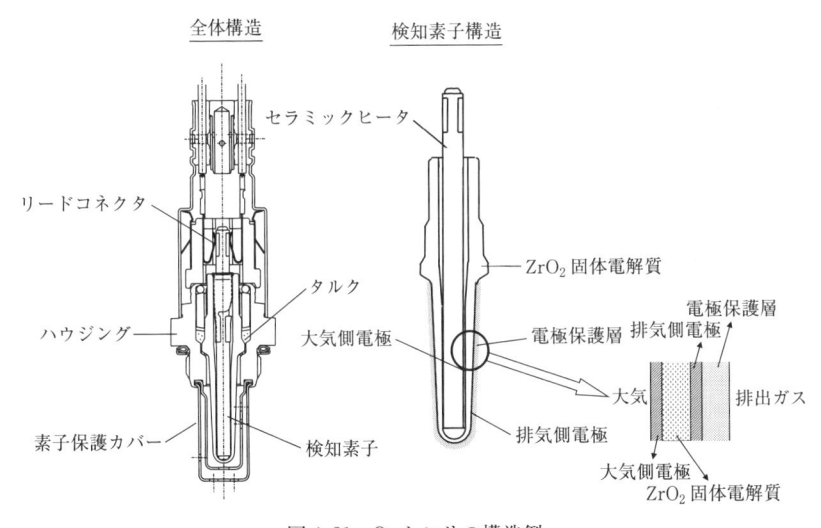

図 4.31　O_2 センサの構造例

で，三成分同時に極めて高い効率で浄化できることがわかる．

空燃比をこのウインドウ内に保つための電子制御式空燃比フィードバック制御の例を，図 4.30[33)] に示す．排気系に配設された O_2 センサにより，排出ガス中の酸素濃度が検知され，同時に得られる吸入空気量や，水温などの情報と

(b) O_2 センサ

前述の空燃比フィードバック制御に欠かせないのが O_2 センサで,ジルコニア（ZrO_2）タイプのものが多く使われている.現在多用されているヒータ付き O_2 センサはコップ型の構造で,図 4.31[34] のようになっており,固体電解質であるジルコニア管を排出ガス中にさらし,ジルコニア管の外側を排出ガスに,内側を酸素濃度がわかっている大気に当てるようにしたものである.作用は,ジルコニア管の両側で酸素濃度差が生じると,ジルコニア素子中を酸素イオンが通過し,次に示すネルンストの式で表わされる起電力が発生するものである.

$$E_s = \frac{RT}{4F} \ln \frac{P_{O2内}}{P_{O2外}}$$

ここで,E_s：起電力
　　　　$P_{O2内, 外}$：内,外側酸素分圧
　　　　R：気体定数
　　　　F：ファラデー定数
　　　　T：絶対温度

この起電力を取り出すための,ジルコニア管内外の電極には白金（Pt）が

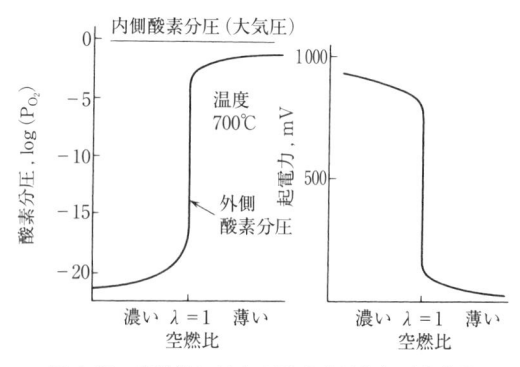

図 4.32　空燃比に対する酸素分圧と起電力特性

使用されている．これは，電極の役割に加えて白金の触媒作用を働かせ，十分な起電力と，理論空燃比を境にして，外側電極近傍の酸素濃度を急変させる特性を持たせるためである．図4.32で説明すると，空燃比の濃い（$\lambda<1$）状態では，CO，HC，H_2 などの排出ガス中の還元成分と，排出ガス中に残存する酸化成分である酸素（O_2）とが反応し，残存する酸素濃度が大幅に低下（酸素分圧低下）し，内側の大気中に含まれる酸素との濃度比が極めて大きくなり，起電力も増大する．一方，空燃比が薄い（$\lambda>1$）状態では，その逆となり，結果として $\lambda=1$ 近傍の起電力落差が大となる．すなわち，この起電力から空燃比が $\lambda=1$ より濃い側にあると判断すれば薄く，$\lambda=1$ より薄いと判断すれば濃くするように，電子制御するのがフィードバック制御である．以上，ジルコニアタイプ O_2 センサの構造および検出原理について述べてきたが，本タイプの検出原理は，おもに理論空燃比だけを検出するものである．

しかしながら，燃費向上を狙い市場投入されたリーンバーンシステムでは，酸素センサとして，理論空燃比以外の空燃比を検出する，広域空燃比センサが採用された．近年では厳しい排気規制に対応するため，実空燃比を直接計測し要求空燃比からのずれ量を求め，高精度に空燃比を制御する方式に広域空燃比センサが広く用いられている．

構造は，図4.33[35] のように，先に述べた理論空燃比検出用センサと，酸素

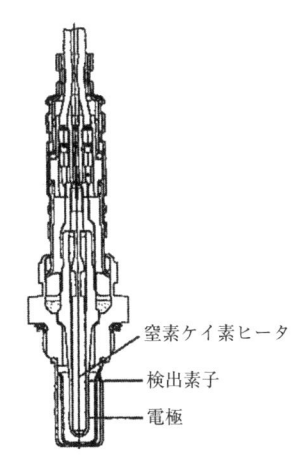

図4.33　広域空燃比センサの構造

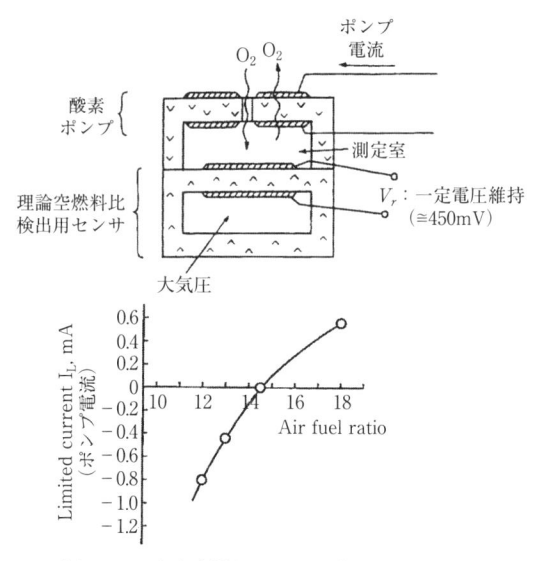

図 4.34 広域空燃比センサの作動原理と特性

ポンプとを組み合わせた構成となっている．図 4.34[36]) に作動原理を示す，理論空燃比検出用のセンサで，常に測定室内のガスを理論空燃比（起電力 450 mV）に保つよう，酸素ポンプにより測定室内の酸素を出し入れするものである．つまり，測定室内に導入される排出ガスが理論空燃比より薄い場合は，測定室内の酸素を排出ガス中に放出し，逆に排出ガスが理論空燃比より濃い場合は酸素を取り込まなければならない．この作動に基づいて，酸素ポンプによって取り出し取り入れた酸素，すなわち，ポンプ電流値により空燃比が検出されることになる．酸素イオンの移動方向と電流値の符号が逆転するため，図 4.34[35]) で示す電流方向を＋とすると，理論空燃比で電流値はゼロを示し，理論空燃比より薄い側で＋の電流，濃い側で－の電流となり，連続して幅広い空燃比が測定可能となる．

(3) 排気清浄化の今後の課題

図 4.35 には，過去 20 年間の排気規制（HC）の推移と主要技術内容を示す．排気の清浄化は米国の排気規制を目標に，三元触媒システムを中心に触媒の性能向上と触媒の性能を最大限引き出すための制御技術の開発が進められてき

図4.35 排気低減技術の歴史

		1990	2000	2010	2020
排気低減技術	システム制御	●学習制御	●ULEVシステム ●PZEVシステム（超-低排出ガスレベル車） ●現代制御		○後処理簡素化
	EMS部品		●'95エアアシストインジェクタ ●A/Fセンサ ●早期活性O_2センサ (15sec) ●可変動弁による内部EGR ●電制EGR		
	触媒	●三元触媒	●HC吸着型触媒 ●NO_x吸蔵型触媒 ●低ヒートマス触媒 (2mil) ●メタル担体触媒	●超低貴金属触媒 ●インテリジェント触媒	○マニCat.レス ○低PM Cat.
排気規制	HC or NMHC (g/km)	米国（カ州）LEV 0.05 0	欧州 Euro2 0.25 日本 0.20 Euro3 0.15 平成12年規制 0.10 ULEV	Euro4 Euro5, Euro6 平成17年規制 SULEV	

図4.35 排気低減技術の歴史

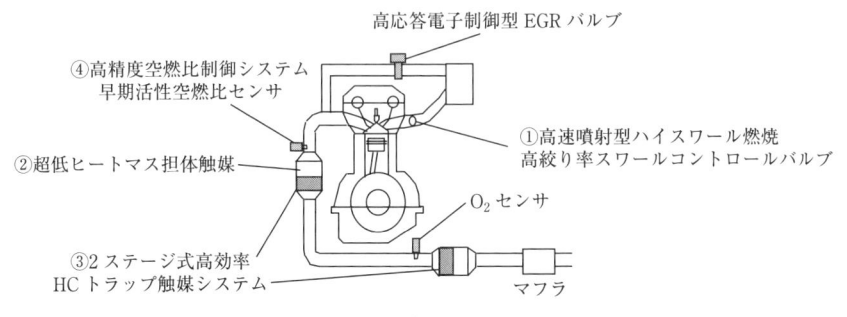

図4.36 PZEV車エンジンシステム

①高速噴射型ハイスワール燃焼 高絞り率スワールコントロールバルブ
②超低ヒートマス担体触媒
③2ステージ式高効率HCトラップ触媒システム
④高精度空燃比制御システム 早期活性空燃比センサ
高応答電子制御型EGRバルブ
O_2センサ
マフラ

た．

2000年には世界初のPZEV認定車（超-低排出ガスレベル車）が北米市場に投入された．図4.36[37]）にエンジンシステム図を示す．このシステムでは燃焼，触媒，制御技術を総合的に向上し，図4.37[37]）のテールパイプエミッションを実現した．暖機後の排気管から排出されるHC濃度は1ppm程度で大気

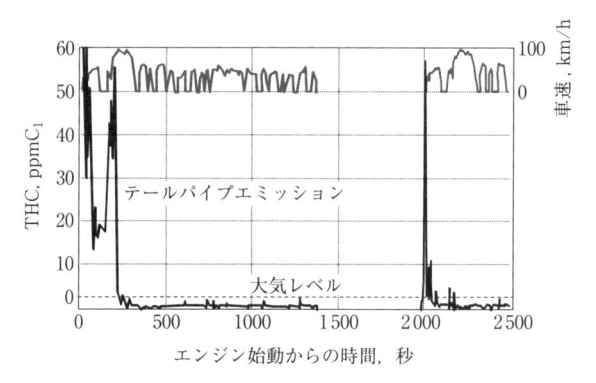

図 4.37 PZEV 車のテールパイプエミッション

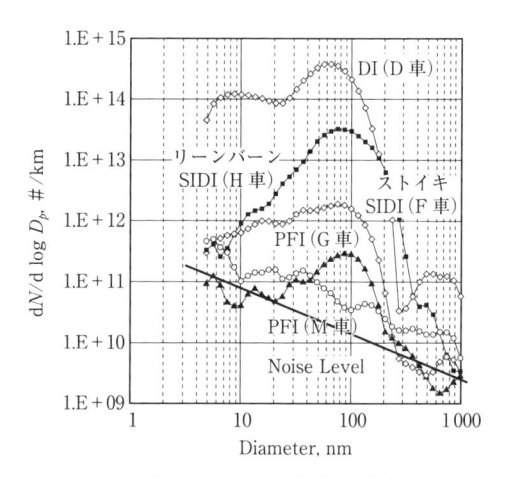

図 4.38 微小粒子物質の粒子数と粒径分布

中(吸入空気)の濃度の 3〜4 ppm より低く暖機後は HC 清浄機とよべるエンジンシステムである。2005 年以降では国内で新規発売されるガソリン車の大半が,このレベルに近いものになっている.

一方,図 4.38[38)] には,ガソリン車の微小粒子物質の粒子数と粒径分布を示す.筒内燃料直接噴射方式(DI)のリーン燃焼では PFI 方式に比べ粒子数が増加しており,これまでの炭化水素(HC),一酸化炭素(CO),窒素酸化物(NO_x)に加えて,ガソリンエンジンにおいても微小粒子物質 PM(Particulate Matter）の低減が求められている．

　今後はクリーンな車両の量的拡大のために清浄化システムのさらなる簡素化，低コスト化とともに，CO_2削減要求とも両立させるには，リーン燃焼時の排気清浄化のための高性能・低コストNO_x触媒システムの開発が必要である．さらには排気試験モードだけでなく，リアルワールドかつ全成分において大気汚染なしが目標となる．

参考文献

1) 日産自動車：大気汚染と自動車, p.53
2) John D. Caplan：Smong Chemistry Points the Way to Rational Vehicle Emission Control, SAE Paper 650641
3) J. B. Heywood：Pollutant Formation and Control in Spark Ignition Engines, Energy and Combustion Science, Pergamon Press（1979）p.229
4) R. J. Tabaczynski：Time-Resolved Measurements of Hydrocarbon, Mass Flow rate in the Exhaust of a Spark-Ignition Engine SAE Paper 720112
5) 寺地　淳ほか：火花点火機関における三次元燃焼シミュレーションを用いた未燃HC予測，日本燃焼学会誌, **49**, 147（2007）p.70-76
6) J. P. Ryers & A. C. Alkidas：Effects of Combustion Chamber Surface Temperature on the Exhaust Emissions of a Single Cylinder Spark Ignition Engine, SAE Paper 780642
7) Y. B. Zeldovich：Oxidation of Nitrogen in Combustion "Academy of Science of USSR", English Version issued Ford（1947）
8) H. Kuroda, Y. Nakajima：Potentiality of the Modification of Engine Combustion Rate for NOx formation Control in the Premixed S.I. Engine, SAE Paper 750353
9) 山本博之ほか：火炎伝播形態が燃焼および排気に及ぼす影響，自動車技術会講演前刷集, 902148（1990-1）
10) 酒井靖郎ほか：NOにおよぼす行程／内径比，圧縮比の影響，自動車技術会講演前刷集（1971.5）
11) 斎藤昭雄ほか：エンジン要因と排ガス・燃費の関係，自動車技術, **30**, 9（1976）
12) 酒井靖郎ほか：燃焼室形状がNOにおよぼす影響，自動車技術会講演前刷集, （1972-5）
13) R. M. Siewert：How Individual Valve Timing Events Affect Exhaust Emissions, SAE Paper 710609
14) 向井恒三郎：ガソリンエンジンの燃焼室における未燃炭化水素の生成および排出に関する研究，学位論文（1990）
15) W. J. Koehl, et al.：Effects of Gasoline Composition and Properties on Vehicle Emissions：A Review of Prior Studies － Auto／Oil Air Quality Improvement Research Program, SAE Paper 912321
16) 黒田　裕, 中島泰夫ほか：NO排出濃度におよぼす大気温度の影響について，自動車技術会講演会, 44-10-24
17) 中島泰夫：ガソリン機関の排気測定上の諸問題, 日本機械学会第390回講習用教材, 74.1.28

18) H. Kuroda & Y. Nakajina：Heat Capacity Changes Predict Nitrogen Oxides Reduction by Exhaust Gas Recirculation, SAE Paper 710010
19) 環境省編：平成 21 年版　環境白書
20) 横山淳一ほか：ガソリン車のエミッション低減の極限を目指して，日産技報，No.32, (1992)
21) Jialin Yang, et al.：Effects of Port-Injection Timing and Fuel Droplet Size on Total and Speciated Exhaust Hydrocarbon Emissions, SAE Paper．930711
22) 日産自動車（株）：新型車解説書ブルーバード・シルフィー（2009-5）
23) 鴨木　豊ほか：Matsushita Technical Journal, **54**, 2, Jul.(2008) p.27
24) 三田裕弘：電気製鋼，**61**，2（1990）
25) 菊池　勉ほか：日産自動車におけるガソリンエンジンの排出ガスクリーン化技術，エンジンテクノロジー，**9**，1（2007）p.17-18
26) 日産自動車（株）材料研究所：新素材がクルマを変える，工業調査会（1992）
27) 梶田伸彦他：インテリジェント触媒の開発，自動車技術会講演前刷集，20025530（2002-11）
28) コロナ新型車解説書，1996 年 12 月 20 日
29) 加藤健治ほか：NO_x 吸蔵還元型三元触媒付リーンバーンシステム，自動車技術，No.9506，シンポジューム講演論文集
30) J. Xiao, et al.：Diffusion Mechanism of Hydrocarbons in Zeolites − II. Analysis of Experimental Observations, Chemical Engineering Science, **47**, 5（1992）
31) 吉嵜聡ほか：HC 吸着システムを用いた大排気量エンジン（5.0L，V8）での SULEV システム開発　自動車技術会論文集 20084249（Vol39，No.2，March2008，P117）
32) 田口道一：空燃比と三元触媒性能，触媒，**29**，7（1987）
33) 自動車技術ハンドブック，設計（パワートレイン）編，第 2 章エンジン，p.132
34) 斉藤利孝：空燃比制御用センサの進化，エンジンテクノロジー，**9**，1（2007）p.47
35) 坂輪年洋ほか：A/F センサの開発，デンソーテクニカルレビュー，**3**，1（1998）p.33
36) William C.　Vassell：Extended Range Air to Fuel Ratio Sensor, SAE Paper 841250
37) Kimiyoshi Nishizawa, et al.：Development of New Technologies Targeting Zero Emissions for Gasoline Engines, SAE Paper 2000-01-0890
38) JCAP2 第 5 回成果発表会資料より

第5章　振動・騒音の低減

　この章では，車両の重要な基本性能の一つである振動，騒音特性について，エンジン本体構造が加振源や伝達系となって発生する現象を，その発生メカニズムと対策例を中心に説明する．表5.1は，各振動騒音現象に関してその問題となる周波数領域と加振源および伝達系についてまとめたものであるが，ガクガク振動のような低周波から，車外騒音のような高周波まで，エンジンが影響を及ぼしている．エンジンの素性によって車両の振動騒音特性が決まっているといっても過言ではない．本章では，エンジンの代表的な音振性能である
　(1) アイドル振動，(2) 高速こもり音，(3) 加速時騒音，(4) エンジン放射音，に的を絞り説明する．

表5.1　エンジン本体構造が関与する音振現象

騒音振動現象と周波数領域 (Hz)	主要加振源	主要伝達系	主要方策
5　ガクガク振動	トルクのステップ的変化　失火	駆動系捩り共振	燃焼制御（点火リタード）
10　ラフアイドル 　　始動時振動 20　アイドル振動	燃焼の気筒間バラツキ 吸気による圧縮仕事	エンジン-マウント系共振 駆動系捩り共振	デコンプ（圧縮圧力低減） 慣性主軸マウント
50　低速こもり 100　中速こもり	トルク変動	エンジン-マウント系共振	アクティブ コントロール マウント
200　高速こもり	不平衡慣性力	エンジン-パワートレイン捩り曲げ共振 クランク軸系共振 補機共振	往復慣性質量軽減 バランスシャフト アルミオイルパン ダンパープーリー フレキシブルフライホイル 等長吸気マニホルド
500　加速時騒音	燃焼加振力 不平衡慣性力		
1k 2k　エンジン放射音 　　（車外騒音） 5k　燃料噴射系騒音	燃焼加振力 動弁系入力 動弁駆動系入力 インジェクタ入力	ブロック振動 カバー類膜共振 シリンダヘッド振動	ベアリングビーム ラダーフレーム ケース曲面化 サイレントチェーン

5.1 振動・騒音の基礎知識

詳細な説明の前に,この章で扱う振動・騒音について基礎的な知識をまとめておく.

車両の振動・騒音現象は,連続体(分布定数系)を扱うため一見複雑であるが,基本的には1自由度系の質量(マス)-ばねの組合せで説明が可能である.

(1) 1自由度系の振動

図5.1の質量 m に正弦波の加振力 F_0 を加えたときに,振動変位 x は次のように表される.

ただし,理解を簡単にするために減衰特性 $c=0$ とした.

$$x = \frac{1}{k} \frac{1}{1-\frac{\omega^2 m}{k}} F_0 \tag{5.1}$$

ここで,F_0:加振力,m:質量,k:ばね定数,ω:角振動数,f:周波数

今,式(5.1)右辺の分母が0になるとき,x が無限大となり,これを共振という.つまり,

$$1 - \frac{\omega^2 m}{k} = 0 \tag{5.2}$$

を解くと,

$$\omega_n = \sqrt{k/m} \qquad (\omega_n = 2\pi \cdot f_n) \tag{5.3}$$

この f_n が共振周波数である.

また,加振周波数が十分に低いとき(つまり $f \ll f_n$ のときは),

$$x = F_0/k \tag{5.4}$$

となり,振動変位 x は,ばね k の大きさで決まる.

逆に,周波数が十分高いときは,

$$x = F_0/(-m\omega^2) \tag{5.5}$$

となり,振動変位 x は,質量 m の大きさによって支配される.

(2) 振動伝達率

質量 m に加わる加振力 F_0 と,基礎に伝達される力を F とすると,その比である振動伝達率 F/F_0 は,

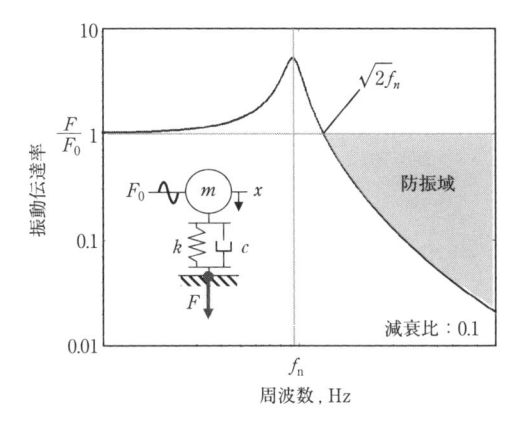

図5.1 一自由度系の周波数応答特性

$$F/F_0 = k/(-m\omega^2 + k) \tag{5.6}$$

となり，図5.1のようになる．共振周波数 f_n の $\sqrt{2}$ 倍からは防振領域となり，加振力 F_0 が基礎に伝わらない．エンジンをマウントインシュレータで支持して，車体への加振力を遮断できるのはこのためである．

(3) 振動・騒音レベルの表現方法

振動・騒音は扱う振幅変化のダイナミックレンジが非常に大きいことと，人間の感覚が対数的特性を示すため，対数を用いてデシベル（dB）で表示するのが一般的である．

振動の場合，基準とする振動レベル x_0 に対して計測されたレベル x の比の対数で表現するもので，次の式で計算される．

$$[\text{dB}] = 20 \log \frac{x}{x_0} \tag{5.7}$$

ちなみに6dBは2倍を意味する．基準値は，たとえば，$x_0 = 1 m/s^2$

音の場合，音波は空気中を伝わる圧力波（疎密波）のことで，人間の耳では20〜20kHzが可聴域である．音圧レベルは，基準音圧に対する比を対数で表し，デシベルで表現される．

$$音圧レベル \; [\text{dB}] = 20 \log \frac{p}{p_0} \tag{5.8}$$

ここで，p：測定された音圧
p_0：基準音圧（2×10^{-5}Pa）（最小可聴音圧）

(4) エンジンの加振力

代表的なエンジンの加振力は，ピストンのストローク（図5.2）による不平衡慣性力（図5.3）や燃焼加振力によるトルク変動の基本次成分と，燃焼加振力の高周波成分などである．

たとえば直列4気筒エンジンの場合，不平衡慣性力 F_z は，回転2次成分が支配的となり，

$$F_z = 4\lambda m_p r \omega^2 \tag{5.9}$$

となる．

ここで，m_p：1気筒当りの往復慣性質量，r：クランク回転半径，
ω：クランク軸の回転角速度　$\lambda=r/L$　L：コンロッド長さ

このことは，ピストンのストロークは，クランク軸の回転に伴うシリンダトップ近傍での動きと，シリンダボトムでの動きが正弦波からずれるため（図5.2），ピストン加速度が高次成分をもってしまうためである．

次に図5.4にアイドル時のトルク変動例を示す．直噴ディーゼルでは，燃焼

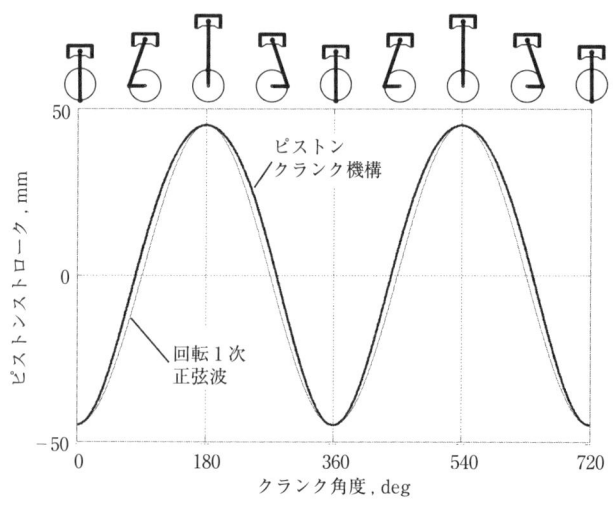

図5.2　ピストンストロークの一例

第5章　振動・騒音の低減　**145**

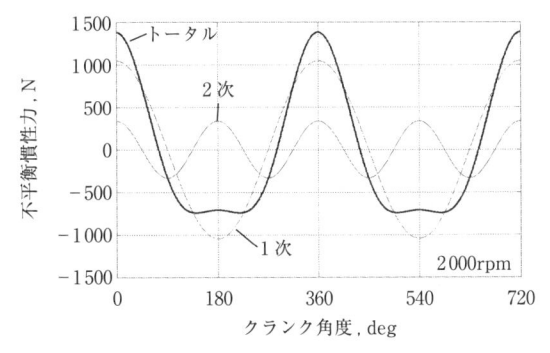

図5.3　不平衡慣性力の一例

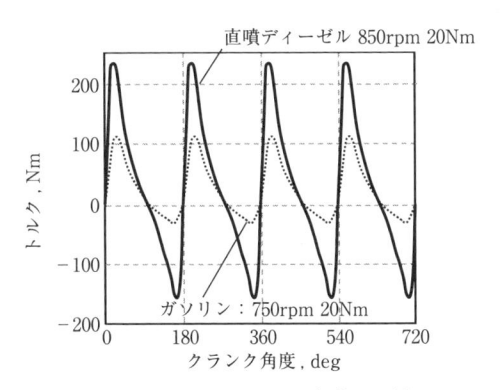

図5.4　エンジントルク変動の一例

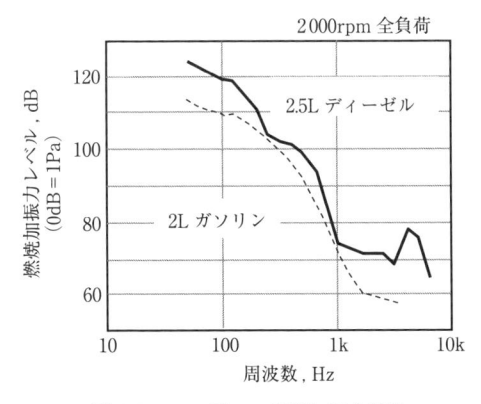

図5.5　エンジンの燃焼加振力特性

圧力が高いことで，ガソリンエンジンと比べて大幅にトルク変動が増大している．

最後に，図5.5には，燃焼加振力の周波数特性を示す．低周波領域の加振力レベルは，最大筒内圧力（p_{max}）で決定され，加速時騒音や車外騒音が問題となる高周波領域（200 Hz〜）は圧力上昇率$(dp/d\theta)_{max}$の影響が大きい．そのどちらも大きいディーゼルエンジンは，燃焼加振力が大きく，エンジン騒音低減が課題となる．なお，加振力レベルの特徴として，高周波になるほどレベルが低くなるため，エンジンの構造共振はなるべく高周波に配置したい．

5.2 アイドル振動

アイドル運転状態に，フロア振動やステアリング振動が気になることがある．これは，エアコンなど負荷が加わるとさらに大きくなる．また，オートマチック車の場合，Dレンジにシフトするとフロア振動が増大する．このような低周波の不快な振動をアイドル振動という．

(1) 発生メカニズム

図5.6に示すように，加振力としてはエンジンの爆発によるトルク変動が支配的であり，その結果パワープラント振動は，4気筒ではエンジン回転2次，6気筒では3次で発生する．パワープラント振動の主要伝達経路は，トルク変動によって発生するロール振動が，エンジンマウント系を通して車体へ伝達されることにより発生するものである．ただし，オートマチックトランスミッションの場合，Dレンジでは，ドライブシャフト−サスペンション系も振動入力の経路となる．また，定常的なトルク変動だけでなく，間欠的な燃焼変動も振動を励起するが，これをラフアイドルといって区別する．なお，3気筒のよう

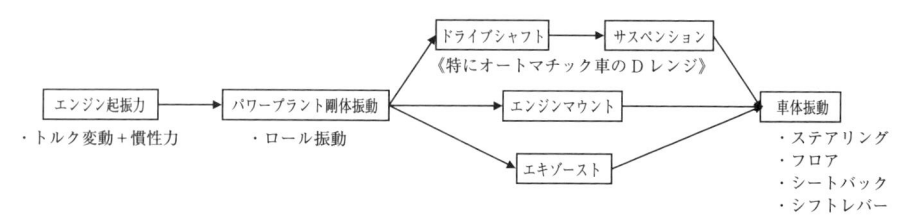

図5.6 アイドル振動発生メカニズム

に気筒数が少ないエンジンでは，不平衡慣性力も加振源となる．

(2) 改善方法

振動現象は，加振源と伝達系に分けて考えると理解しやすい．アイドル振動においても，トルク変動をどのように低減するか，エンジンマウントでいかに車体への入力をしゃ断するか，車体の振動特性を改善するにはどうするかといった検討が行われている．

トルク変動は，フリクションを低減することで改善できるが，エンジンの機構上その低減には限界がある．そこで工夫されるのがマウント配置である．アイドル振動は，エンジンが剛体の質量（慣性モーメント）として作用し，マウントが弾性体として作用する振動系である．4気筒の場合アイドル回転速度が600 rpm なら回転2次の加振周波数は20 Hzとなるが，もしこれがマウント系の共振と一致するとアイドル振動は最悪になる．したがって，加振周波数が十分防振領域に含まれるように，固有値を低下させる必要がある．

図5.7に，主要なマウント方式を示す．図中左の例では，重心の近傍を支持するマウント方式であり，車両前後マウントが主荷重を支えている．このタイプは，主荷重マウントが，サブフレームで二重に防振されるため加速時騒音やギヤノイズなど高周波の振動遮断に優れるが，アイドル振動やこもり音など，低周波には課題がある．

一方，アイドル振動に強い方式は，図中中央の慣性主軸マウントである．このタイプは，車両左右マウント，すなわち，エンジン前端とトランスミッショ

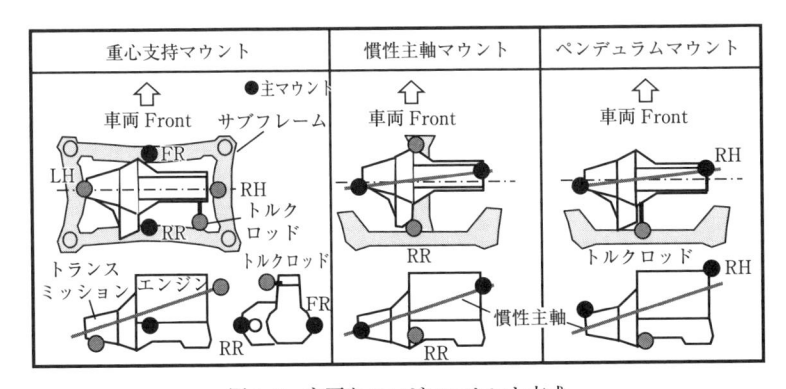

図5.7 主要なエンジンマウント方式

ン後端がパワープラントのロール方向慣性主軸の近傍に配置されるため，ロール固有値を低くすることが可能となる．このため，防振域を広くとれる．ただし，慣性主軸上のマウントが主マウントになり，エンジンの静的な荷重の大半を受け持つため，インシュレータ動ばねの低ばね化には限界がある．このため上下方向入力が車体（サイドメンバ）に伝達されやすく，シェイクやピストンの不平衡慣性力によるこもり音に関しては課題がある．

最後にペンデュラムマウントを紹介する．欧州で多用されるマウント方式でありディーゼルエンジンのようにアイドルのトルク変動が大きくても，暖簾に腕押しの如く力を車体へ伝えないマウント方式である．図5.8に，ペンデュラムマウントの実例を示すが，シリンダヘッド近傍にアッパートルクロッドを，エンジン下端にロアトルクロッドを配置して，このスパンによってエンジンが発生するトルクを受ける．このトルクロッドが，アイドルのような低負荷では非常に低剛性で，全負荷では高剛性となる．したがって，加速時騒音やギヤノイズなどに課題は残るが，これもアイドル振動に有利なマウント方式である．

一方，車体への伝達力を遮断する効果がより大きいデバイスとして，アクティブコントロールエンジンマウント（ACM）が実用化されている．図5.9はその構造を示す．ヨーク最下部には車体への伝達力を検出する荷重センサを配

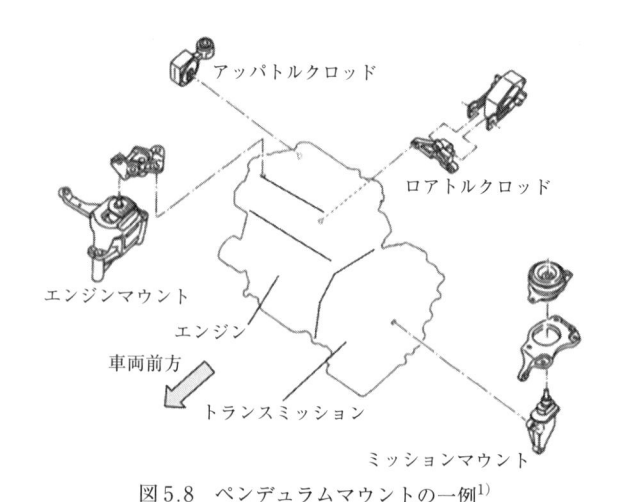

図5.8　ペンデュラムマウントの一例[1]

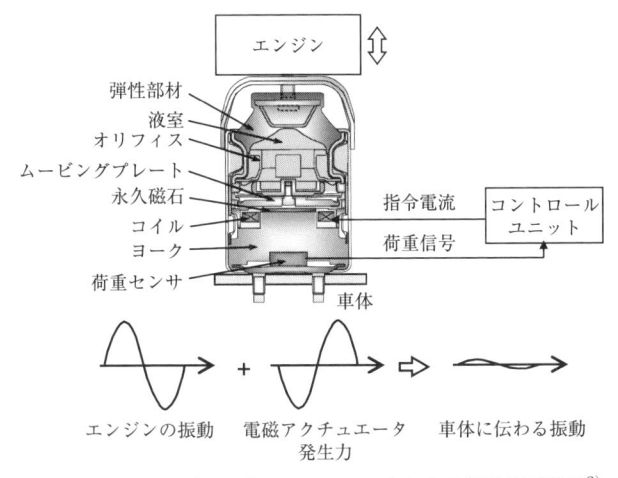

図5.9 アクティブコントロールマウントによる振動遮断効果[2]

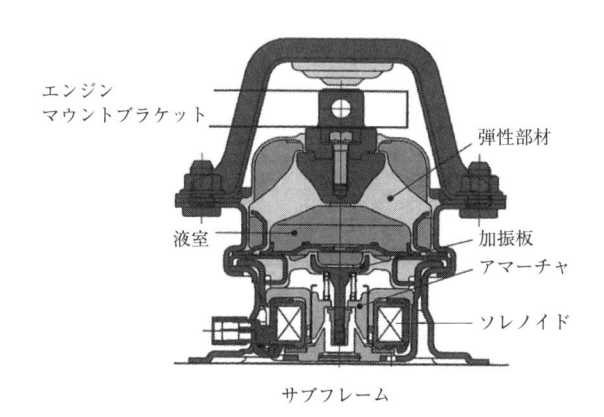

図5.10 気筒休止エンジンに用いられたACM構造[3]

置し,検出した伝達力を常に最小値とするように電磁アクチュエータを制御している.特にACMが最も力を必要とするアイドリング領域(20〜30 Hz)では,最上部に設けた液封マウントの流体共振による液圧増幅機構で十分な加振力を発生させている.

なお,最近では,単に騒音を良くする手段としてアクティブデバイスがあるのではなく,燃費と振動・騒音のトレードオフを解決する.たとえば,V6エ

ンジンの片バンクを休止して，直列3気筒エンジンとすると燃費向上が図れるが，減筒したことによってトルク変動が増大する．この増大したトルク変動をACMで遮断するのである．図5.10は，気筒休止に用いられたACMの例である．ガソリンエンジンへの適用で，必要となる加振力も低くなったため，永久磁石を使わないなどの簡素化が図られている．

5.3 高速こもり音

4気筒エンジンの場合，高速道路のランプから本線にアプローチする際，アクセルを踏み込みエンジン回転が上がるにつれて，鼓膜を圧迫するような低周波の騒音が発生する場合がある．これを，高速こもり音と呼び，3 000～4 000 rpm以上で問題となる．加振力としては2次の不平衡慣性力が支配的であり100 Hzから200 Hzの周波数領域を中心に発生する．なお，1 000～3 000 rpmで発生するこもり音を低中速こもり音と呼ぶが，ここでは説明を省略する．

(1) 発生メカニズム

図5.11に示すように，こもり音の発生メカニズムとしては，固体伝ぱ系と空気伝ぱ系に大別される．空気伝ぱ系が問題になるのは，おもに中低速の場合であるが，高速こもり音は一般的に固体伝ぱ系が支配的である（図5.12）[4]．また，低中速域では，加振力としてトルク変動の影響が大きいが，高速ではピストンコンロッドの挙動による不平衡慣性力が支配的となる．エンジンは，この加振力により振動し，エンジンマウントやドライブシャフトーサスペンショ

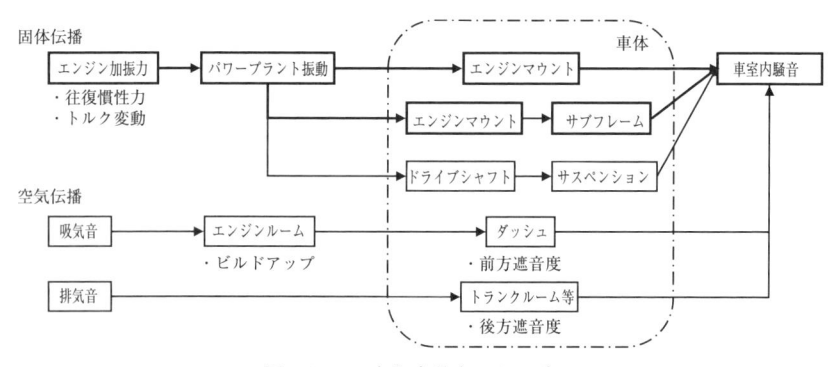

図5.11　こもり音発生メカニズム

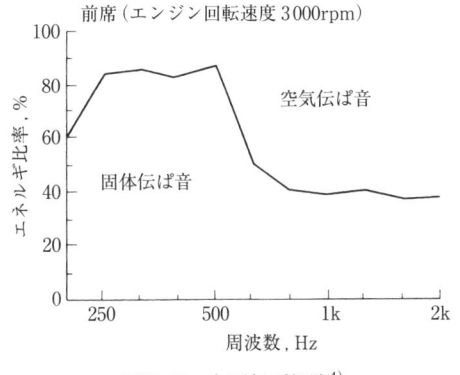

図 5.12　主要伝ば経路[4]

ン系を経て，車体振動を励起する．通常エンジン-トランスミッション系の共振周波数は 200 Hz を越えるため，エンジンは 6 000 rpm 程度までは剛体振動が問題となる．

(2) 改善方法

エンジン剛体振動を低減する代表的な対策例としては，ピストンやコンロッドの軽量化による往復慣性力の軽減や，不平衡慣性力と逆相の入力を加えるバランスシャフトなどがある．車両側での対策としては，こもり音と逆相の音圧をスピーカーで発生させ，騒音を低減するシステムも実用化されている[5]．バランスシャフトによる具体的なこもり音低減効果例を図 5.13[6] に示す．ほぼ全運転域で，10 dB ものマウント振動低減効果が得られている．また，エンジン振動が低減されることにより，振動強度上必要であった補機ブラケットや吸気マニホルドステーの簡素化や廃止が可能となる．さらに，車両側で用いられていたしゃ音材や制振材の軽減により，バランスシャフト装着による重量増（4～5 kg）があるものの，車両トータルでは軽量化が実現する．ただし，高回転でのフリクション低減は課題であり，排気量が 2 リッターより小さいエンジンでは，加振力が小さいので装着されない例が多い．

図 5.14[7] は，駆動方法が異なるバランスシャフトを示す．図 5.13 は，クランク軸よりチェーン駆動をしていたが，この例では，クランク軸のカウンタウエイト横に設けたギヤによってオイルパン内に収納したバランスシャフトを駆

5.3 高速こもり音

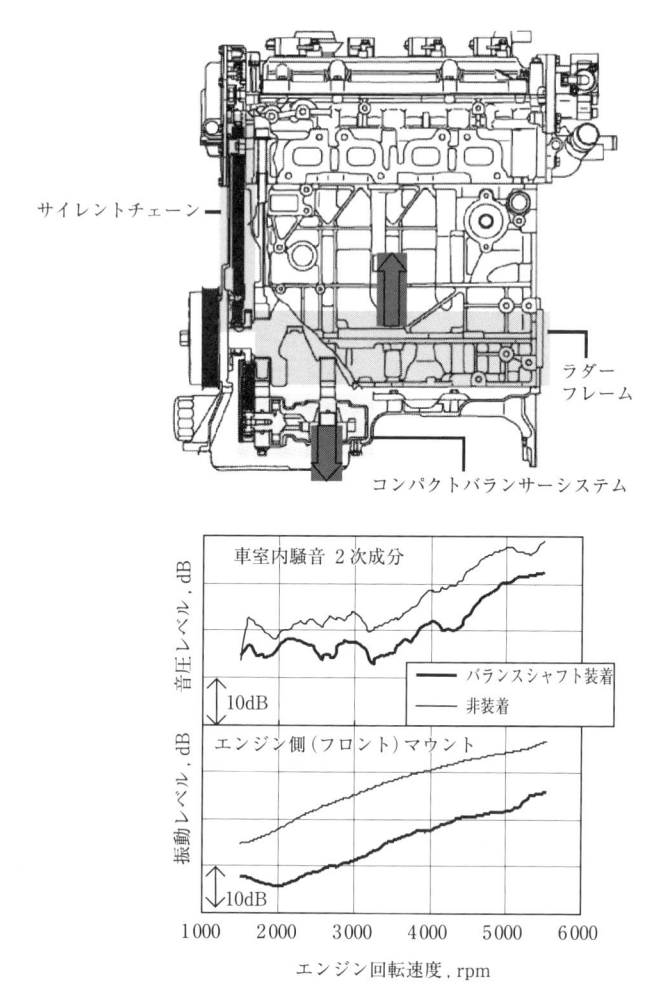

図5.13 バランスシャフトによるこもり音低減効果[6)]

動する方法である．特にこの場合は，被駆動ギヤを樹脂材で構成している．これにより，駆動ギヤによるギヤノイズの低減や，組立公差の緩和を狙っている．

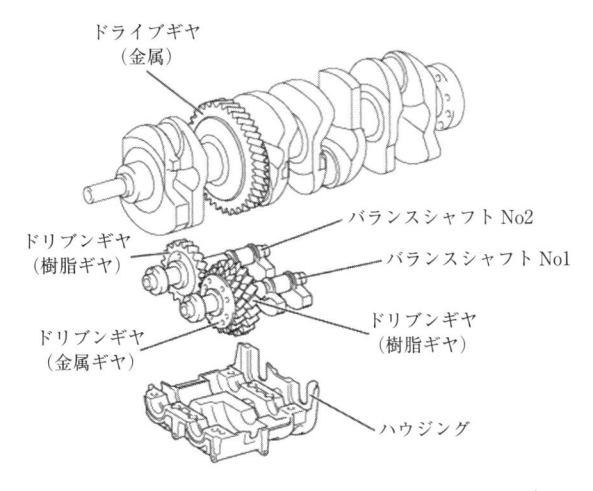

図5.14 樹脂ギヤ駆動タイプのバランスシャフト例[7]

5.4 加速時騒音

　車両の加速中に，エンジン回転の上昇と対応しないで音圧が上昇したり，また時間的な音圧の変動やざらざらと，にごって耳ざわりな音が発生することがある．4気筒の場合，偶数次の加振力（2次，4次，6次…）が支配的であり，これらによって発生した適度の音は，エンジンの運転状況を把握する情報音となりうるが，急激な音圧上昇やにごり感はドライバーを不快にさせる．加速時騒音は，一般的に250〜800 Hzを中心に問題となる．

(1) 発生メカニズム

　加速時騒音の発生メカニズム（図5.15）は，こもり音とは対照的にエンジンのさまざまな共振現象が関与する．加振力としては，燃焼加振力と往復慣性力の両者があるが，その高次成分によって振動が励起される．主に問題となるものを挙げるとクランクシャフト曲げ・ねじり共振，シリンダブロックねじれ共振，マウントブラケット共振などがある．エンジン回転がこれらの共振と一致すると急激な音圧上昇を招く可能性があるし，クランクシャフトが曲げ共振を起こしながら回転すると，奇数次の振動レベルが上昇することによって不協

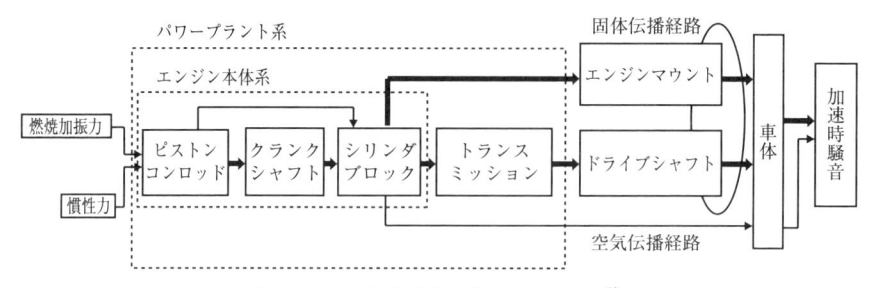

図 5.15 加速時騒音の発生メカニズム[8]

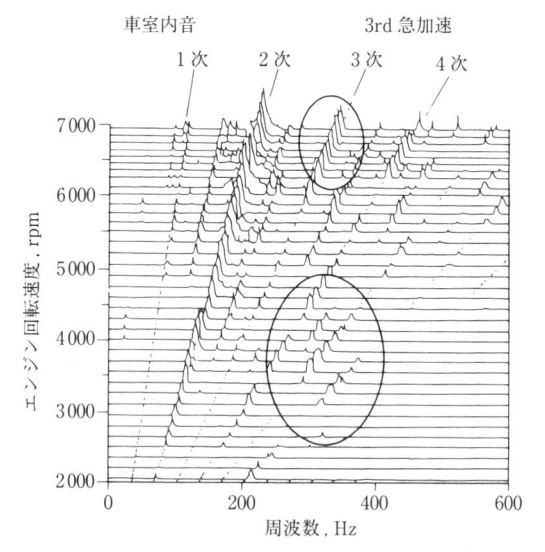

図 5.16 車室内騒音のスペクトル構造[8]

和音の様なにごり感となる．

　図 5.16 に車室内騒音の一例を示す．6 000 rpm 以上の高速域で奇数次成分（3 次）の上昇によるリニア感の悪化が見られる．また 2 000～5 000 rpm における 0.5 次の高次成分によって時間領域で変動感を伴うゴロ音が発生している[8]．

(2) 改善方法

　加速時騒音は，音量低減と音質改善の両方が必要である．音量低減のために

は，こもり音とは異なり様々な共振現象が影響しているため，共振レベルの低減がキーである．このため，問題となる周波数から共振を外すこと（一般に高周波数化）などが有効となる．一方，音質を改善するためには，楽器と同様

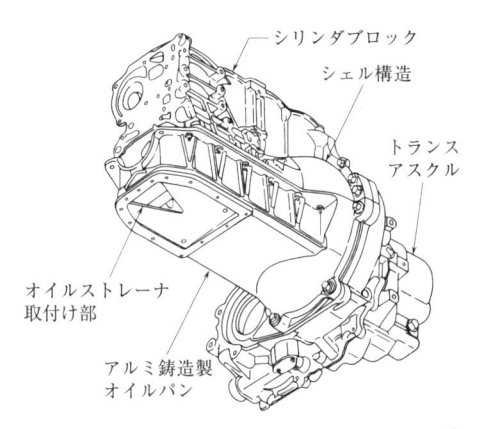

図5.17 トータルシェルパワープラント構造[9]

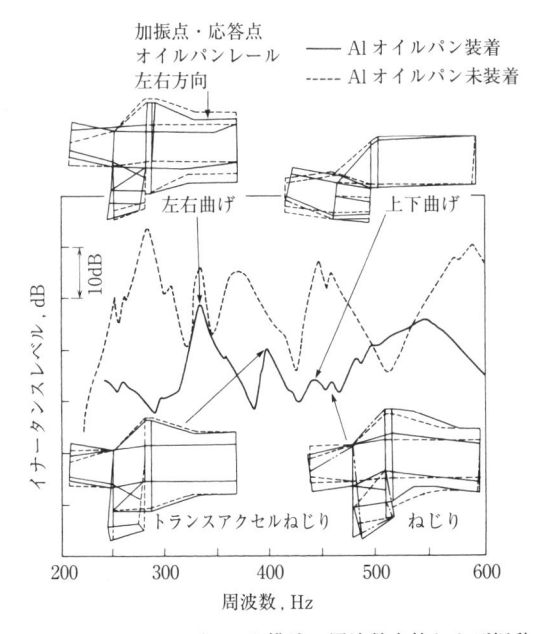

図5.18 トータルシェルパワープラント構造の周波数応答および振動モード[9]

に，基本次の倍音構造とするのが望ましい．合わせて0.5次や奇数次のような濁った音を作り出す要因排除が必要である．たとえば，ある気筒の加振力だけに振動しやすいと，0.5次成分が大きくなるので注意が必要である．

図5.17[9]にマウント振動低減のために有効なエンジン構造例を示す．これは，シリンダブロックの下端にアルミオイルパンを装着した例であり，トランスミッションとも結合面が一致していて，卵の殻のようにエンジンの外殻に剛性部材が存在する．このような構造にすると，図5.18に示すように箱物本体構造における複数の共振ピークを大幅に抑制できる．逆にアルミオイルパンを装着しないと，エンジン下部では，オイルパンレールを結び付ける部材がないため捩れやすい構造となってしまう．

音質改善の例を，図5.19の等長吸気マニホルド[10]で説明する．これは，各気筒から，吸気ダクトまでの距離をなるべく等しくした構造が特徴である．吸気ダクトに近い気筒のブランチは敢えて遠回りして，吸気のコレクタに結合される．その結果，エンジン吸気時の体積速度変動によって，管路の音響モードが励起される時に，それぞれの気筒ごとに差が現れにくいために0.5次成分が抑制される．これによって，ごろ音が改善される．

(3) 解析技術

これまでも述べてきたが，加速時騒音はさまざまな共振現象によって引き起こされる．したがって，これらを詳細に把握するためには，構造体の振動特

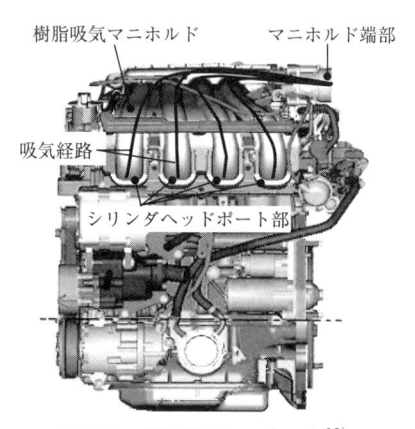

図5.19 等長吸気マニホルド[10]

第 5 章　振動・騒音の低減　**157**

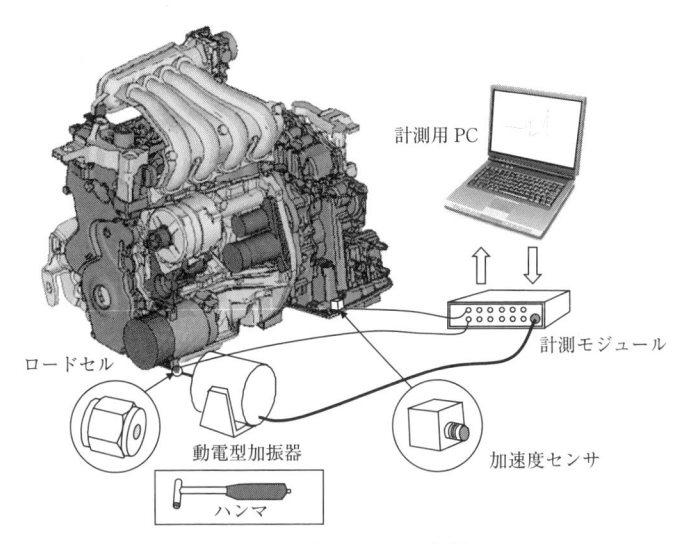

図 5.20　実験モーダル解析

性，すなわち，固有値や固有モードを把握する必要がある．このために，解析で事前に予測した結果を実験で実証していくことが重要となるが，実験技術としては，実験モーダル解析が有効である．図 5.20 に実験状況の一例を示すが，エンジンに加振力を与え，任意の点での振動を測定することにより，単位入力あたりの振動特性を周波数ごとに求めることが可能である（たとえば図 5.18）．これらを，エンジンを代表する複数点に関して計測し，基準点に対する振幅比について位相を考慮してプロットしたものが固有振動モードである．これによって，従来は目に見えない振動現象が可視化され，どの部位が剛性に寄与しているかなどの物理的な情報が得られる．これらが，解析の精度検証に用いられるのである．なお，加振力を与えるために図中では動電型の加振器の例を示しているが，もっと，簡易的に加振を実施するためには，ハンマの先端にロードセルを装着して実験を行う手法が手軽である．

　次に図 5.21 にエンジンの振動・騒音解析プロセスを示す．最初のステップは，モデル化である．それぞれの部品の 3D モデルを用意して，メッシュソフトにより有限要素に分割する．また，クランクシャフトの様に回転する部品と，箱物構造のように静止している部品とは，油膜を考慮した軸受（ばねや減

158　5.4　加速時騒音

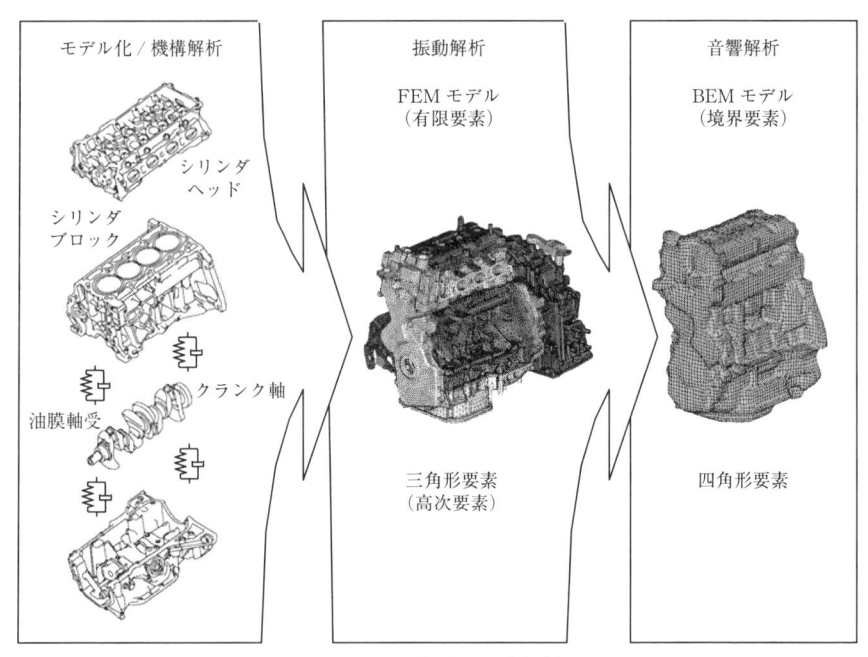

モデル化／機構解析	振動解析	音響解析
シリンダヘッド シリンダブロック 油膜軸受　クランク軸	FEM モデル （有限要素） 三角形要素 （高次要素）	BEM モデル （境界要素） 四角形要素

図 5.21　エンジンの振動・騒音解析プロセス

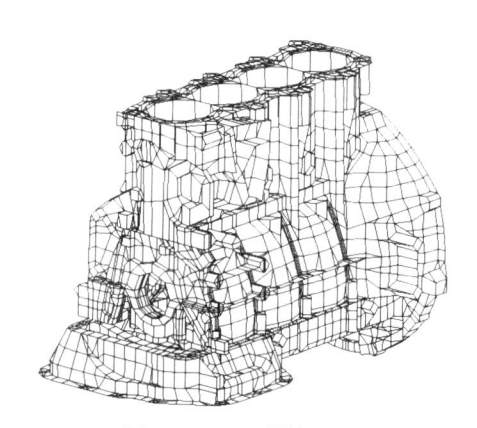

図 5.22　FEM 解析モデル

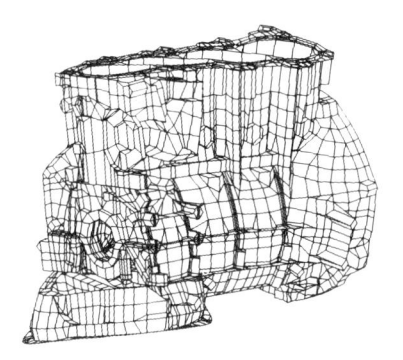

図5.23 解析結果(捩れモード)

衰特性)で結合して機構解析を行うことで，箱物構造へ加わる力が予測できる．たとえば，クランク軸が，曲げ振動しながら回転した場合に，どんな加振力がシリンダブロックの軸受に作用するかなどが明らかになる．次のステップは，エンジンのマウント振動や，表面振動速度の予測である．マウント振動は，マウントのばね特性を考慮して求めることが出来る．最後に，境界要素法を用いてエンジンから離れた位置での音圧レベルや音場の予測が可能である．こうして，問題となる運転条件で，どの部品を改善すれば良いのかが，実験を行う前に判断できる．また，図5.22はシリンダブロックとアルミオイルパンの解析モデルであり，図5.23はその計算例を示す．大きく変形している部位はひずみエネルギーが大きく，自由端のように大きく動いてはいるが変形はしていない部位は運動エネルギーが大きい．これらの情報より，各部の感度を求めることによって，軽量高剛性を狙いとした最適構造が追求される．

5.5 エンジン放射音

一定速で通り過ぎる車からは，路面によって発生するタイヤからの騒音が気になるが，加速して走り去る車からはエンジン音や排気吐出音が支配的である．環境，交通騒音の改善からもエンジン本体からの放射音低減が求められている．図5.24は，車外騒音規制値の推移であるが，乗用車の規制値は，1970年代の84 dB(A)より2000年代では76 dB(A)と，エネルギーで84%も少なくなっている．30年の歳月で，およそ1/6になったことになる．

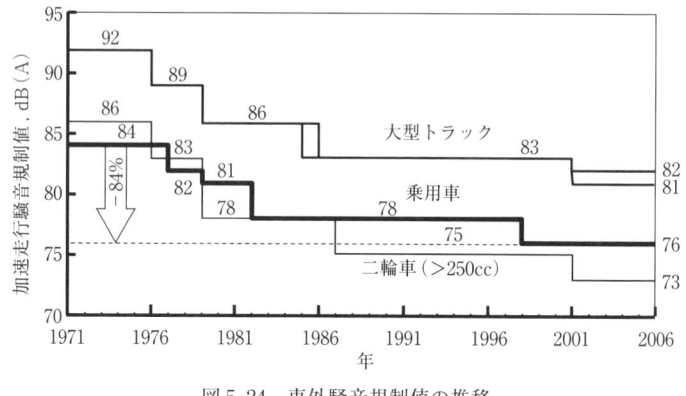

図5.24 車外騒音規制値の推移

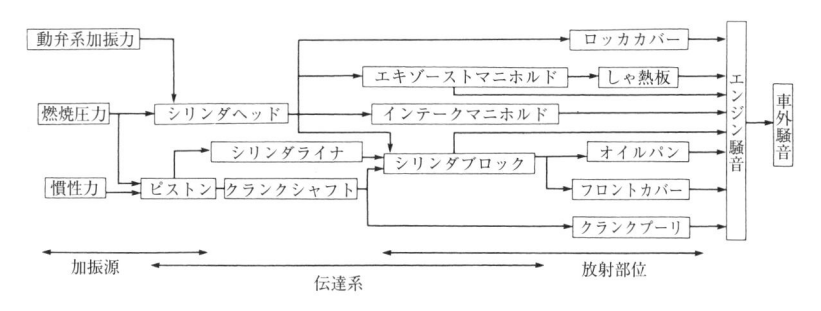

図5.25 エンジン騒音発生メカニズム[11]

(1) 発生メカニズム

図5.25[11]で発生メカニズムを説明する．加振源としては，機械系の加振入力としてピストン・コンロッドの慣性力と動弁系加振力があり，残りは燃焼加振力である．このうち，市街地走行での常用エンジン回転域では，燃焼加振力の影響が大きい．エンジンからの放射音は，この燃焼加振力がピストン，コンロッド，クランクシャフトならびに主軸受を主経路とし，シリンダブロックやカバー類の膜モードを励起して発生する．人間の聴感特性が1 kHzを中心に感度が高いことも合わせて，1 kHz前後の周波数帯域で問題となることが多い．

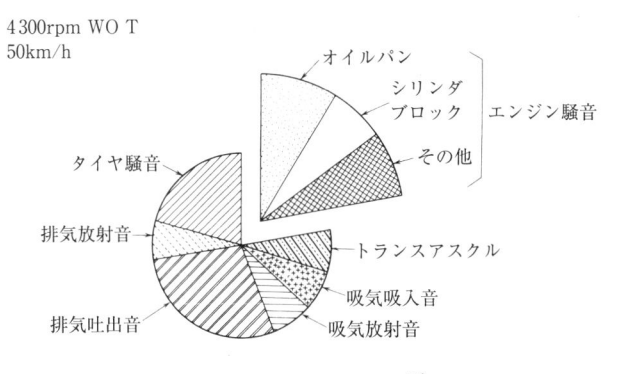

図 5.26　車外騒音寄与率[11]

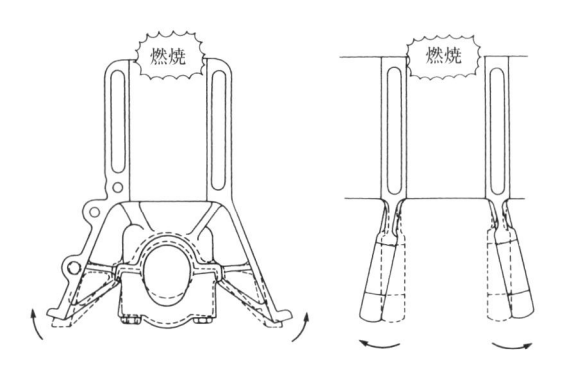

図 5.27　主軸受部前後倒れ振動とスカート開閉振動[12]

(2) 改善方法

図 5.26[11] は，車両側方における各部位の放射音寄与率を表している．エンジン騒音のうち，70%がオイルパンとシリンダブロックより放射されている．特に，オイルパンからの寄与率が大きく，従来から様々な対策が実施されてきた．たとえば，板金オイルパンの場合は，減衰性能を高めた制振鋼板製のオイルパンを用いたり，防振ガスケットを用いてシリンダブロックからの振動を遮断することも行われた．但し，経時変化を考慮するとオイル漏れなどの信頼性に不安がある．そこで，最近では液状パッキンを用いてシリンダブロックにリジットに装着するアルミオイルパンが多くなってきたが，リブや面の形状を工夫しないと放射音が増大する．

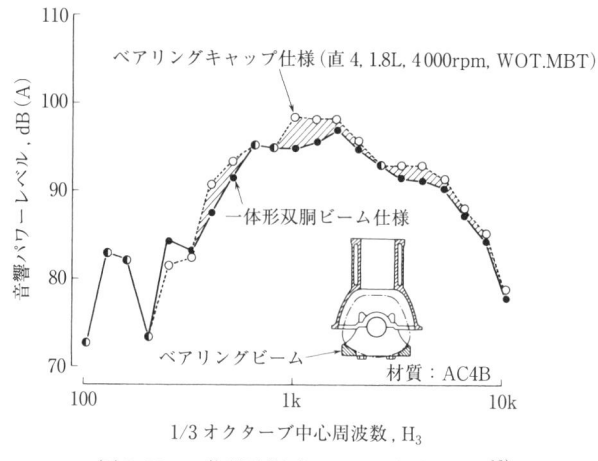

図5.28 グラフ内ラベル：
- 縦軸：音響パワーレベル, dB(A)
- 横軸：1/3オクターブ中心周波数, Hz
- ベアリングキャップ仕様（直4, 1.8L, 4000rpm, WOT.MBT）
- 一体形双胴ビーム仕様
- ベアリングビーム
- 材質：AC4B

図5.28 一体型双胴ビームの騒音低減特性[12]

シリンダブロック本体からも放射音が発生する．図5.27[12]はスカートの開閉振動を表わしているが，燃焼圧力はピストン―コンロッド―クランクシャフトを介し主軸受部に作用し，主軸受がエンジン前後に倒れ振動を起こすと同時に，スカートの開閉方向振動が誘発される．そこで，考案されたのがベアリングビームである．主軸受の全部あるいは一部を前後方向で連結し，主軸受の倒れ振動をビームの引張圧縮方向剛性で抑制している．図5.28[12]がその効果例である．

一方，クランク軸支持剛性をさらに向上させることを目的にラダーフレーム（図5.29）[1]も提案されている．この構造はベアリングキャップをクランクケース側壁と連結することでベアリングキャップのクランク軸前後の倒れを抑制するとともに，スカート部の開閉振動やシリンダブロックのねじれ振動抑制にも効果を発揮する．したがって，放射音低減ばかりかエンジンマウント振動の改善にも役立っている．

なお，解析技術が高度化したことで，軽量化したうえで，放射音を低減できる形状検討も進んでいる．具体的には，図5.30に示すような曲面形状である．この例では，チェーンケースの比較的広い面に，曲面化を施した．コンパクトでかつ，薄肉でも高剛性が図れるので，図5.31に示すような放射音低減効果が得られた[13]．

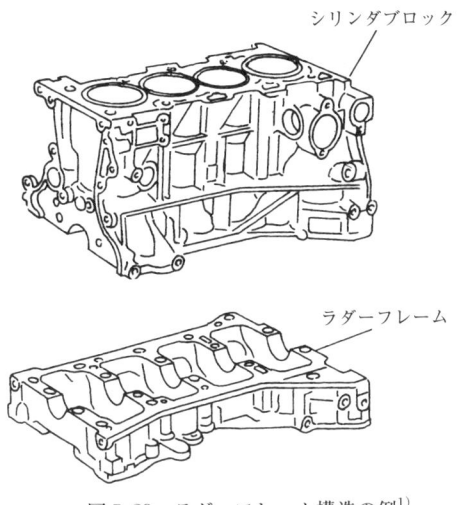

図 5.29 ラダーフレーム構造の例[1]

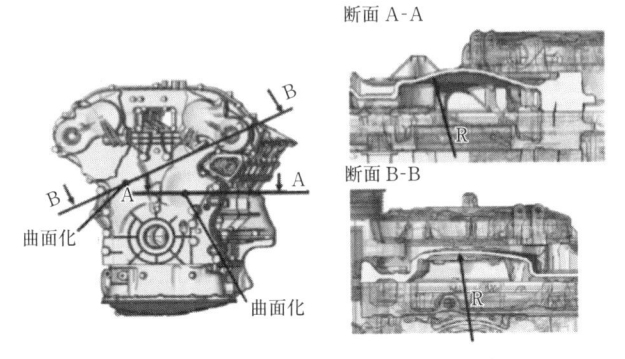

図 5.30 チェーンケース曲面化構造[13]

上記改善方法が，構造系の改善であるのに対して，加振力低減も効果的である．特に燃焼加振力は大きな役割を果たす．高周波入力低減に影響が大きい $(dp/d\theta)_{max}$ を低減するためには，点火進角のリタードなどによる燃焼速度の遅延化があるが，これは燃費の悪化というトレードオフもあるため，燃焼波形の適正化には注意が必要である．

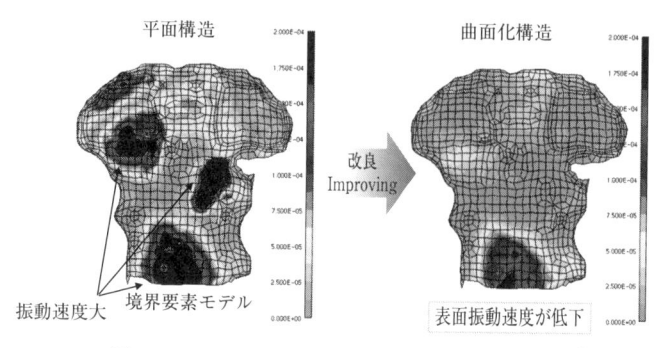

図5.31 チェーンケース曲面化による放射音低減[13]

5.6 エンジン音振低減技術の今後の展望

　今後の音振低減技術動向の概略を表5.2に示す．従来は，車外騒音規制対応を中心に高周波数域のレベル低減が重要課題であったが，最近の環境問題からの要請による直噴ガソリン化や気筒停止，アイドル回転速度の低回転化などはアイドル振動の悪化や，回転速度変動増大のような低周波問題が顕在化して来ている．この傾向は，まだここ数年継続すると予想され，これらに対応する技術としてアクチュエータを用いて積極的に振動抑制を行うアクティブエンジンマウントやトルクキャンセラーの高度化や，従来から一部のエンジンで採用されているデュアルマスフライホイールやロックアップダンパの標準化が進展すると予想される．

　一方で，直噴化は低負荷時の急速燃焼によって燃焼加振力の高周波成分を悪化させる．したがって，常用域での放射音低減も重要である．従来だと高剛性化が主要アイテムであったが，高周波の広い周波数帯域での加振力増大ため，少しぐらい高剛性化しても意味がない．むしろ制振材の活用や樹脂カバーのように放射高率低減の効果が大きい．

　これらの技術投入により環境要求（良燃費）と音振性能を高次元で両立することが重要である．

表5.2 エンジン振動・騒音低減技術動向

	1990年代	2000年代	2010年代
	静粛性向上 1991	音質向上 2000	性能間トレードオフ解決 2010
アイドル振動	慣性主軸マウント 重心支持マウント デュアルマスフライホイール	ペンデュラムマウント アクティブコントロールマウント	アイドルストップ デコンプ（可変圧縮比）
こもり音	バランスシャフト アクティブノイズコントロール	アクティブコントロールマウント	アクティブサウンドコントロール アクティブバイブレーションコントロール
加速時騒音	アルミオイルパン	ラダーフレーム 等長吸排気マニホールド	トータルサウンドコントロール
放射音	ベアリングビーム 制振オイルパン	ラダーフレーム 曲面化構造	新エンクロージャ 放射効率低減

参考文献

1) ティアナ（J32）新型車解説書（2008-6）
2) 木村 健ほか：適応制御を用いたアクティブコントロールエンジンマウント（ACM）システムの開発，自動車技術会春季学術講演会前刷り集，9833250, No.983（1998）
3) 井上敏郎ほか：気筒休止エンジンの振動騒音対策として適用したアクティブコントロール技術，電子情報通信学会，信学技報（2006）
4) 柏植和広ほか：加速時車内騒音の音色に関する一考察，自動車技術，39, 12（1985）p.1357
5) 井上敏郎ほか：適応ノッチフィルタを応用したアクティブエンジンこもり音制御システムの開発，自動車技術会学術講演会前刷集，20085848, No.84-03（2003）
6) 成富忠和ほか：新型直列4気筒ガソリンエンジンにおける騒音振動低減技術開発，自動車技術会春季学術講演会，20015105, No.1-01（2001）
7) 小林直己ほか：樹脂製バランスシャフトギアの開発，新神戸テクニカルレポート，No.11（2001）p.43-49
8) 井手聖一朗ほか：クランクシャフト－フライホイル系曲げ振動低減によるエンジン加速音質の改善について，自動車技術，44, 12（1990）p.94-99
9) 渋谷広彦ほか：トータル・シェル構造パワプラントによる加速時の音質向上，自動車技術会学術講演会前刷集，882（1988）p.475-478
10) 新井俊哉ほか：新型中型4気筒ガソリンエンジンの開発，自動車技術会学術講演会前刷集，20055144, No.1-05（2005）
11) 成富忠和：エンジン騒音低減技術について，自動車技術会学シンポジウム（最近の車

両環境騒音解析改善技術）（1993）p.26
12) 林　義正ほか：ベアリングビームによるエンジン騒音低減技術の研究，日産技報，18 (1982) p.13
13) 児島　剛ほか：新型 V6 エンジンの音振性能開発，自動車技術会学術講演会前刷集 20075160, No.41-07（2007）

第6章　エンジンの構造と機能

本章では，エンジンを本体構造系，動弁系，主運動系，吸排気系，潤滑系，冷却系，電子制御システム，始動・充電系に分け，それぞれの系の構成と機能を説明する（図6.1）．

6.1　本体構造系

本体構造系であるシリンダブロックおよびシリンダヘッドは，エンジンの外観を構成する部品であり，この二つの部品とピストンで燃焼室を構成するとともに，後述する動弁系，主運動系の支持体兼案内の役割を持ち，さらには，潤滑系の潤滑油および冷却系の冷却水の通路を構成している．そのため，次のような性能が要求される．

① 機械的，熱的な負荷に十分耐える剛性と強度

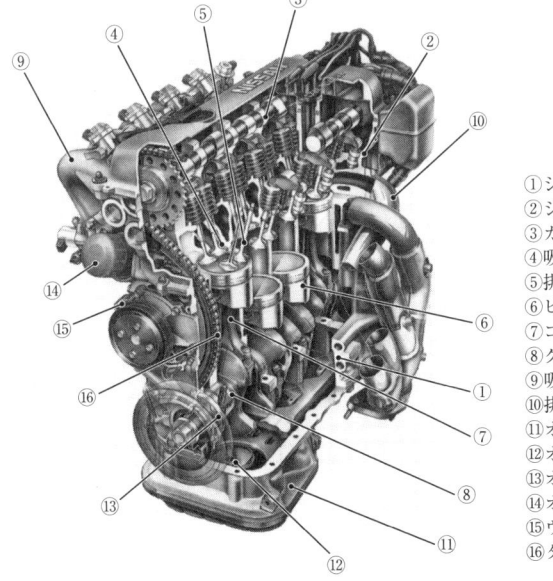

①シリンダブロック
②シリンダヘッド
③カムシャフト
④吸気バルブ
⑤排気バルブ
⑥ピストン
⑦コネクティングロッド
⑧クランクシャフト
⑨吸気マニホルド
⑩排気マニホルド
⑪オイルパン
⑫オイルストレーナ
⑬オイルポンプ
⑭オイルフィルタ
⑮ウォータポンプ
⑯タイミングチェーン

図6.1　エンジンの構成と主要部品名称（水冷直列4シリンダエンジン）

② 良好な冷却性
③ 耐摩耗性，耐腐食性
④ 軽量コンパクト

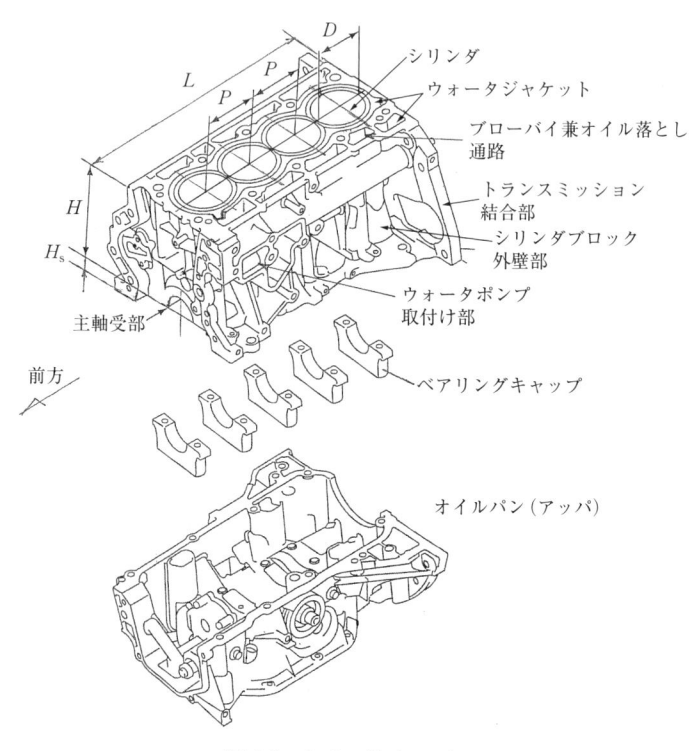

6.1.1 シリンダブロック

シリンダブロックは図6.2に示すように，ピストンが往復運動し，燃焼室の一部となるシリンダ部，クランクシャフトのメインジャーナルを支持する主軸受部，シリンダ部冷却のためのウォータジャケット部やブローバイ兼油落し通路およびクランクシャフト回転面のケースを形成する外壁部（クランクケース部分は一般的にスカートと呼ばれる）からなり，前方に各種補機の取付け部，後端にトランスミッションとの結合部が設けられている．シリンダブロックの

図6.2 シリンダブロック

基準寸法としては，図示したシリンダ内径（D），隣り合ったシリンダの中心線の距離を示すシリンダピッチ（P），ブロックの全長（L），そしてクランクシャフトの軸中心からブロック上端までのブロック上部高さ（H：一般にブロック高さと呼ばれる）と下端までのブロック下部高さ（H_s）である．

　ブロック全長の基本寸法であるシリンダピッチは，シリンダ内径とシリンダ間寸法の和で与えられる．シリンダ間寸法は，シリンダライナの冷却性や，クランクシャフトの軸受荷重などから検討されるが，余裕をとり過ぎるとエンジン全長が長くなり，質量増やレイアウトの問題が発生する．また，シリンダヘッドとの間のガスおよび冷却液のシール性からの検討も必要である．ブロック上部高さはクランク半径（ストローク×1/2），コンロッド長さ，ピストンのコンプレッションハイト（圧縮高さ）およびシリンダヘッドガスケットの厚さによって決定され，ブロック下部高さは，クランクケース剛性や補機の取付けやすさなどから決定される．両者はエンジン全高を抑えて軽量コンパクトな設計を行う上で重要である．

(1) シリンダ部

　シリンダブロックのシリンダ内壁は，燃焼ガスにさらされると同時に，ピストンが高速で往復するため，高温に耐え摩耗しにくい必要がある．また，ピストンとのすきまが大きくなり過ぎると騒音振動（ピストンスラップ）が問題となり，小さ過ぎると摩擦抵抗による燃費悪化や，最悪の場合エンジン焼付きとなるため，適温に保つ工夫も必要である．シリンダ部には，図6.3に示す形式がある．

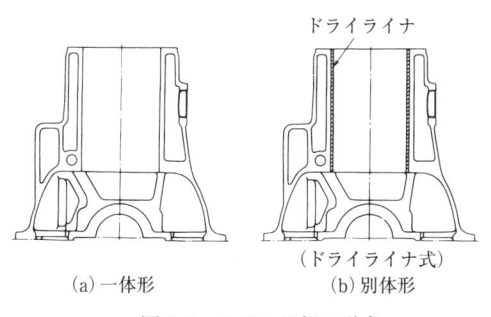

図6.3　シリンダ部の形式

(a) 一体形

シリンダ部がシリンダブロックと同一材料で一体鋳造されている形式で，鋳鉄ブロックの例が多いが，アルミニウムブロックの一部にもシリコン量を増したアルミニウム合金を用いる，またはシリンダ部内面のみをめっき，溶射などで耐摩耗材料とする一体形が使われ始めている．全アルミニウムブロックは軽量化やコンパクト化には有利な反面，製造方法等に工夫が必要で高価になる．

(b) 別体形

シリンダブロックと別体のシリンダライナを圧入，または鋳包んだ形式で，シリンダ部のみを耐摩耗性に優れた材料とすることができる．現在，一般的な形式はシリンダライナがブロック本体に鋳包まれていてウォータジャケットに接していないドライライナ（乾式ライナ）式であり，鋳鉄ライナを鋳包んだアルミニウムブロックが代表例である．ブロック本体とライナの密着性（冷却性）を高めるためにライナ背面に工夫を施した溝や突起を設けた製品がある．

シリンダ内面はボーリング加工の後に，表面性状（粗さ，加工溝の形状など）を管理するためのホーニング加工（図6.4）[1]が実施されている．表面性状はしゅう動特性（摩擦，摩耗，焼付きなど）を左右する諸元であり，粗さのパターンとしては，ホーニング加工の後に粗さの上部のみを加工し，なじみ後のしゅう動面形状と近似させたプラトーホーニングが良いといわれている．

(2) ウォータジャケット部

シリンダはエンジン作動中に高温の燃焼ガスにさらされるため，シリンダを冷却するための冷却水通路が設けられており，これをウォータジャケットと呼

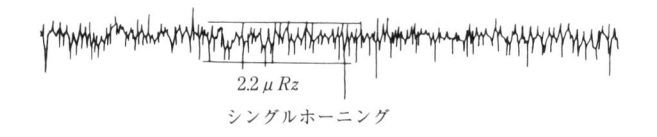

$2.2\,\mu Rz$
シングルホーニング

$2.7\,\mu Rz$
プラトーホーニング

図6.4 シリンダの内面ホーニング加工形状

ぶ．一般的にエンジン前方に設けられたウォータポンプにより，シリンダ列方向に冷却水が流れる構造となっている（図6.5）[2]．また，シリンダブロックの分類法の一つとして主に鋳造工法に起因するウォータジャケットの上部デッキ

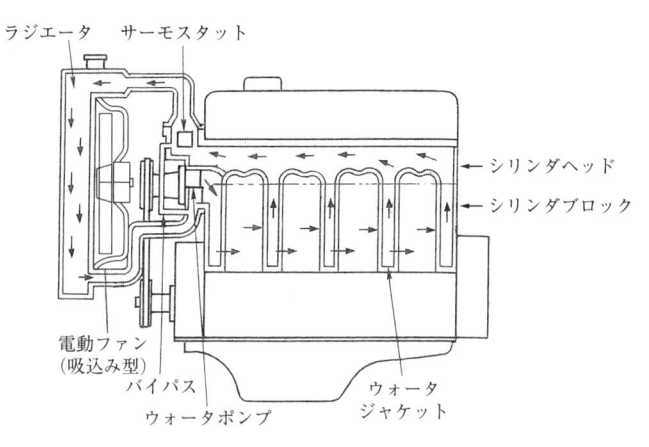

図6.5 水冷エンジンの水流れ模式図

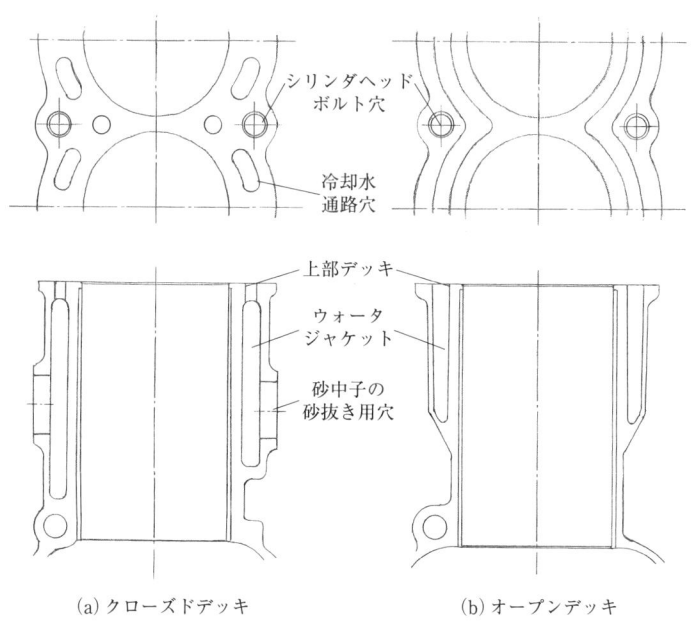

(a) クローズドデッキ　　(b) オープンデッキ
図6.6 クローズドデッキ構造とオープンデッキ構造

構造の違いがある（図6.6）．

(a) クローズドデッキ構造

ウォータジャケットの上部デッキがシリンダヘッドへの冷却水通路以外閉塞している構造で，重力鋳造など比較的低い圧力で製造されるシリンダブロックに見られる．本工法ではウォータジャケット部は砂中子で形成するので上部デッキの冷却水通路は比較的自由に配置できる．なお，鋳造後は中子を振動で壊して取り出す必要があり，シリンダブロック側面に砂抜き用穴が設けられていて，組立工程においてプラグなどでこれを閉塞する．

(b) オープンデッキ構造

ウォータジャケット上部が全て露出している構造で，生産性が高く近年主流になっているダイカスト法ではウォータジャケット部が上母型に形成されるのでこのような形態となる．また，上母型に抜き勾配が必要となるためウォータジャケットは底部から上部に向かって流路幅が広がる形状となる．なお，シリンダブロックからシリンダヘッドへの冷却水はシリンダヘッドおよびシリンダヘッドガスケットに設けられた通路穴の形状や数によって制御される．

ブロックを経由した冷却水は，ブロック上部のトップデッキに設けられた水通路より，シリンダヘッドに到達し，燃焼室壁を冷却したのちラジエータに送られる．また，冷却水への熱損失を低減し，ライナ壁温を均一化するために，シリンダ上部を集中的に冷却するウォータジャケットの浅底化が一般的になっている（図6.7）[3]．

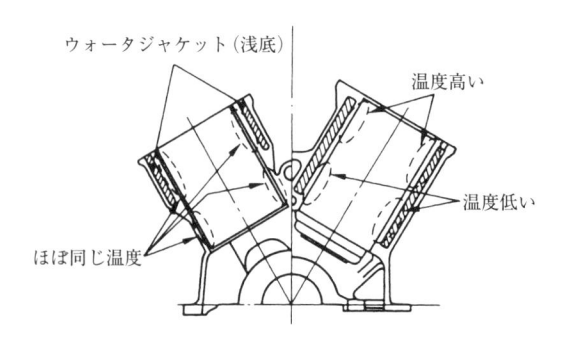

図6.7 ウォータジャケットの浅底化の例

(3) 主軸受部

クランクシャフトを支える軸受部を，主軸受と呼ぶ．一般的にブロック側とキャップ側に二分割されるが，燃焼圧力やピストンなどの慣性力により数十kNもの力が作用するため，剛性が低いとクランクシャフト振動を増大させる．そこで，最近では，エンジンの振動・騒音低減要求からシリンダブロックの剛性を向上することを狙いとして，シリンダブロックと結合するオイルパンを高剛性とした構造（図6.2）や先に示したラダーフレーム構造（図5.29）が採用されている．同様の効果を狙ったものとしてキャップを連結したベアリングビーム構造がある[4]．いずれもブロックにとって質量増加要因となるため，抑制したいねじれ，たわみの方向と質量の兼ね合いをみて形式を決定する必要がある（第5章　音振参照）．

(4) クランクケース（スカート部）

クランクケースは，シリンダより下部のクランクシャフトの回転範囲を覆う部分であり，一般的にスカートと呼ばれている．スカートには，エンジンマウントのボスをはじめオルタネータやエアコンコンプレッサ等の補機が装着される．また，スカート部はブロックの剛性と質量に大きな影響を与える部位であり，図6.2に示す H_s の値により，H_s が大きいディープスカート構造と，ほぼクランクシャフト軸線位置（$H_s ≒ 0$）であるハーフスカート構造に大別される．ディープスカート構造は剛性向上に，ハーフスカート構造は軽量・コンパクト化に有利であり，エンジンの質量および音振性能の目標を考慮して，先のラダーフレーム構造などを含めたシステムとして形式が決められている．なお，スカートの膜振動による比較的高周波の騒音が発生する場合がある．この場合，スカートの曲面化やリブ等による補強が有効である．

(5) ブロックの材質

従来，鋳鉄（FC200～FC250相当材）が最もよく使用されていたが，軽量化の要求からブロックの本体をアルミニウム合金（AC2AまたはADC12相当材）とし，シリンダライナに鋳鉄を使用したドライライナ式のブロックが主流となっている．さらに，一部の機種ではあるが，アルミニウム合金中に17%前後のシリコンを加えた高シリコンアルミニウム合金を使用したり，シリンダ部のみに耐摩耗材料を溶射[5]またはめっきしたり，FRM（繊維強化金属）化

した全アルミニウム合金のブロックが採用されてきている．また，これらの中間形式としてシリンダライナのみを高シリコンアルミニウム合金として鋳包んだアルミニウムブロックも採用されている[6]．

6.1.2 シリンダヘッド

シリンダヘッドは図6.8に示すように，下端面に燃焼室，上端面に動弁系の支持構造，側面に吸・排気ポートが設けられているが，冷間時においてマニホ

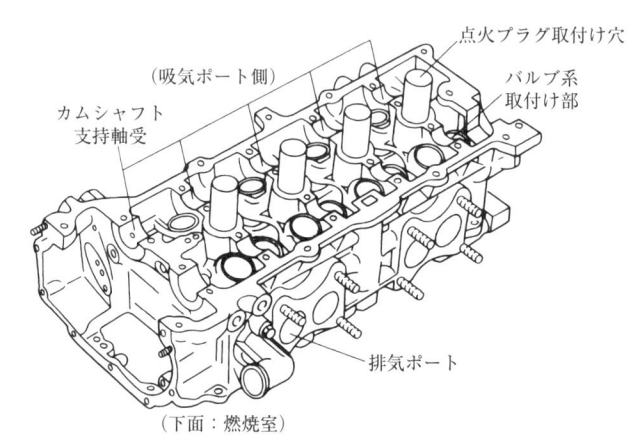

図6.8 シリンダヘッド

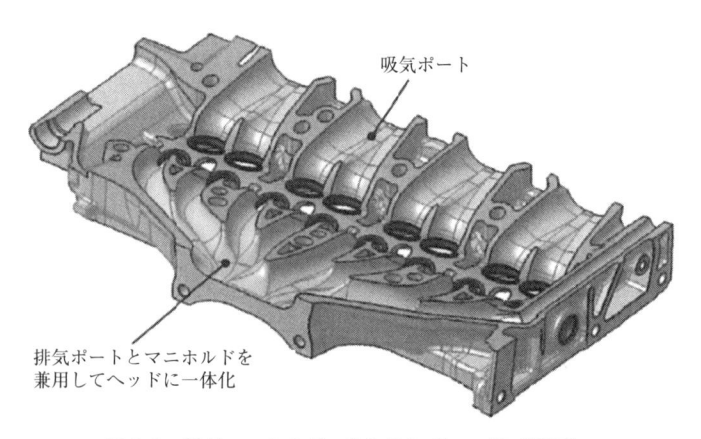

図6.9 排気マニホルド一体シリンダヘッド（断面）

第6章 エンジンの構造と機能

ルド触媒に温度を極力保持した排出ガスを供給できるように排気ポートと排気マニホルドを兼用してシリンダヘッド内に一体化した構造が最近採用されている（図6.9[7]）．燃焼室回りには冷却のためのウォータジャケットが設けられているが，動弁系および吸・排気ポートとの干渉を避けるため，シリンダブロックに比べて複雑な形状になっている．近年はコンピュータを用いた流体解析手

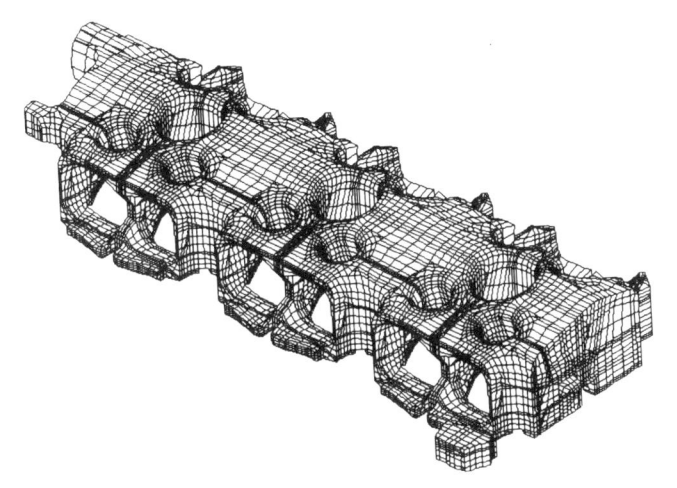

図6.10 シリンダヘッドウォータジャケットの数値解析用三次元モデル

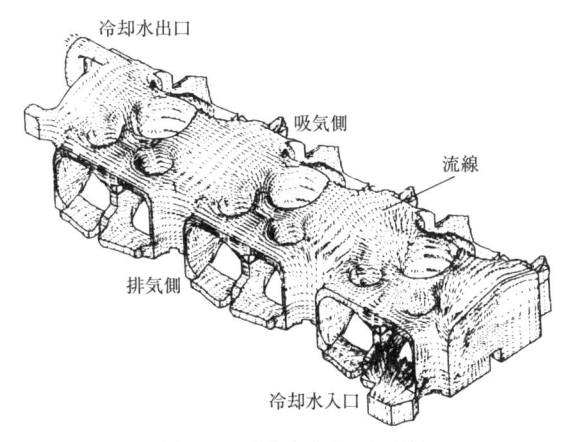

図6.11 冷却水流速の解析例

法が発達したので，図6.10に示すようにウォータジャケット形状の三次元モデルを作成することにより水流れの状態を解析できるようになっている．図6.11は流速を線分の長さで表示したものであり，この結果を基づいてウォータジャケット形状の修正検討を実施している．

シリンダヘッドの材質は，熱伝導性が良く，軽量で鋳造性に優れたアルミニウム合金（AC4B, AC4D, AC5A相当材）の使用が一般的である．

なお，燃焼室，動弁系，吸・排気ポートについては別に記述する．

6.1.3 ガスケット

以上，述べてきたシリンダブロックとシリンダヘッド，およびシリンダヘッドと後述する吸・排気のマニホルドは互いにボルトによって締結されているが，エンジンの作動流体であるガスおよび水，油の流路はこれらの部品間にまたがっており，その漏れを防ぐため，それらの合わせ面にガスケットまたはシールが必要となる（図6.12)[8]．特に，シリンダヘッドガスケットは性状の異なる上記三つの流体（表6.1)[9]を近接した位置で同時にシールしなくてはならないので，多くの技術が織り込まれている．

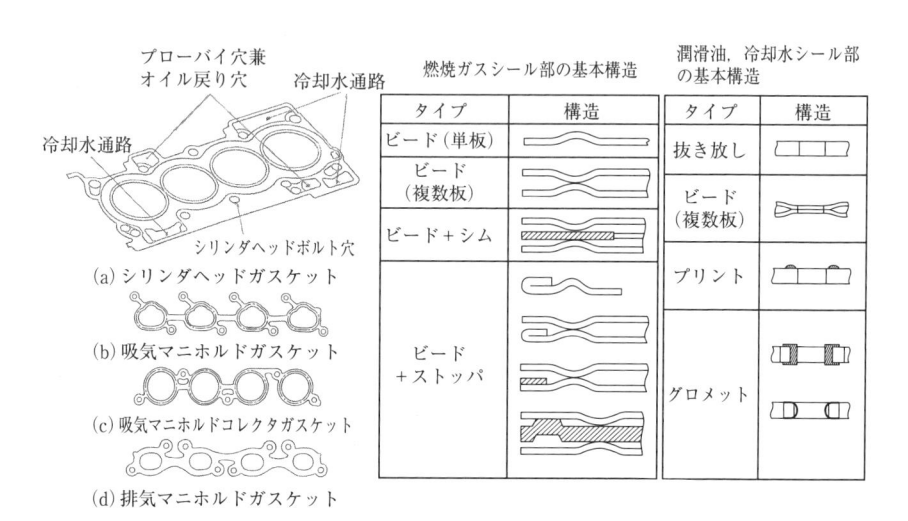

図6.12 エンジンに使用されているガスケットの代表例

表 6.1　各流体の性状

	温度, K	圧力, MPa	粘度, mmPa·s
燃焼ガス	～2400	6～12	$(2～3) \times 10^{-2}$
冷却水	350～380	0.2	3
潤滑油	～400	1	10～60

6.1.4　燃焼室
(1)　燃焼室に対する要求
(a)　燃焼室の定義

往復動（レシプロ）エンジンの燃焼室を定義すると，狭義にはシリンダヘッド下面とピストン冠面およびシリンダ内壁により形成されるすきま容積部であり，その内面形状が燃焼室形状である．しかし広義には，まずシリンダ内径，行程，圧縮比や動弁機構，バルブ数を決め，次に図 6.13 に示すような各部の寸法，形状を決定することがエンジンの性能を支配する「燃焼室形状」を決めることである．

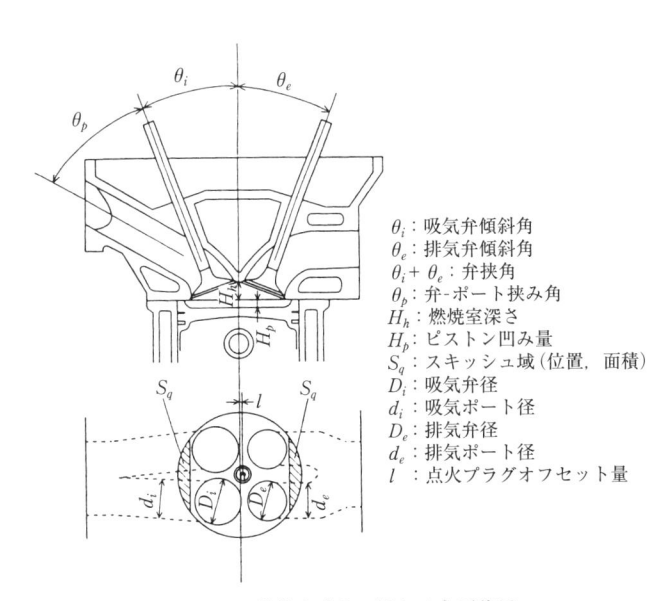

θ_i：吸気弁傾斜角
θ_e：排気弁傾斜角
$\theta_i + \theta_e$：弁挟角
θ_p：弁-ポート挟み角
H_h：燃焼室深さ
H_p：ピストン凹み量
S_q：スキッシュ域(位置，面積)
D_i：吸気弁径
d_i：吸気ポート径
D_e：排気弁径
d_e：排気ポート径
l：点火プラグオフセット量

図 6.13　燃焼室形状に関わる主要諸元

表6.2 燃焼室に対する要求と実現手段

(参)エンジンに対する要求	燃焼室に対する要求	実現手段
・高出力 — 高圧縮比	耐ノック性大	コンパクト燃焼室，中心点火，強いガス流動（ハイスキッシュ）
高体積効率	吸入抵抗小，弁面積大	多弁（3〜5弁），スムーズなポート形状
・低燃費 — 高熱効率	冷却損失小	小S/V燃焼室，弱いガス流動
	燃焼効率大	小クレビス容積ピストン，小S/V燃焼室
・低エミッション — 低HC，低NO$_x$	燃焼期間が短い（＋リーン，＋EGR）	適度なガス流動（燃焼安定性）強いガス流動，中心点火，多点点火，コンパクト燃焼室
・低騒音・振動 — 低燃焼加振力	燃焼期間が長い	弱いガス流動，偏心点火，扁平燃焼室
低往復動加振力	軽量ピストン	フラット（冠面）ピストン
・小形，軽量・低コスト	簡素な構成	2弁，OHV，OHC

(b) 燃焼室に対する要求と実現手段

自動車用ガソリンエンジンの燃焼室に対する要求と実現手段をまとめると表6.2のようになる．エンジンに対する一般的な要求と関連づけて表してある．これからわかるように，おのおのの要求に対する実現手段は相反するものが多く，実際には各項目の目標値とその優先度から図6.13に示した燃焼室形状を決めていく．各項目の目標値はエンジンの目標値から，エンジンの目標値はそのエンジンが搭載される車両の目標値などから決められる．

(2) 燃焼室形状の種類

ガソリンエンジンの燃焼室を基本形状で分類すると図6.14のようになる．(a)〜(d)は多くのエンジンに採用されている形状であり，(e)〜(h)は主として実験用に用いられている形状である．以下に各形状の特徴を簡単に説明する．

(a)はバルブ軸が直立しており，かつ多気筒の場合もすべてのバルブが同一直線上にあるため最も生産性がよい．(b)はバルブ軸をシリンダ軸に対して傾斜させることにより，吸気の流入をより滑らかにでき出力の増大が図れる．(c)は吸・排気バルブを対向させることによりバルブ径を大きくでき，かつ吸・排気ポートの形状をスムーズにできるためより高出力が得られる．(d)

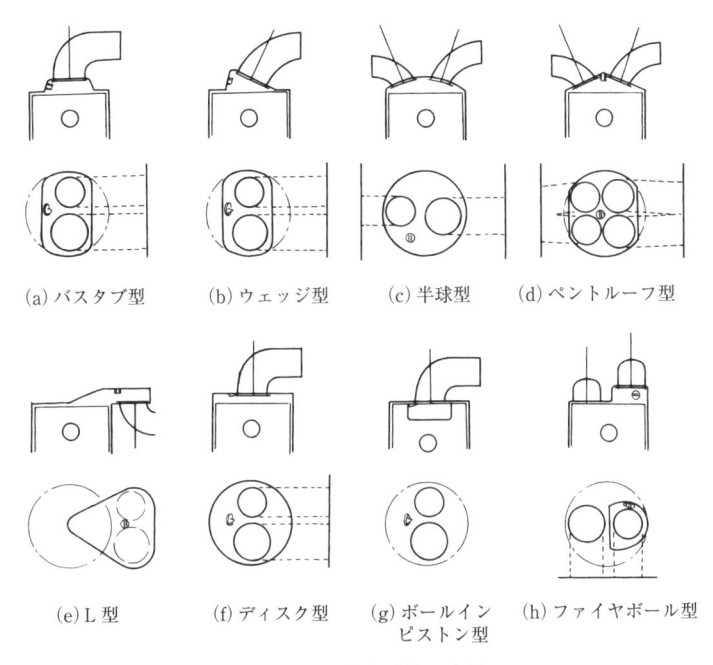

(a) バスタブ型　(b) ウェッジ型　(c) 半球型　(d) ペントルーフ型

(e) L型　(f) ディスク型　(g) ボールインピストン型　(h) ファイヤボール型

図6.14　燃焼室形状の分類

はさらに吸・排気バルブを多バルブ化したもので，2バルブから4バルブにすることによりバルブ面積は約30%増加し最大出力も同程度の増大が可能である．

　(e)は側弁式エンジンの燃焼室であり，汎用エンジンではいまも使用されている．(f)は上下面が平面という単純形状のため撮影などの実験用が主である．(g), (h)はともに広いスキッシュ領域とコンパクトな容積部をもち，耐ノック性に優れるが，ピストン重量や高さが増え，騒音・振動エンジン全高面で不利となる．また出力性能が(a)並である．

　燃焼室形状は動弁形式(OHV, OHC, DOHCなど)やバルブ数と密接な関係にあり，市販ガソリンエンジンの燃焼室形状と動弁形式の歴史をみると(e)の側弁式から(a)〜(c)のOHVと発展し，さらにOHCによる高速化を経て，最近の新エンジンでは(d)のDOHC 4バルブが主流となってきている．また(d)を基本形状とするSOHCの3バルブ，4バルブもかなりみられ，DOHC 5

バルブエンジンも出現している．このことは，性能（特に出力）向上のために加工工数，部品点数は増大してきたが，加工の自動化と高精度化や新材料の採用により低コスト，高信頼性との両立をはかってきたエンジン開発の歴史を物語っている．

基本形状は図6.14のようであるが，実際の形状は4バルブエンジンだけでみても内径・行程，圧縮比，弁挟角，スキッシュ域の面積と位置，およびピストン冠面形状の組合せにより無数といってよい種類の燃焼室形状が存在する．

(3) 現行ガソリンエンジンの燃焼室

前述のように'80年代後半以降発表された新開発エンジンの多くは多バルブエンジン（3～5バルブ）であり，特に日欧では大半が4バルブエンジンとなってきている．

それらの中からいくつかの燃焼室形状を図6.15に示す．(a)～(c)は日本，(d)～(f)は欧州の実例である．すべて吸気ポート燃料噴射仕様である．

(a)は比較的狭い弁挟角と四方に傾斜したスキッシュ域を設けたコンパクトな燃焼室が特徴であり，(b)比較的狭い弁挟角のペントルーフ燃焼室とストレート吸気ポートを組み合わせたものである．(c)は市販の量産自動車用としては初の5バルブ（吸気3，排気2）エンジンの燃焼室である．

(d)は直4，直5，V8エンジンで共通に用いられている排気弁が直立した異形4バルブであり，吸気ポート形状の滑らかさとエンジン幅（排気側）縮小の両立が可能である．(e)はペントルーフと半球型凹みピストンの組合せであり，(f)は典型的なペントルーフとフラットピストンにストレート吸気ポートを組み合わせたものである．

(4) 直噴エンジンの燃焼室

1990年代後半から実用化された直噴ガソリンエンジンの燃焼室例を図6.16に示す．いずれも成層燃焼を実現するためピストンに凹部が形成されており，部分負荷の成層燃焼時には，上死点前数十度から噴射開始する燃料噴霧をガイドして，点火プラグ近傍が適切な混合気濃度になるようにしていることが特徴である．

第6章　エンジンの構造と機能　**181**

ピストン
冠面傾斜

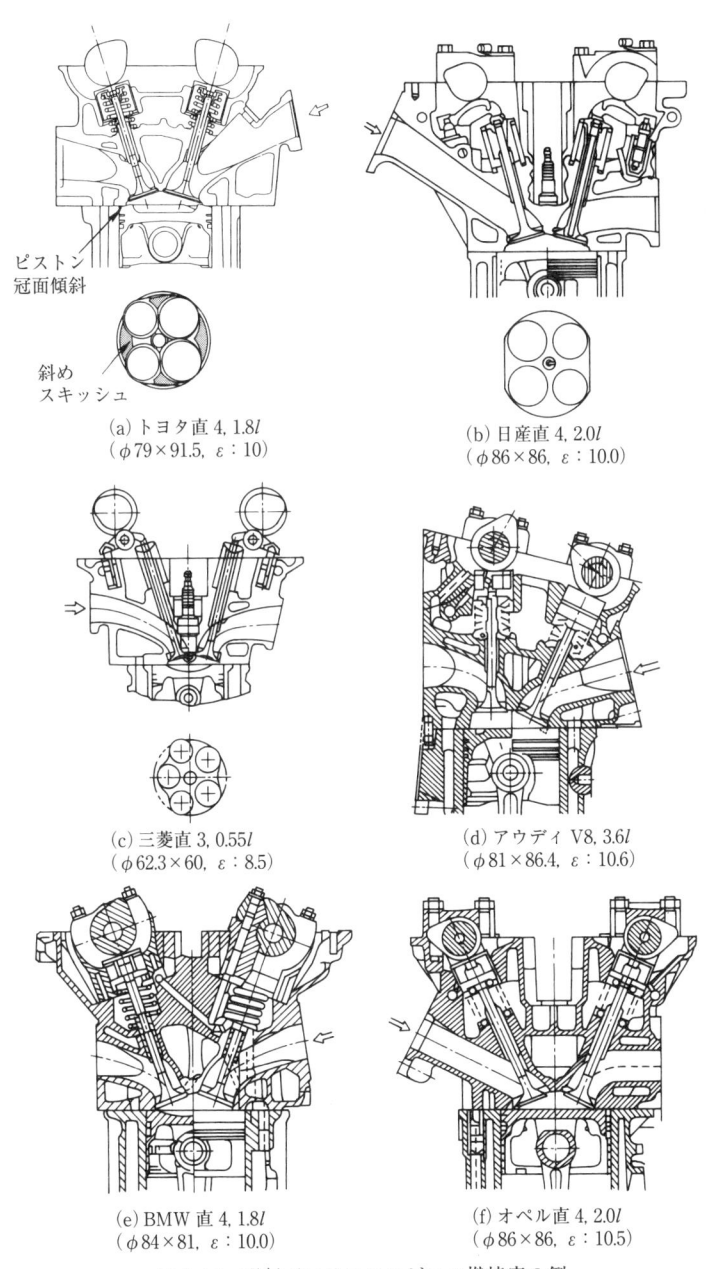

斜め
スキッシュ

(a) トヨタ直4, 1.8l
(ϕ79×91.5, ε：10)

(b) 日産直4, 2.0l
(ϕ86×86, ε：10.0)

(c) 三菱直3, 0.55l
(ϕ62.3×60, ε：8.5)

(d) アウディ V8, 3.6l
(ϕ81×86.4, ε：10.6)

(e) BMW 直4, 1.8l
(ϕ84×81, ε：10.0)

(f) オペル直4, 2.0l
(ϕ86×86, ε：10.5)

図6.15　現行ガソリンエンジンの燃焼室の例

(a) 直上噴射　　　　　　　　　(b) サイド噴射

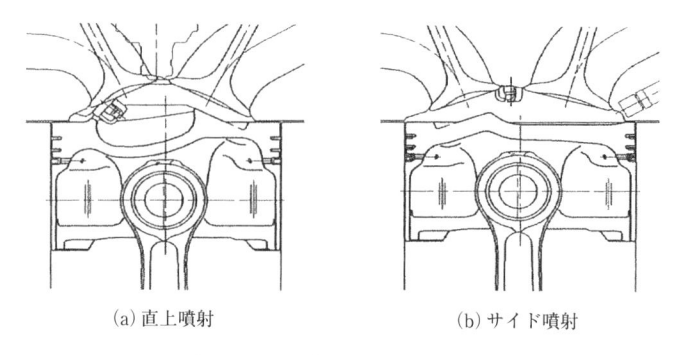

図6.16　直噴エンジンの燃焼室

6.2　動弁系

6.2.1　構成と形式

　動弁系の形式としては，OHV（Over Head Valve），OHC（Over Head Camshaft），DOHC（Double Over Head Camshaft）に分類される（図6.17）．

　OHVはプッシュロッドという部品を介してバルブを駆動するため，運動部分の慣性質量が大きく，また系の剛性も低いため高回転化には不向きであり，現在ではほとんど使われなくなっている．かわりに主流になった形式は，高回転・高出力化に対応した，プッシュロッドを用いない低慣性質量・高剛性のOHCである．特にカムシャフトを吸排別々に設けたものはDOHCと呼ばれ，より効果を引き出せるので近年一般化している．

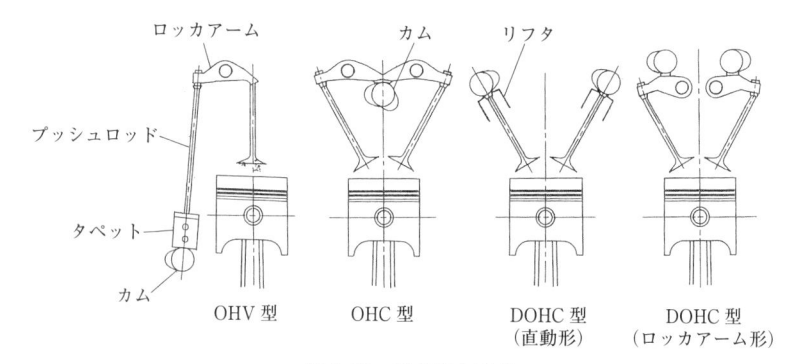

OHV型　　　OHC型　　　DOHC型　　　DOHC型
　　　　　　　　　　　　（直動形）　　（ロッカアーム形）

図6.17　動弁系の形式

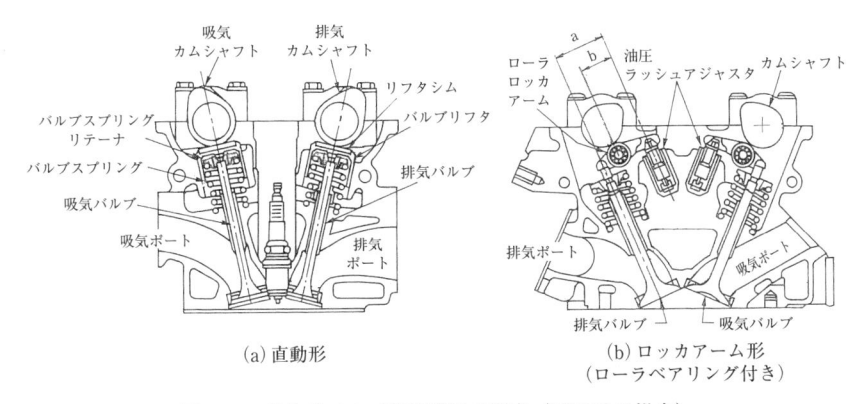

図 6.18 動弁系バルブ駆動機構の構成（DOHC の場合）

　吸排気のガス交換を制御する動弁系は，図 6.18 に示した吸気バルブ，排気バルブ，これらのバルブを通常閉の状態に保持しておくためのバルブスプリング，バルブを開閉するためのカムシャフトから成り立っている．バルブ周りの詳細を図 6.19 に示す．そしてカムシャフトの先端にはこれを回転させるための駆動機構（図 6.20）の一要素であるカムスプロケットが取り付けられている．

　OHC，DOHC について見てみると，カムシャフトがバルブを直接駆動する直動形と，カムシャフトとバルブの間にロッカアームが介在するロッカアーム形がある．ロッカアーム形は，ロッカアームのてこ比（ロッカ比といい，図 6.18（b）の a/b となる）によりカムリフトよりバルブリフトを大きくとることができる．一方，直動形はバルブリフトとカムリフトは等しく，バルブリフトを大きくとるという点では，ロッカアーム形より不利である．しかし，ロッカアームがないためシリンダヘッドのコンパクト化，軽量化には有利である．

　最近では，カムとのしゅう動部の摩擦損失を低減するため，カムとの接触部をローラベアリングとした形式〔図 6.18（b）〕が実用化されている．

(1) バルブとバルブスプリング

　バルブは吸気行程で混合気を吸い込み，排気行程で燃焼ガスを排出するために，燃焼室に取り付けられた開閉弁であるから，次のような項目が要求される．

① 閉じた時にガス漏れのないこと．
② 開いた時の吸排気抵抗が小さいこと．
③ 高温に耐えること（高温の燃焼ガスにさらされ，特に，排気バルブでは1200K以上のガスが周囲を流れる）．

　吸・排気バルブの数は2バルブ（1吸気バルブ，1排気バルブ）が長く主流であった．しかし，エンジンへのより高い出力の要求により高回転化が必要となり，運動部分の慣性力の低減と充填効率の向上に有利な4バルブ（2吸気バルブ，2排気バルブ），一部に3バルブ（2吸気バルブ，1排気バルブ）が一般化している．

　吸気バルブはマルテンサイト系合金鋼，排気バルブはオーステナイト系合金鋼が一般的に使用される．またバルブのかさ部がシリンダヘッドと接する部分は耐摩耗性を確保する必要であるため，コバルト系合金等の盛金が施される場合が多い．一方，この部分と接するシリンダヘッド側には主に鉄系焼結材料に硬質材を添加したバルブシートが圧入されている．なお，バルブシートの圧入代を不要とし，燃焼室のコンパクト化，吸気断面積の拡大が可能となるヘッド母材への耐摩耗材料のレーザー溶接手法が開発され，レース用などの一部の機種に採用されている．

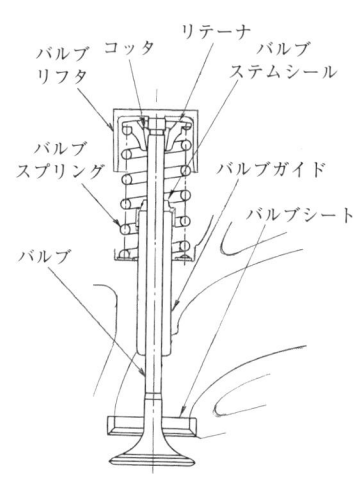

図6.19　バルブ周りの関連部品

バルブスプリングは，バルブを閉じる働きをするものであり，このスプリング力が弱いとバルブシートとの接触面からガス漏れを起こしたり，高回転時にバルブが不整運動を起こしたりする原因となり，出力を低下させる．逆に強すぎると，摩擦損失増加による燃費の悪化や，カムシャフトなどの動弁系各部の摩耗を早める．そのためスプリング力は適正なものでなければならない．図6.19 に示すようにバルブスプリングはストッパとなるリテーナとバルブ軸端付近に設けられたコッタ溝に嵌合する半円筒状の 2 個のコッタによりバルブに固定される．

(2) カムシャフト

カムシャフトはバルブを正確なタイミングで開閉させる役割をもっており，クランクシャフトの回転速度の 1/2 で回転しながら，カムの作動によりバルブに往復運動を与えている．そのため，充分な強度と耐摩耗性が要求され，鋳鉄，鋳鋼，鉄系焼結材料などが主に用いられる．カム部のみ鉄系焼結材料を用いた組立式のものもある．

(3) バルブリフタ

直動形ではリフタはカムの押付け面の役割を果たしている．通常の動弁系では，カムの製作誤差，構成部品の熱膨張差，バルブシートの摩耗等より，バルブが閉じている区間でバルブがカムに押し下げられないように，バルブクリアランスというすきまを設けている．従来はこのクリアランスを調整するため図 6.18（a）に示したリフタシムと呼ばれる円板状部品の厚さ寸法を選択して取り付けていたが，最近ではリフタ冠面に DLC（Diamond Like a Carbon）処理を施して摩擦損失低減，耐久性向上およびコスト低減を実現したシムレスリフタの寸法を選択して使用する例がみられる[10,11]（図 6.19）．

(4) カムシャフト駆動機構

カムシャフトをクランクシャフトの回転に同期させ，クランクシャフトの 1/2 の回転速度で回転させるため，チェーンなどで駆動させる．以前はタイミングベルト（歯付きベルト）も使用されていたが，耐久性・信頼性でチェーンの使用が主流となっている．一般的には図 6.20（a）に示すようにクランクスプロケットと吸気・排気のカムスプロケットを 1 本のチェーンで繋げて駆動するが，V 型エンジンのようにシリンダヘッドが二つある場合は，チェーンレ

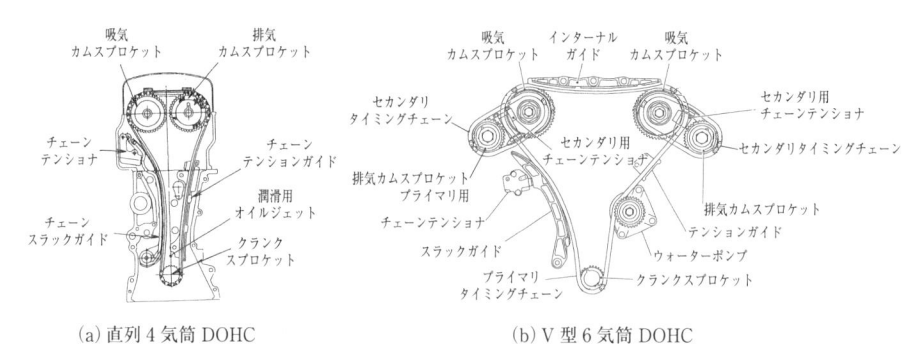

(a) 直列 4 気筒 DOHC　　(b) V 型 6 気筒 DOHC

図 6.20　動弁系カムシャフト駆動機構の構成

イアウトをコンパクトにするため図 6.20（b）に示すようにクランクスプロケットと両バンクの吸気カムスプロケットをまず一本のチェーンで繋げて駆動し，各バンクごとに吸気と排気のカムスプロケットを別のチェーンで繋げて駆動する形式が採用されている．

6.2.2　可変動弁系

第 2 章および第 3 章でエンジンの燃費，出力性能はバルブタイミングによって大きく左右され，低速領域と高速領域の要求を両立させることは難しいことを述べた．そこで，この要求を満たすために可変動弁機構が開発され，量産されている．代表的な例としては，カムシャフトを運転条件によって回転させてタイミング（位相）を変更（リフトは同一）する形式（図 6.21）と，リフト

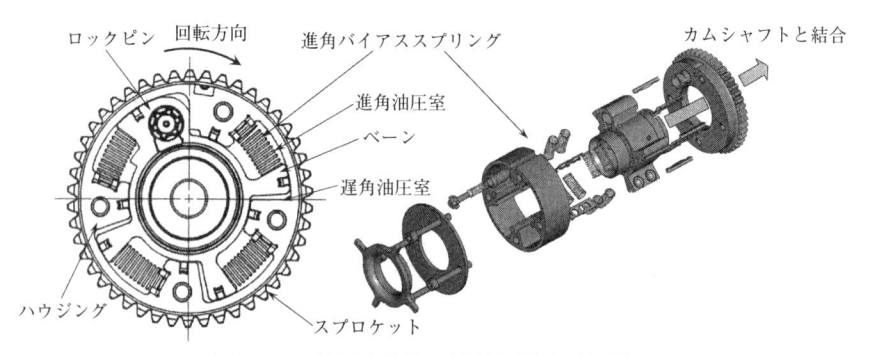

図 6.21　可変動弁機構の実用例（位相可変型）

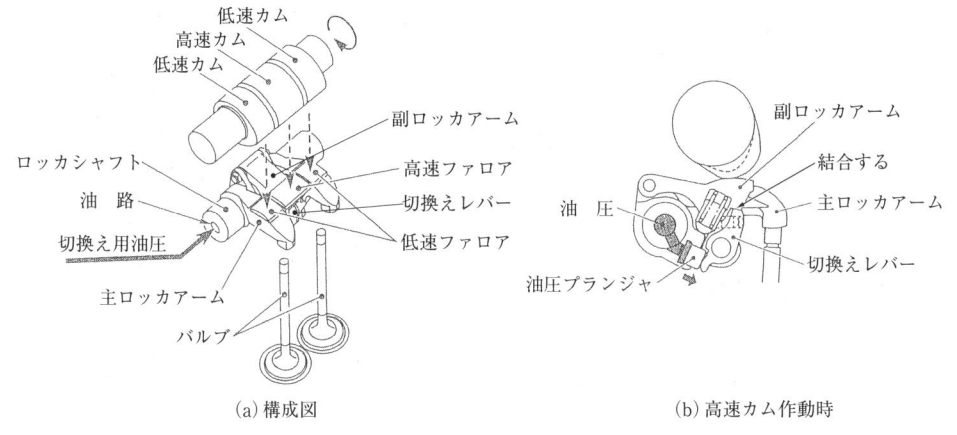

第6章 エンジンの構造と機能　**187**

(a) 構成図　　　　　　　　　　(b) 高速カム作動時

図 6.22　可変動弁機構の実用例（カム切替型）

とタイミング特性の異なる二つのカムを持ち，運転条件により使用するカムを変更する形式（図 6.22）がある[12]．

二つの形式の作動原理を簡単に述べる．前者は，カムシャフト先端部に結合されたベーン部とこれを収納してカムシャフトを駆動するスプロケットと結合されたハウジング部により構成されており，ハウジング部とベーン部で油圧室を形成する．遅角油圧室に油圧が作用すると，ベーンはハウジング（スプロケット）に対して反時計回りに移動してカムの作動タイミングは遅角する．バイアススプリングはカムの摩擦力に打ち勝つために設置されており，用途により使用していない場合もある．本作動を電磁式で行う機構も採用されている[13]．後者は，高速カムとその両側に設けられた一対の低速カムに対して，主ロッカアームが低速カムと，副ロッカアームが高速カムと接しており，バルブは主ロッカアームによって作動される．低速域では，主ロッカアームと副ロッカアームを一体とする切換えレバーは外れていて，副ロッカアームは主ロッカアームと分離しているため空作動し，バルブは低速カムにしたがって作動する．一方，高速域では，切換えレバーが油圧により副ロッカアームの下に入り込み主ロッカアームと一体構造となる．これにより，ロッカアーム全体はリフトの大きい高速カムにしたがって作動する．

さらに，近年上記二例とは異なり，揺動カムを用いてバルブリフトを可変

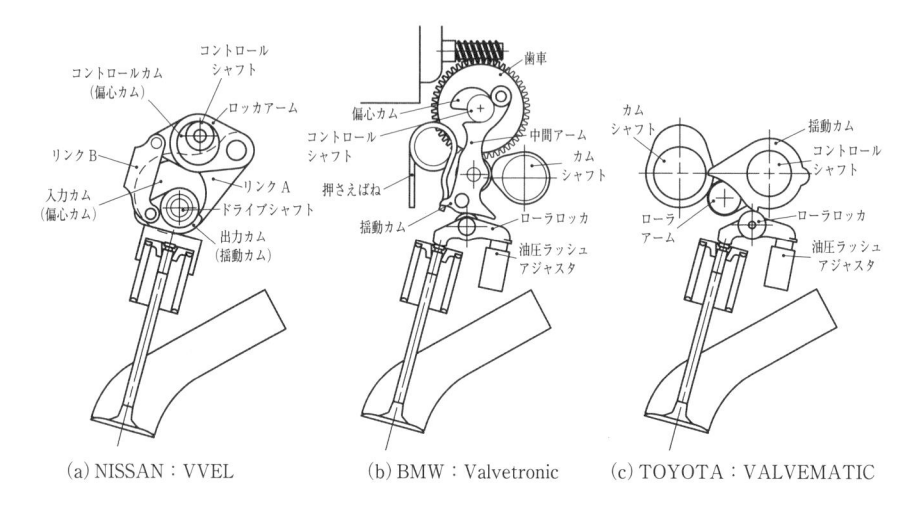

(a) NISSAN：VVEL (b) BMW：Valvetronic (c) TOYOTA：VALVEMATIC

図 6.23　可変動弁機構の実用例（リフト-作動角可変型）

（作動角も同時に変化）とする動弁機構が相次いで市販されており，これらについて説明する（図 6.23）．第一の例を図 6.23（a）に示す[14]．ドライブシャフト（一般的な機構におけるカムシャフトにあたる）には入力用偏心カムが付いており，この動きに伴ってリンク A が上下運動する．この運動はコントロールシャフトの偏心カム部に揺動可能にはめ込まれたロッカアームを介してリンク B に伝達され，バルブリフタを押し下げる出力揺動カムを作動させる．コントロールシャフトが回転して偏心カムの位置が変化すると，リンク A に対するロッカアームおよびリンク B の相対位置が変化して出力揺動カムがバルブリフタと接する領域がプロフィールの変化の小さい領域（小バルブリフト）からプロフィールの変化の大きい領域（大バルブリフト）まで変化する．

第二の例〔図 6.23（b）[15]〕は一般的なカムシャフトとローラロッカの間にローラロッカに接する揺動カムを一端にもつ中間アームを設けている．この中間アームは上部をコントロールシャフトの偏心カムで，中央部をカムシャフトで，そして下部をローラロッカとバネで支える機構となっている．中間アームはカムシャフトの回転により偏心カムで押えられた上部を支点に左右方向に移動する．偏心カムの偏心量が小さい場合は揺動カムのプロフィール変化が小さい領域が使用されて小バルブリフトとなる．一方，コントロールシャフトの歯

車部をモータで時計方向に回すと中間アームはカムとの接触点を支点として偏心カムのはたらきで上部が右方向に，下部が左方向に移動する．この状態でカムが回転すると揺動カムのプロフィール変化が大きい領域が使用され，大バルブリフトとなる．

第三の例〔図 6.23（c）[12]〕は，カムシャフトとローラロッカの間にローラアームと揺動カムを設けている．ローラアーム部と揺動カム部は図示していない紙面垂直方向にヘリカルスプラインをもち，軸心方向に可動するコントロールシャフトにより内部で一体化している．ヘリカルスプラインの位置により揺動カムとローラロッカの接する領域は変化する．例えば図中の現状の位置では，揺動カムはプロフィールの変化が小さい領域を移動するため小バルブリフトとなる．一方，ヘリカルスプラインの作用により揺動カムが図中の反時計回りに移動すると，プロフィールの変化が大きい領域が使用されて大バルブリフトとなる．

なお，一般的にはこの揺動カムを用いる機構は先の図 6.21 で説明したと同様のカム位相可変機構を併用することにより，リフトだけではなく位相を含めて運転条件に適した設定が行われている．

6.3 主運動系

主運動系は力を伝達する役割を担い，ガス圧力を受けてシリンダ内を往復運動するピストンと，ピストンとクランクシャフトを連結するコネクティングロッド（以下コンロッドと称す）と，コンロッドを介することにより回転運動して車輪の駆動力を取り出すクランクシャフトからなっている．

6.3.1 ピストン部

ピストン部は，ピストン本体とそのガスシール機能を確保向上させるためのピストンリング，そして，ピストンとコンロッドを回転自在につなぐピストンピンからなっている（図 6.24）．

ピストン部の役割は，燃焼室の一部を構成するとともに，高温，高圧の燃焼ガス圧力を受けて円滑にシリンダ内を往復運動することである．そのため，

① 十分な高温強度を持っていること．

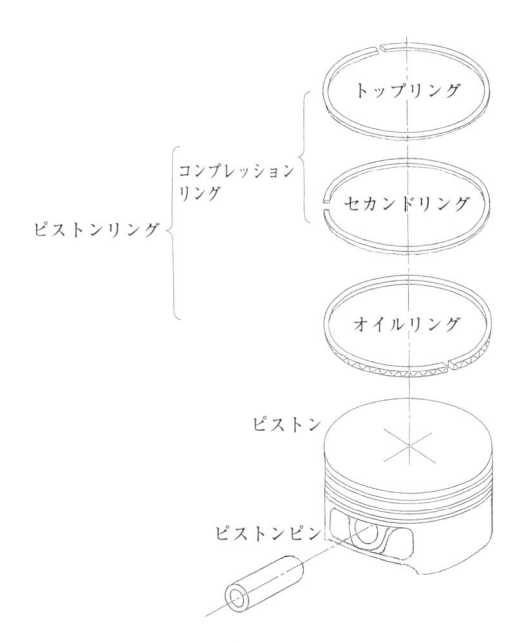

図6.24 ピストンアセンブリの構成

② シリンダとピストンとの熱膨張特性を適正に設定してシリンダとピストンとのすきまを適正に保つこと．
③ 潤滑油膜形成と耐摩耗性が良いこと．
④ 軽量で摩擦損失が少なく，良好な熱伝導率をもつこと．
などの要求を満たす必要がある．

(1) ピストン

ピストン本体は燃焼圧力を受けるクラウン部（冠面），ピストンリングを装着するリング溝を有するランド部，往復運動のガイドの役目をするとともにシリンダへ熱を逃がすスカート部，ピストンピンを支持するピンボス部からなる（図6.25）．円筒形にみえるピストンも温度による熱膨張を考慮して，スカート部からクラウン部に向って直径で数百μm小さくなっており，またスカート部はピストンピン方向の径が小さい楕円形状となっている．

ピストンの主な形式としては次のようなものがある（図6.26)[16]．
① モノメタルサーマルスロットピストン……オイルリング溝のドレーン穴

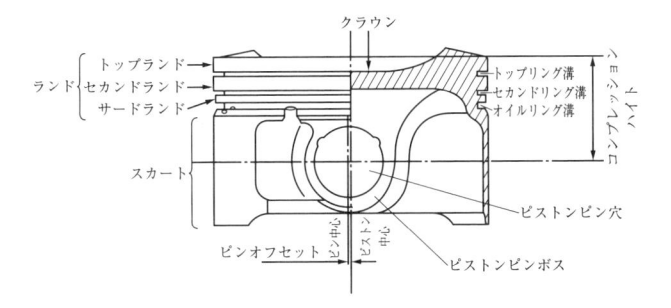

図 6.25 ピストン本体各部の名称

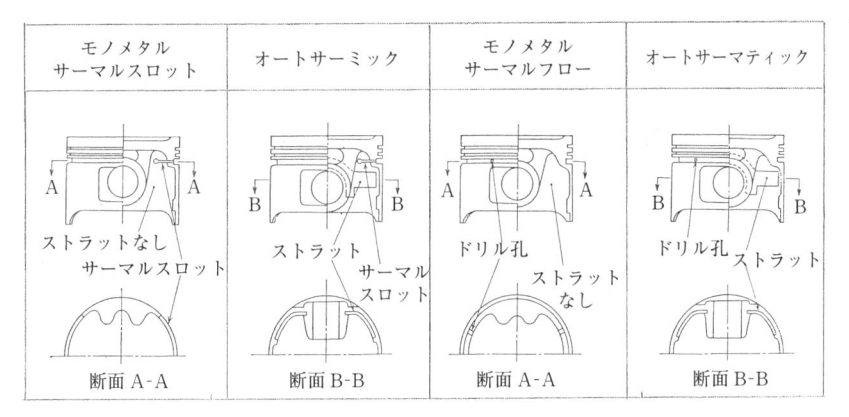

図 6.26 ピストン形式

としてスロット（スリット）を設けてクラウン部の熱が直接スカート部に伝達しないようにしてスカートの熱膨張を抑制したピストン

② オートサーミックピストン……サーマルスロット形式のピンボス付近に熱膨張係数が小さいアンバー鋼で作られたストラットを鋳込んで，さらに熱膨張を抑制したピストン

③ モノメタルサーマルフローピストン……オイルリング溝にスロットでなくドリル孔を設けたものでクラウン部の熱がスカート部に伝達しやすく，またスカート部の剛性が高く耐熱負荷特性をもつピストン

④ オートサーマティックピストン……サーマルフローピストンのピンボス部付近にストラットを鋳込み，耐熱負荷，静粛性共に優れた特性をもつ

ピストン

なお，ストラットを設けると 20g 程度重くなるのでエンジンの要求性能を考慮して形式を選択する必要がある．

ピストンには燃焼ガス圧力と慣性力の合力およびこの合力とコンロッドの動きから生じるスカート面方向の力が複雑に作用するため，図 6.27 に示すような三次元の有限要素モデルを作成して各部に作用する応力および発生する変形量を解析し，軽量で信頼性の高い製品を開発している．図 6.28 に応力解析結果の例を示す．さらに，このようなモデルを使用してスカート部における油膜厚さおよび摩擦力の解析も行われるようになってきており[17]，近年のピスト

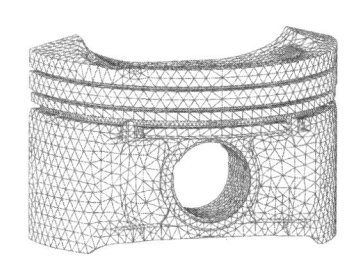

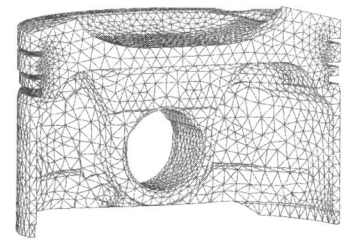

図 6.27 ピストンの数値解析用三次元モデル

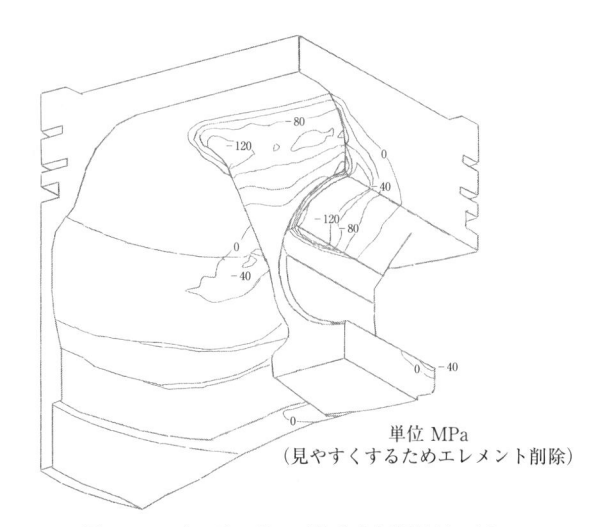

図 6.28 ピンボス部の圧縮応力解析結果の例

ンは軽く,コンパクトになってきている.

ピストンの材料としては,高温強度が高く,熱膨張が小さく,軽量で熱伝導性が良く,かつ耐摩耗性に優れている必要があるため,現在はAC8A材などのアルミニウム合金が主流となっている.

(2) ピストンリング

ピストンリングにはコンプレッションリングとオイルリングがあり,通常,1個のピストンに対し,コンプレッションリングが2本,オイルリングが1本使われている(図6.29).コンプレッションリングには次の機能がある.

① ピストンとシリンダとのすきまを塞ぎ,圧縮ガス,高圧燃焼ガスが燃焼室からクランクケースへブローバイガスとして漏れるのを防止する.
② ピストンが受けた熱をシリンダ壁に伝え,放熱作用を行う.

オイルリングは,シリンダ壁面の潤滑油膜形成の制御を受け持っている.ピストンリングの主な箇所の名称を図6.30に示す.ピストンリングはシリンダ壁に密着している必要があり,シリンダに組み込まれたときに外側に突っ張る力(張力)が生じるように作られている.ピストンリングはシール性向上と摩擦損失の低減を追求して形状が次第に変更されており,リングの幅を薄く

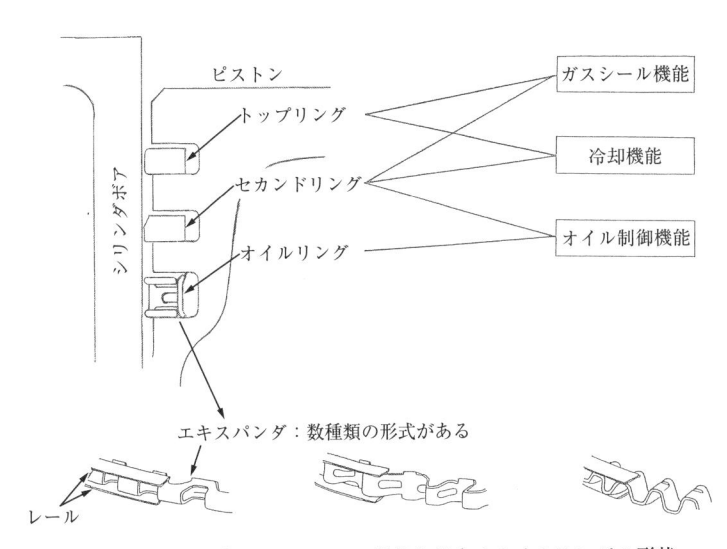

図6.29 ピストンリングの機能と組合せオイルリングの形状

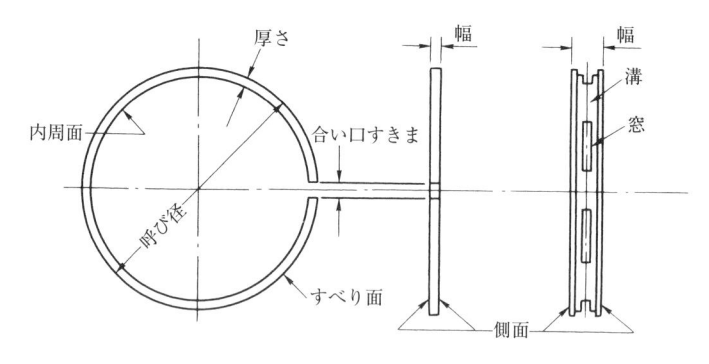

図 6.30 ピストンリング各部の名称

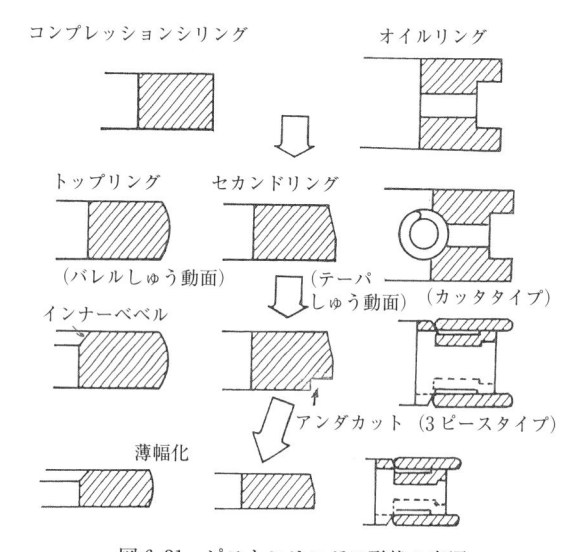

図 6.31 ピストンリングの形状の変遷

し，張力を低減する傾向が進んでいる（図 6.31）．ピストンリングの張力の大きさを表す1気筒当りのコンプレッションリングとオイルリングの張力の合計値をボア径で除した値で比較すると，この平均値が 2000 年以前は 0.57N/mm であったが，2003 年頃には 0.41N/mm となり[18]，2009 年頃には 0.40N/mm 未満となり，30% 以上の低減が成されている．

ピストンリングには，耐摩耗性が良いこと，シリンダ壁を摩耗させないこ

表6.3 主なピストンリングの材質と表面処理

ピストンリングの種類		材質	外周表面処理
コンプレッションリング	トップリング	球状黒鉛鋳鉄 ばね鋼 ステンレス鋼 (マルテンサイト系)	クロムめっき 窒化 PVD 複合めっき
コンプレッションリング	セカンドリング	片状黒鉛鋳鉄 球状黒鉛鋳鉄	クロムめっき 溶射 リン酸塩被膜
オイルリング	3ピースタイプ サイドレール	炭素鋼 ステンレス鋼 (マルテンサイト系)	クロムめっき 窒化 PVD
オイルリング	3ピースタイプ エキスパンダ	ステンレス鋼 (オーステナイト系)	窒化
オイルリング	2ピースタイプ 本体	炭素鋼 ステンレス鋼 (マルテンサイト系)	クロムめっき 窒化 PVD
オイルリング	2ピースタイプ コイルエキスパンダ	炭素鋼 ステンレス鋼 (オーステナイト系)	クロムめっき 窒化

と，熱伝導性が良いこと，熱膨張が少ないこと，なじみ性が良いこと，耐食性に優れていることなどが要求されるため，現在は鋳鉄，鋼などの材料にクロムめっき，窒化，PVDなどの表面処理が施されている（表6.3）[19,20].

(3) ピストンピン

ピストンピンはピストンに作用する燃焼圧力および慣性力を受ける部位であり，ピン自体の曲げ強度，剛性とともに良好な揺動しゅう動を保つ必要がある．形状は中空円筒であるが，軽量化のために薄肉化，内径面テーパ化などが成されている．材料はクロム，クロム-モリブデン，ニッケル系の鋼であり，表面は浸炭硬化させ研磨仕上げしている．

ピストンピンとピストンおよびコンロッドとの連結方式には次の二つの方法がある（図6.32）．

① プレスフィット方式：ピンをコンロッド小端部に圧入して固定し，ピンとピストンピンボス部のみがしゅう動する方式で，比較的出力が小さくて，安価なエンジンに用いられる．

② フルフロート方式：ピンはピストンピンボス部およびコンロッド小端部の両者に対してしゅう動する方式で，高出力を得るエンジンに用いられ

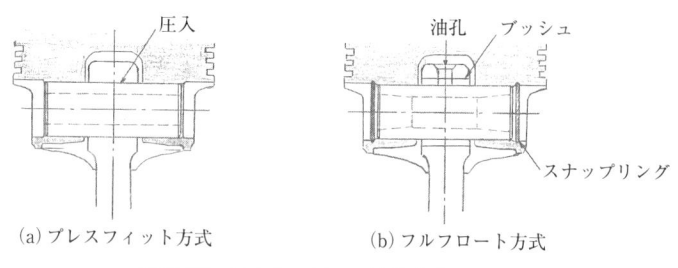

図 6.32 ピストンピンの連結方式

(a) プレスフィット方式
(b) フルフロート方式

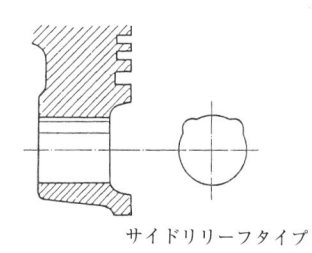

図 6.33 ピストンピンボス部の給油方式

サイドリリーフタイプ

る．

　なお，ピストンピンボス部への給油方式としては，ピン穴の側面から油を導くサイドリリーフ式が主体となっており（図 6.33）[21]，オイルリング溝から油を導くクロス穴式はピンボス部の強度とピンの潤滑性確保の面からほとんどみられなくなった．

6.3.2　クランクシャフト部

　次に，コンロッド，クランクシャフト，フライホイールおよびベアリングについて述べる（図 6.34）．

(1)　コンロッド

　コンロッドは，ピストンとクランクシャフトを連結する部品で，通常は大端部でロッド部とキャップ部に二分割される構造となっている（図 6.35）．小端穴の中心と大端穴の中心の距離をコンロッド長さといい，エンジンのストロークの 1.5〜2 倍程度に設定されている．最近では，ロッド部とキャップ部が一

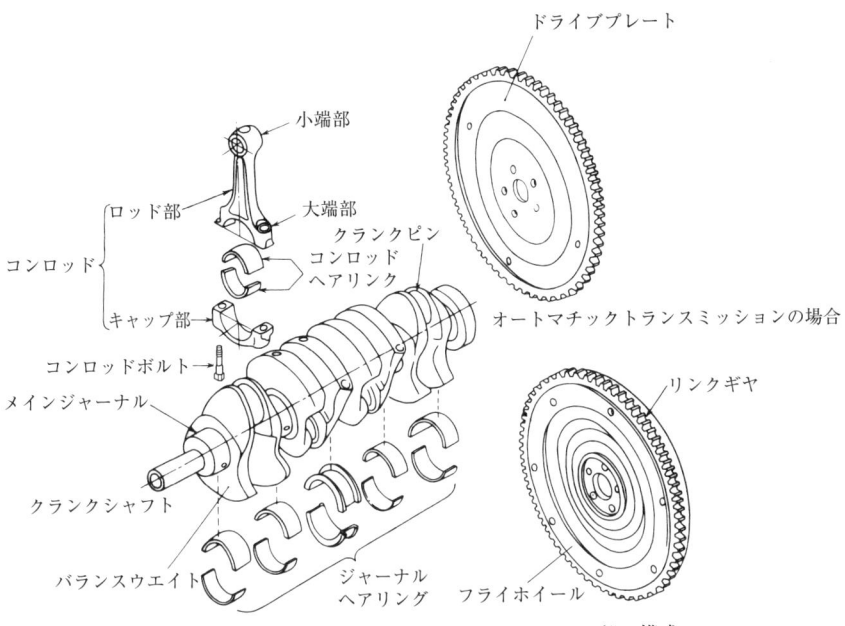

第6章 エンジンの構造と機能　**197**

図6.34　コンロッド部およびクランクシャフト部の構成

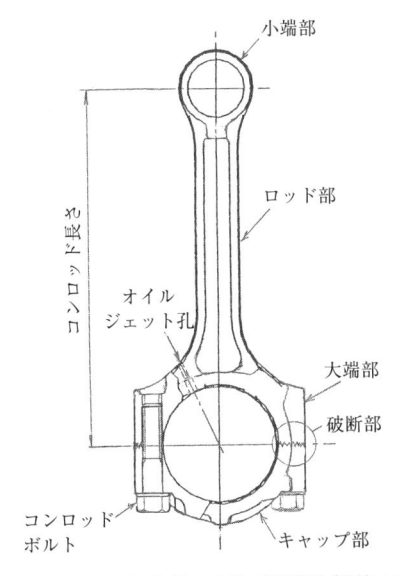

図6.35　コンロッド各部の名称（破断分割型コンロッド）

体となった粗形材をほぼ完成品に加工した後に，ロッド部とキャップ部を機械的に強制破断させる破断分割コンロッドが実用化されている．破断面が凹凸形状になるので，ロッド部とキャップ部の間に位置決めピンなどを使用しなくても大端穴をゆがみなく結合でき，生産性（コスト低減）に有利であるため採用が拡大している[22]．コンロッドはガス圧力による圧縮力，慣性力による圧縮および引張り力，そして振れ回りによる曲げ力を交互あるいは同時に受ける．さらに応答性などの要求を同時に満たすため，十分な剛性，強度および軽量化が要求され，炭素鋼，クロム-モリブデン鋼などの鍛造品，または焼結合金品が使用されている．なお，レースなどの特殊少量の用途ではチタン合金などを使用している．

(2) クランクシャフト

クランクシャフトは，シリンダブロックの主軸受部に支えられ，各シリンダの爆発力で得られたピストンの直線運動をコンロッドを介して回転運動に変え，エンジンから出力を取り出す役目を担っている．

一般的なクランクシャフトは，図6.34および図6.36[23]に示すように，メインジャーナル，クランクピン，バランスウエイト，クランクアーム（あるいはクランクウエブと呼ぶ）によって構成される．通常，クランクシャフト先端には，動弁系駆動用のスプロケットおよび補機駆動用のクランクプーリが装着され，後端には回転変動を緩和するためのフライホイールが装着されている．また，内部にはメインジャーナルからクランクピンへ潤滑油を供給するオイル穴が設けられている．クランクケース内は，潤滑油のミストが充満しているた

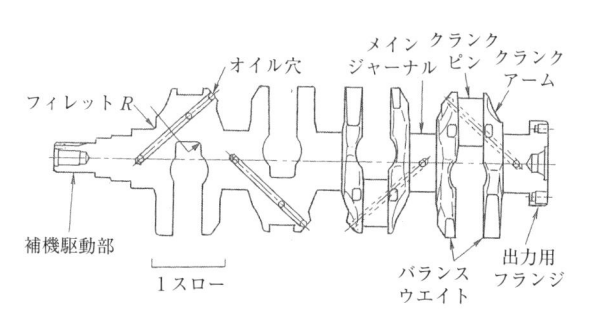

図6.36 クランクシャフト各部の名称と給油孔加工の例

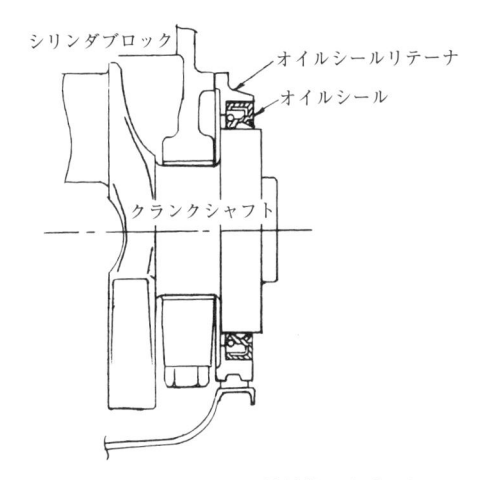

図 6.37　クランクシャフト後端部のオイルシール

め，クランクシャフト後端部には図 6.37 に示すオイルシールを取り付けて油漏れを防止している．

　クランクシャフトの形状は，シリンダの配置と点火順序によって決められており，代表例を図 6.38 に示す．エンジン運転中，クランクシャフトにはガス圧力および往復運動部の慣性力の変動トルクが加わる．この変動を構成する周波数（ハーモニック）とクランクシャフト系のねじり，または曲げ方向の固有振動数が等しくなると共振し，それぞれねじり振動（Torsional Vibration），曲げ振動（Bending Vibration）が発生する．この振動はエンジンの騒音源となるとともに，共振点で連続して用いると耐久性を損なうことがある．これを少しでも減らすため，各シリンダの燃焼する順序を適正に設定するとともに，クランクシャフト各部の諸寸法，形状，ジャーナル（主軸受）数，バランスウエイトを適正化して，軽量化を保ちつつ，高剛性が得られるようにしている．そのため，最近では三次元モデルを用いた数値解析が盛んに活用されている．

　材質は，炭素鋼を用いた鍛造品が一般的であるが，大きな出力を要求しないエンジンでは鋳鉄を用いた鋳造品も使用されている．なお，しゅう動部の耐摩耗性向上およびフィレット部の強度向上のため，高周波焼入れ，タフトライド，窒化などの処理が施されている．

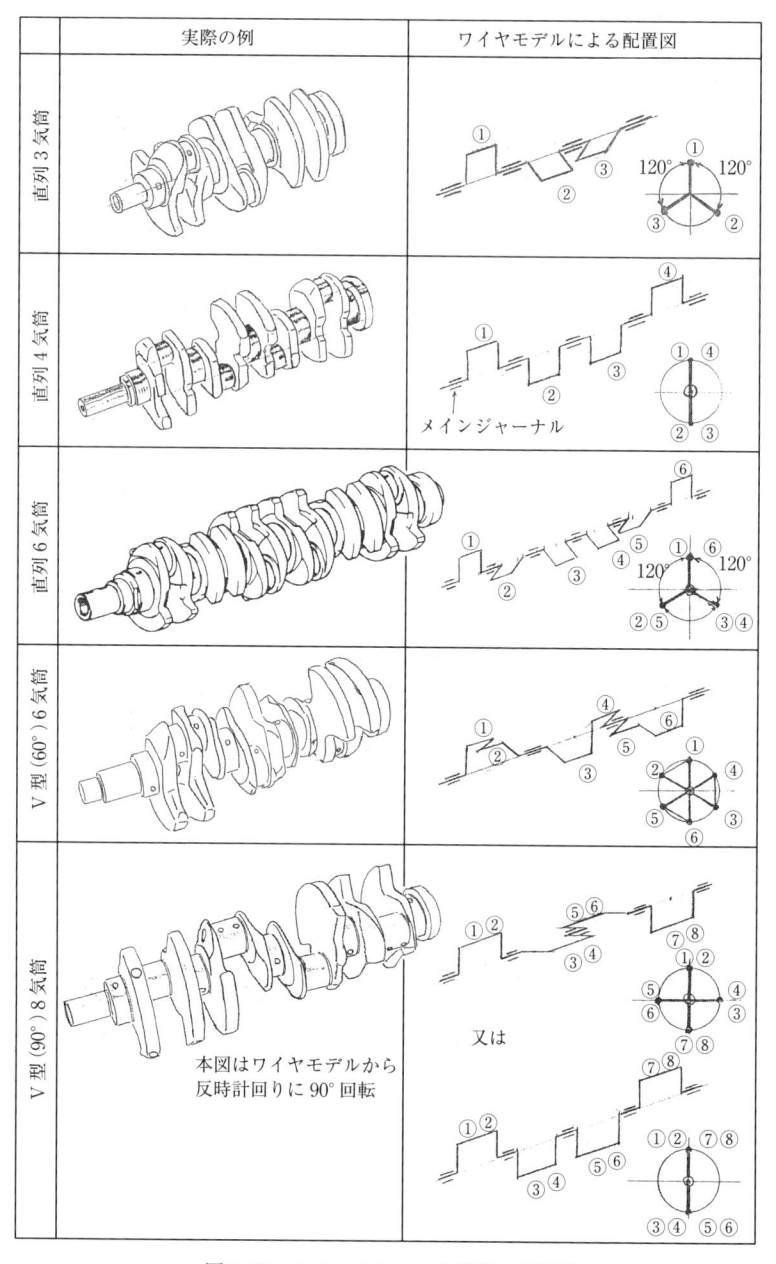

図6.38 クランクシャフト形状の代表例

(3) フライホイール

シリンダの数を増すことによりエンジンの回転は円滑になるが，上述したようにクランクシャフトの出力取出し点でのトルクは変動している．フライホイールは，このトルクの変動を少なくするためエネルギーを一時蓄えたり，放出したりするための円板である．その慣性モーメントは，4シリンダエンジンではクランクシャフト系の約3倍程度の大きさをとっているが，あまり慣性モーメントを大きくとり過ぎるとエンジンの応答性が悪くなる．ファミリーカーにはやや大きめで良いが，スポーツタイプでは小さめのフライホイールが設定される．

フライホイールには，始動装置（スタータ）のピニオンギヤとかみ合うリングギヤがその外周に設けられ，エンジン始動の役目を果たすとともに，マニュアルトランスミッションへエンジンの力を伝達するクラッチ装置が取り付けられている．なお，現在一般的になっているオートマチックトランスミッションでは，トルクコンバータが大きな慣性モーメントをもつとともにトルク変動を吸収する働きがあるため，リングギヤを外周に設けたのみの慣性モーメントの小さなドライブプレートが用いられている．

(4) 軸受メタル

コンロッドとクランクシャフト部の回転しゅう動面には，軸受が用いられている．自動車用エンジンは，ほとんどがすべり軸受で，軸と軸受のすきま（直径すきまで10～50μm）に形成した潤滑油の油膜圧力によって荷重を支えるとともに，摩擦抵抗を極力小さくする役目を果たしている．軸受メタルの形状の一例を図6.39[24]に示す．実際のメタルの内面は真円ではなく，給油性能を考慮してメタルの両端に向かって径が広がる形状となっている．また，ハウジング組付け時の密着力を確保するためのクラッシュハイトを設けている（図6.40）[25]．

軸受メタルに要求される主な性能としては次のようなものがある．
① 耐焼付き性（なじみ性，埋収性）
② 耐疲労性
③ 耐摩耗性，耐食性

これらの性能を満たすため軸受の材質は，圧延鋼板の裏金の上にメタル材と

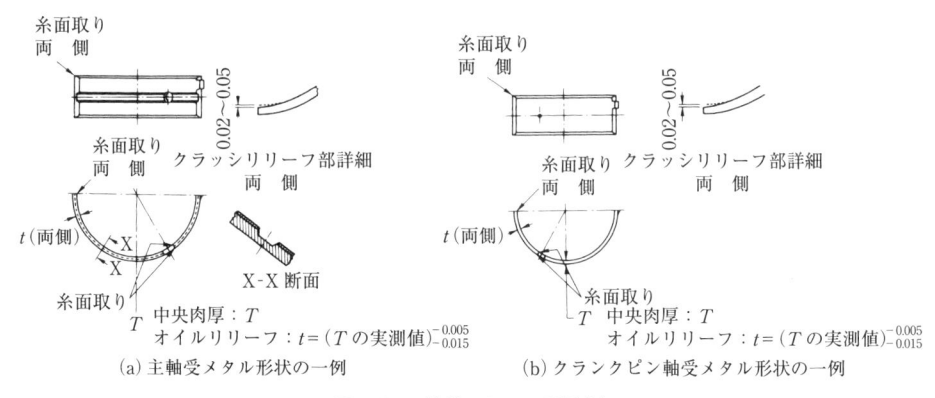

図6.39 軸受メタルの形状例

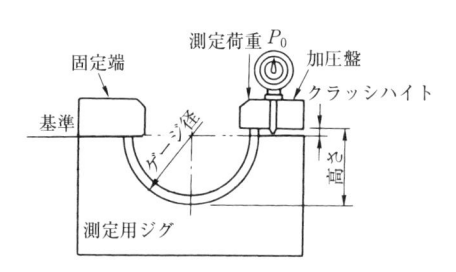

(a) 主軸受メタル形状の一例
中央肉厚：T
オイルリリーフ：$t = (T \text{の実測値})_{-0.015}^{-0.005}$

(b) クランクピン軸受メタル形状の一例
中央肉厚：T
オイルリリーフ：$t = (T \text{の実測値})_{-0.015}^{-0.005}$

クラッシリリーフ部詳細

糸面取り両側

t（両側）

図6.40 高さゲージによるクラッシュハイトの測定例

固定端　測定荷重 P_0　加圧盤
基準　ゲージ法　クラッシハイト
測定用ジグ

して銅-鉛合金，また鉛青銅の層を設けた銅合金メタルと，Al-Sn系，Al-Pb系，Al-Si系のアルミニウム合金層を設けたアルミニウム合金メタルがある．銅合金メタル，およびAl-Si系アルミニウム合金メタルでは，さらにその上にPb-Sn系，Pb-Sn-Cu系のオーバレイ合金をめっきして，なじみ性を向上させている．なお，近年の環境負荷低減の動きにともない脱鉛化の技術開発が進んでいる．銅-鉛合金メタルではビスマスと硬質粒子（モリブデンカーバイト）を分散添加した銅合金を使用する，またはアルミニウム合金メタルの熱処理を改善したり，粒径の大きなシリコンを多く含有させて性能向上を図り銅-鉛合金と代替する，などを採用している．また，オーバレイを固体潤滑剤（二硫化モリブデン）含有の樹脂系にするなどの技術も採用されている[26,27]．

なお，ジャーナル軸受の一つ（図6.34では3番目）は，クランクシャフトのスラスト力（軸線方向の力）を受ける構造となっている．

6.4 吸排気系

吸気系とは，エアダクト，エアクリーナ，スロットルチャンバ，吸気マニホールド，シリンダヘッド部の吸気ポートおよび吸気バルブなど，シリンダへ混合気を供給する部品で構成され，排気系とは，排気バルブ，排気ポート，排気マニホールド，排気管，マフラーなど，シリンダから燃焼ガスを排出する部品で構成される（図6.41[28]）．ターボチャージャは両方に関係する部品といえる．なお，燃料噴射に関係する項目についての説明は，6.7節の燃料噴射制御システムで述べる．

6.4.1 吸気系

(1) 吸気方式

エンジンの出力は，いかに多くの空気をシリンダ内に取り込めるかによって決まる．このシリンダへの空気の取込み方法によって，自然吸気式エンジン（Naturally Aspirated Engine）と過給式エンジン（Supercharged Engine）に

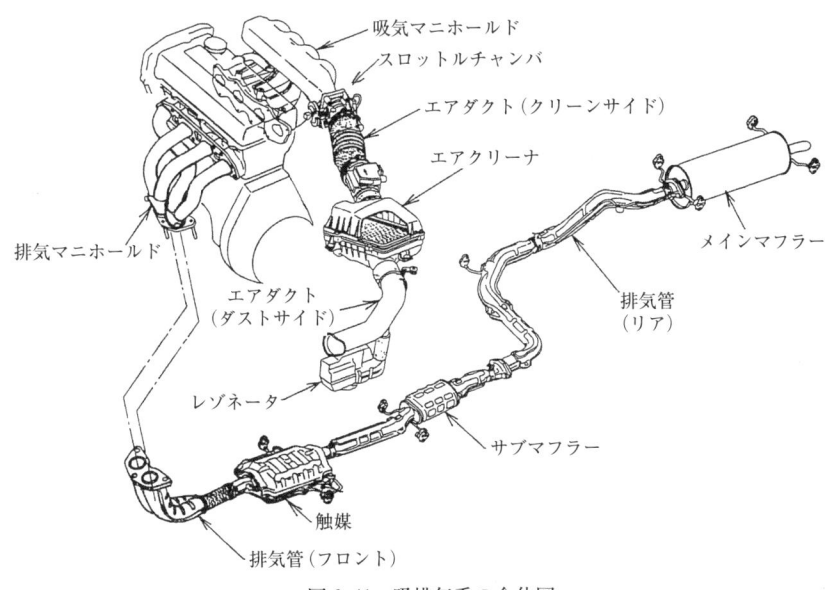

図6.41 吸排気系の全体図

204 6.4 吸排気系

(a) 自然吸気（無過給）

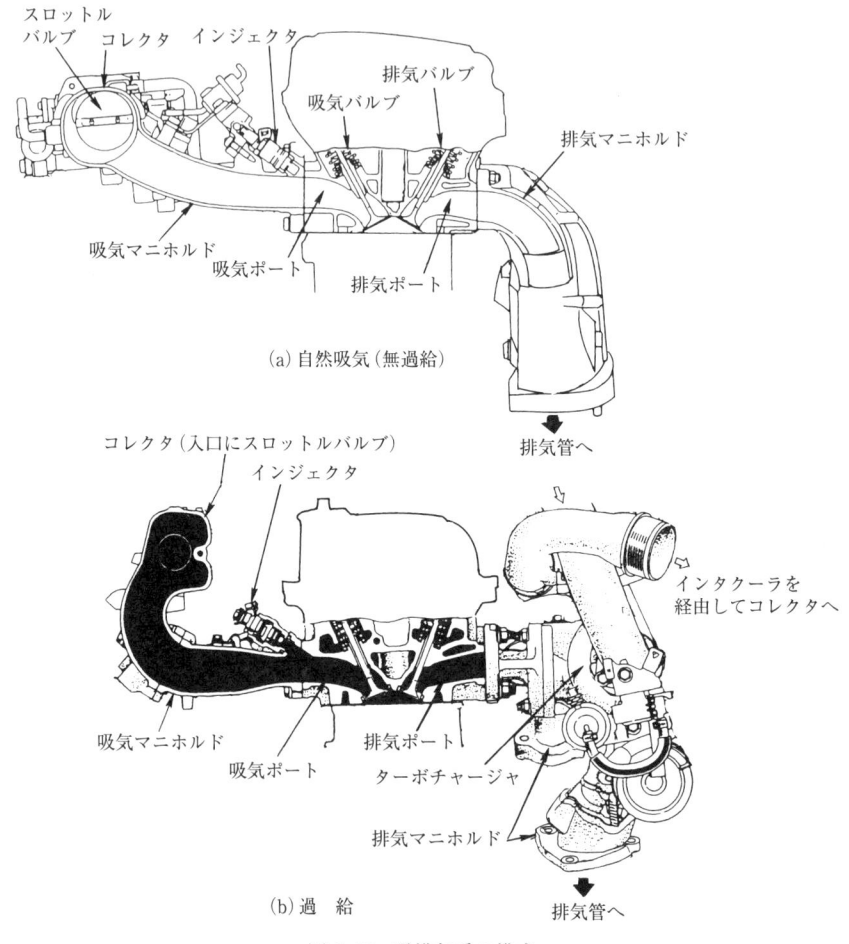

(b) 過　給

図 6.42　吸排気系の構成

大別される（図 6.42）．

(a) 自然吸気式エンジン

　燃焼に必要な空気は，ピストンが下降することによってシリンダ内に発生する負圧により吸入される．理論上，行程容積を大気圧条件の空気が占めるとしたときの新気の量は，4 サイクルエンジンの場合 1 回転あたり排気量の 1/2 であるが，実際に吸入される空気量は，それを下回る．シリンダ内にいかに効率

よく多量の空気を吸入したかは，体積効率（3.2節参照）で表されるが，通常の自然吸気エンジンではスロットル全開時に吸排気の動的効果を利用しない場合の平均的な体積効率は85～95%である．この理由としては，以下の項目がある．

① 吸入時間が非常に短い．
② 吸入通路には空気流れの障害になるものがある（バルブ，バルブガイド，ポートの曲がりなど）．
③ 燃焼室内に残留ガスが残っている．
④ 吸入空気の慣性遅れがある．

ただし，吸排気系の形状および動的効率などを有効利用した高性能エンジンでは，体積効率は110%前後に達している．

(b) 過給式エンジン

シリンダ内への吸入空気量を大幅に増やす手段として考えられたのが過給であり，高温高圧の排気によりタービンを高速で回し，同軸上にあるコンプレッサを駆動するターボチャージャと，クランクシャフトなどからベルトまたは歯車でコンプレッサを駆動するスーパーチャージャがある．吸入空気を圧縮（過給）してシリンダ内に送り込むため，多量の空気を押し込むことが可能となり，体積効率を大幅に向上させて大きな出力を得ることができる．過給機については，6.4.3項に後述する．

次に，吸気系の部品を空気（混合気）の流れに沿って説明する．

(2) エアクリーナ

エアクリーナは，シリンダに入るすべての空気を通過させ，その空気中のほこりとごみ（そのほこり，ごみの中くらいの粒子径が7～9μm以上の大きさの場合，98%以上を捕獲）などを除去する．構成は，エレメントとこれを格納する本体からなっている（図6.43）．

エレメントは，綿やレーヨンなどを含んだろ紙を，表面積を大きくする目的で波形状に折り込んであり，ゴミやほこりを捕獲する．現在の主流のエレメントは，ろ紙の表面に特殊オイルを浸み込ませ，この特殊オイルの粘性でゴミを付着させて，エレメントの目詰まり（吸気抵抗となる）を防ぎ，定期交換時期前のメンテナンスを不要としている．エアクリーナは，吸気抵抗が小さく，吸

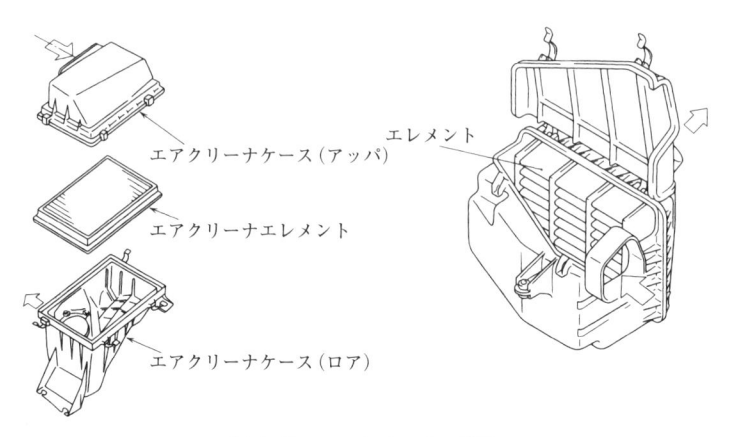

図 6.43 エアクリーナの構造

気音を低下させる消音効果のあることが要求される．

エアクリーナの種類は，キャブレタが使用されていた頃はその直上に取付けていたが，燃料噴射が一般的な現在では，ケースが車体に取り付けられエレメントは流れの中に設置される車載軸流型が主流となっている．

(3) 吸気マニホルド

吸気マニホルドは，各シリンダに吸い込まれる新気あるいは混合気の量ならびに分配を決める大きな要素であり，この良否によりエンジン性能は大きく左右される．吸気マニホルドには，次のような機能が要求される．

① 全回転域にわたり良好な体積効率を得る
② 混合気または新気の均等な分配を図る
③ 加速時の空気および燃料流入に対する応答が速い

これらは実際には矛盾に満ちた要求であって，最良の吸気マニホルドは一義的には決まらず，個々のエンジンによって，その性能に合ったものを選定することになる．なお，材料面では樹脂化などの軽量化に関して努力が払われている（図 6.44）．近年では，エンジンの使用領域の広範囲で高い体積効率を確保するため，吸気マニホルドを複数通路として，運転領域で空気の流れ長さを切り換えるバルブを設けた可変吸気機構が採用されている（図 6.45）．

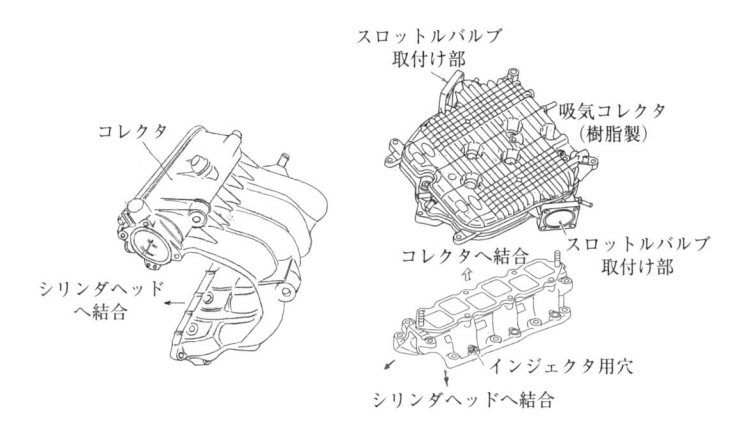

直列4気筒(樹脂製)　　　V型6気筒用(アルミ製)

図 6.44　吸気マニホルドの形状例

直列4気筒　　　V型8気筒

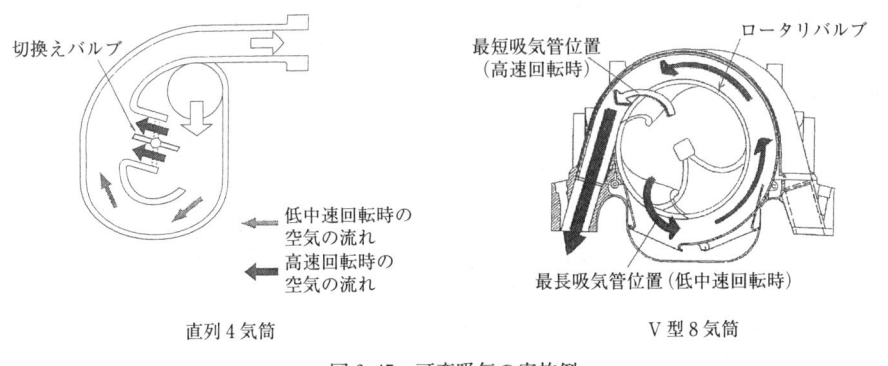

図 6.45　可変吸気の実施例

(4) 吸気ポート

吸気ポートには次の機能が要求される．

① 吸気抵抗が小さいこと（断面積が大きく，極力直線で，内面の面粗さが小さいこと）．
② 吸入される混合気がシリンダ内で適当なガス流動（スワール，タンブル）を起こす形状であること．
③ 低負荷時の燃焼を助けるため，新気による点火プラグの近くの掃気が良いこと．

これらを満足するため形状，長さ，ヘッド端面からバルブシートまでの高さ，ポートの断面積変化などはエンジンの要求に合わせてさまざまな形式のものが採用されている（図 6.15 参照）．

6.4.2 排気系

排気系はシリンダ内に残るガスを少なくしたり，積極的な慣性効果の利用により，吸気の供給を助けたりして，出力向上に寄与するとともに，排気音に大きな影響を与える．

(1) 排気ポート

排気ポートについては，次のような点が要求される．

① ガスが流出するときの抵抗が小さいこと（ターボチャージ付き 4 バルブエンジンでは，排気バルブの開弁直後，排気ポートにおける最大ガス流速は 330〜370m/s となる）．

② バルブシート，バルブガイドがよく冷却されること．

③ 冷却系への放熱を少なくするため，ポートはなるべく短いこと．

吸気ポートほど大きな形式の差はないが，メーカーごとの工夫が入れられている（図 6.15 参照）．

(2) 排気マニホルド

排気マニホルドは，抵抗を小さくするため，断面積と曲がりを適正にしなければならない．また，点火順序の隣り合ったシリンダの圧力波の干渉，すなわち，互いの圧力波の密部と密部の同期を避けるため，各シリンダからのブランチを独立に等しくとる一方，その集合部分では排気の動的効果を利用して，合流する圧力波の疎部と密部が同期するようにして排気効率を高めている．しかし，これもエンジンルームのレイアウトやシャシとの干渉などの制約条件，さらには触媒との関係により，さまざまな形状となっている（図 6.46）．図 6.46 (a) は排気干渉を防ぐためステンレスプレート 3 枚を用いた直列 4 気筒の構造例[29]であり，図 6.46 (b)，(c) は排出ガスの温度保持のためステンレス製二重管とした直列 4 気筒[30]および V 型 6 気筒片バンクの構造例である．

また，熱膨張によるき裂，破損などのトラブルを避けるため，膨張，収縮に

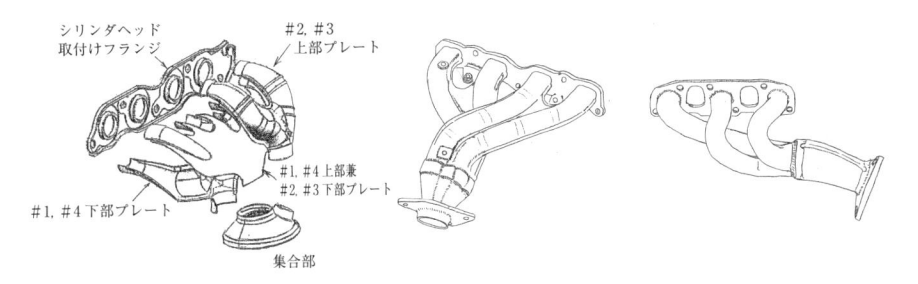

(a)（直列4気筒）ステンレスプレート構造　　(b)（直列4気筒）ステンレス二重管構造　　(b)（V型6気筒片バンク）ステンレス二重管構造等長タイプ

図6.46　排気マニホルドの形状例

よる応力が集中しない構造としたり，締結用ボルト穴をやや大きくして伸びを吸収できるようにするなどの工夫がなされている．

(3) 排気管とマフラー

排気管は排気ポートから排出される高温，高圧のガスを大気中に排出するために導く部品で，その途中に触媒コンバータやマフラー等が装着されている．

高温，高圧の排出ガスを直接大気中に放出すると，排出ガスが急激に膨張し爆音を発生する．これを防止するためにマフラーが取り付けられる．

マフラーは消音方式により，拡張型，共鳴型，吸収型，抵抗型，干渉型，冷却型に分けられるが，自動車用としてはこれらを複合した拡張室＋共鳴室組合せ型，共鳴拡張型，吸音材を充填した吸音型などの形式が使用される（図6.47)[31]．マフラー内に入った排出ガスはマフラー内の各部屋で膨張を繰り返しながら温度と圧力が下げられて消音される．消音効果を高めようとするとマフラーでの抵抗を増すことになり，その結果，エンジン出力は低下するので十分注意する必要がある．最近では，低速域と高速域の室容積と通路径や長さを可変バルブで切り換える可変型マフラーが実用化されている（図6.48)[32]．

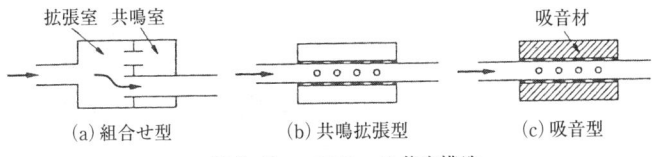

(a) 組合せ型　　(b) 共鳴拡張型　　(c) 吸音型

図6.47　マフラーの基本構造

可変バルブ

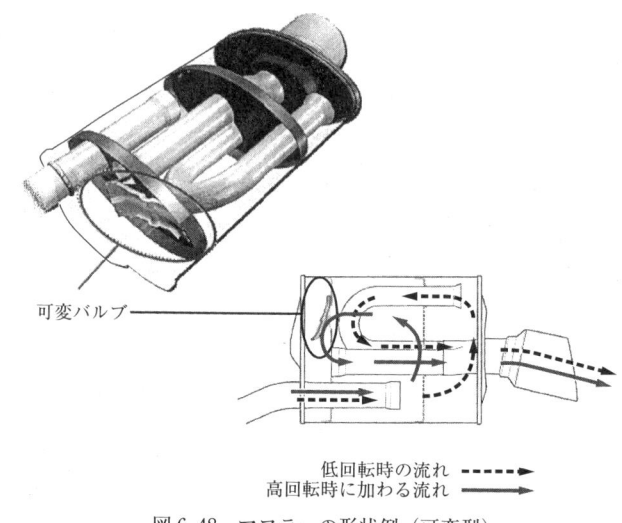

低回転時の流れ ----→
高回転時に加わる流れ ──→

図 6.48　マフラーの形状例（可変型）

6.4.3　過給機

ターボチャージャは，大別すると次の四つの部分から構成される（図 6.49）．

① コンプレッサ：空気を圧縮する．
② タービン：排出ガスのエネルギーで高速回転（10 万 rpm 以上）し，同軸上のコンプレッサを駆動する．
③ センタベアリング：高速回転するコンプレッサとタービンを結合しているシャフトを支持する．
④ 過給圧制御部：過給圧が設定値以上になると，排出ガスの一部をバイパスさせる．または，過給圧の一部を大気に開放する．

ターボチャージャの特性は，A/R によって左右され，R（タービン軸中心からノズル最狭部断面中心までの距離）を一定にして A（ノズル最狭部断面積）を小さくするとタービンに当たるガス流速が速くなり，低速から過給するが，排気圧力が上昇する高速で頭打ちとなる．逆に A を大きくしていくと，低速減で過給しなくなるが，高速域での過給が円滑になる．そこで，低速から高速まで良好な特性を得るために装置は複雑になるが，A/R を制御する可変

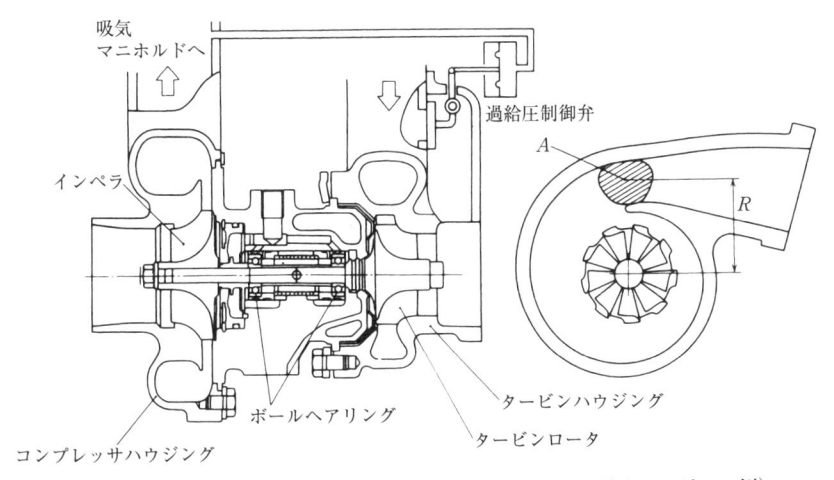

図 6.49 ターボチャージャ断面図（ボールベアリングターボチャージャの例）

のノズルや案内ベーン機構が採用されている．一方，回転部分の慣性モーメントを減少させ，加速時の応答性の向上を図る基本的な改善技術として，一般的には滑り軸受であるセンタベアリングを図のようにボールベアリング化する，排気タービンロータの材質をニッケル基耐熱合金からチタン-アルミ合金やセラミックスにする，インペラの材質をアルミ鋳造品から樹脂するなどが実用化されている[33]．

ターボチャージャで圧縮された空気は 440～450K の温度に達するため，その状態で燃焼室に流入すると充填効率は低下し，またノッキングも発生する．そのため圧縮された空気を自然吸気エンジンにおける吸気温度程度（300～350K）まで冷却することを目的としてターボチャージャのコンプレッサ出口と吸気マニホルド（またはコレクタ）の間にインタクーラが装着される（図 6.50）[34]．インタクーラには冷却媒体に水を用いる水冷式と空気を用いる空冷式がある．水冷式インタクーラは液体を冷却媒体とするため効率が良く，インタクーラ自体に走行風を直接当てる必要がないためクーラ自体の搭載制限が少ないが，ラジエータ，ウォータポンプ，リザーバタンク等が必要となる．空冷式インタクーラは走行風を利用して吸入空気を冷却するため，走行風の当りやすい場所に搭載する必要があるが，水冷式インタクーラに比べ附属部品が

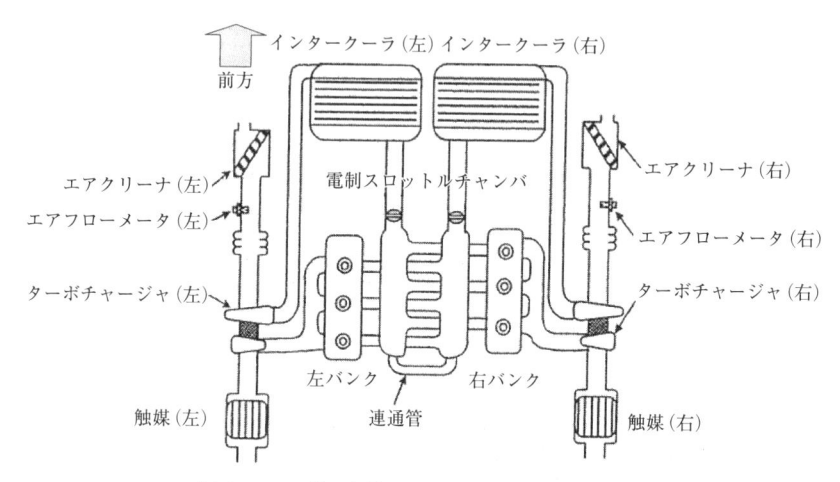

図 6.50　V型 6 気筒エンジンのインタクーラ配置

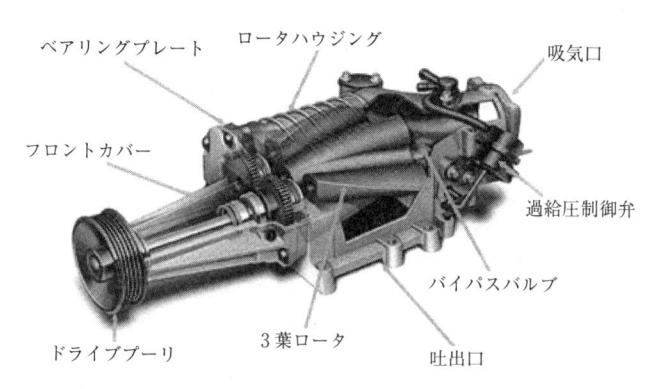

図 6.51　ルーツ型スーパーチャージャの構造

少なく，簡易なシステムとなる．

　スーパーチャージャは，ロータを回転させて空気を吐出するもので，ロータはクランクシャフトからベルトなどで駆動される．この駆動経路に電磁クラッチを介することにより，エンジン回転速度，スロットル開度，吸気圧力などの情報でオン-オフ制御を行うことができる．

　スーパーチャージャを大別すると空気を圧縮しないで送り出す非圧縮型と空気を圧縮して送り出す圧縮型となる．図 6.51[35)]にルーツタイプのスーパーチ

ャージャ（非圧縮型）を示す．ハウジングの内部に三葉をねじった形状のロータが組み込まれ，2個のロータはカバー内のギヤによって反転することによりローブ（葉）すきまの空気を押し出している．

6.5 潤滑系

6.5.1 潤滑系の役割

エンジンの潤滑系は，一般的に考えられている摩擦損失や摩耗の低減はもちろんのこと，冷却，衝撃圧力の分散と吸収，防錆および防食，清浄などの諸作用を同時に行っており，性能および耐久性（寿命）を支える柱の一つである．エンジンのおもな潤滑箇所は，①シリンダライナとピストン，ピストンリング部，②クランクシャフトの軸受部，③動弁系のカムとロッカアームおよびバルブリフタなどがある．

(1) 摩擦損失（Friction）および摩擦（Wear, Abrasion）の低減

エンジンの潤滑部のしゅう動面間に油膜を形成させて，いわゆる図6.52 (c)[36]に示す流体潤滑状態下における流体摩擦として摩擦力，摩耗を低減する．

ここで油膜形成の機構について簡単に述べる．潤滑でいう油膜とは，その内部に油圧が発生し，この圧力によってしゅう動面間に作用している荷重を支えているものをいう．油膜形成（油圧発生）の主要な機構としては次の二つの作用がある．

① くさび膜作用（Wedge Action）：図6.53 (a) に示すように，二つのしゅう動面が油の流路を狭くするような相対位置で，すべり速度 U で移動している場合に油圧が発生する．

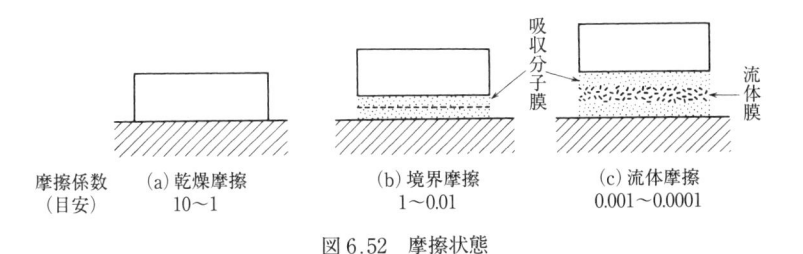

摩擦係数　(a) 乾燥摩擦　(b) 境界摩擦　(c) 流体摩擦
（目安）　10〜1　　　1〜0.01　　　0.001〜0.0001

図6.52　摩擦状態

(a) くさび膜作用　　　(b) 絞り膜作用

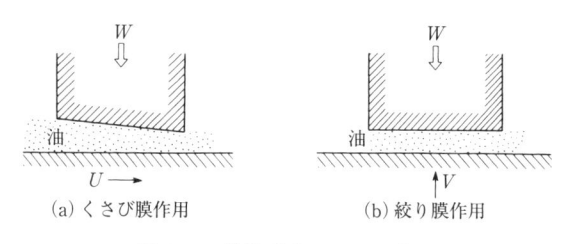

図 6.53　油膜形成のメカニズム

(a) 軸と軸受部　　　(b) ピストンリング部

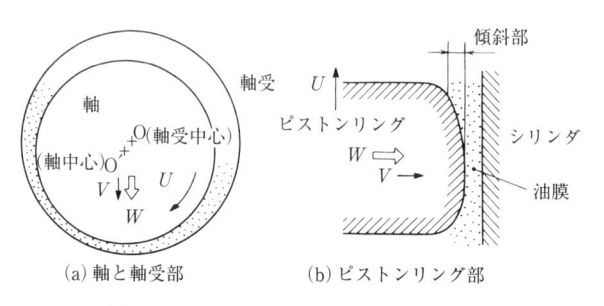

図 6.54　エンジンにおける油膜形成の例

② 絞り膜作用（Squeeze Action）：図 6.53（b）に示すように，二つの面が速度 V で接近している場合に油圧が発生する．

これらの作用を図 6.54 に示したエンジンの軸と軸受間およびピストンとシリンダ間について考えてみる．

軸と軸受は，直径で 30～40μm 程度の差（この差がオイルクリアランスとなる）があり，荷重を受ける軸受の中心 O と軸の中心 O' は偏心する〔図 6.54 (a)〕．そのため軸と軸受の関係は図 6.53（a）で示した傾斜面と平面がすべる場合と同じになり，くさび膜作用により油圧が発生し荷重 W を支える．さらに，荷重 W が変動すれば，軸と軸受は速度 V で接近し，絞り膜作用による油圧が発生する．

ピストンリングは，製造したときから断面が両端に対して中央が 4～10μm 程度凸となったバレル形状またはテーパ形状になっている〔図 6.54（b）〕．そのためピストンリングとシリンダのしゅう動は図 6.53（a）と同じ形式となり，くさび膜作用により油圧が発生してピストンリングの張力と荷重を支え

る．さらに，ガス圧力が変動するとピストンリングとシリンダの距離は変化し，絞り膜作用〔図6.53（b）〕による油圧が発生する．

このように，エンジンの各しゅう動部では，くさび膜作用と絞り膜作用の組合わせにより油膜が形成され，荷重を支えている．

(2) 冷却

潤滑油がしゅう動部で発生する摩擦熱および伝達されてくる燃焼熱に対する冷却液として作用し，そのしゅう動部の温度上昇を抑制する．

(3) 衝撃圧力の分散と吸収

シリンダ内で混合気が燃焼すると，瞬間的に数 MPa の圧力が発生する．この衝撃圧力は，まずピストンに作用し，コンロッドを介してクランクシャフトに伝達される．この際，各軸受部を満たしている潤滑油は，この衝撃圧力を油全体に分散，吸収して，局部的な圧力の増大を軽減する．さらに，金属同士の接触により発生する打音に起因するエンジン騒音の防止の役割も兼ねている．

(4) 錆（Rust）および腐食の発生防止

エンジン内には，燃焼生成物である水分，酸化生成ガスまたは油の酸化によって生じた酸化物などが存在し，これらが金属に作用すると錆が発生し，腐食が起きる．潤滑油は金属表面を保護して，これらの成分が作用するのを防止する．錆はエンジンを長期間運転休止した際，特に冬期のように気温の低い場合に，おもに水分によって発生しやすい．腐食は運転中の熱やブローバイガス，水分によって酸化された酸化油，燃料の酸化生成物によって起きる．腐食を防ぐには，酸化防止剤および腐食防止剤の添加が有効であり，通常の市販潤滑油は，このような添加剤が配合されている．

(5) 清浄

潤滑油はエンジン内を循環し，吸入空気とともに吸い込まれたほこり，燃焼生成物であるすす，潤滑油の熱分解によるカーボンおよび摩耗金属粉など潤滑部に侵入する種々の異物を洗い出す．これらの異物は潤滑油とともに潤滑油だめであるオイルパンに運ばれる．

6.5.2　潤滑系の構成

潤滑系は潤滑油（Lubricating Oil）をエンジンの各潤滑部へ適正に供給する

ためのシステムをいい，一般的にはオイルポンプにより潤滑油を圧送する強制給油方式になっている（図6.55）[37]．以下に潤滑油の流れに沿って主要部品について説明する．

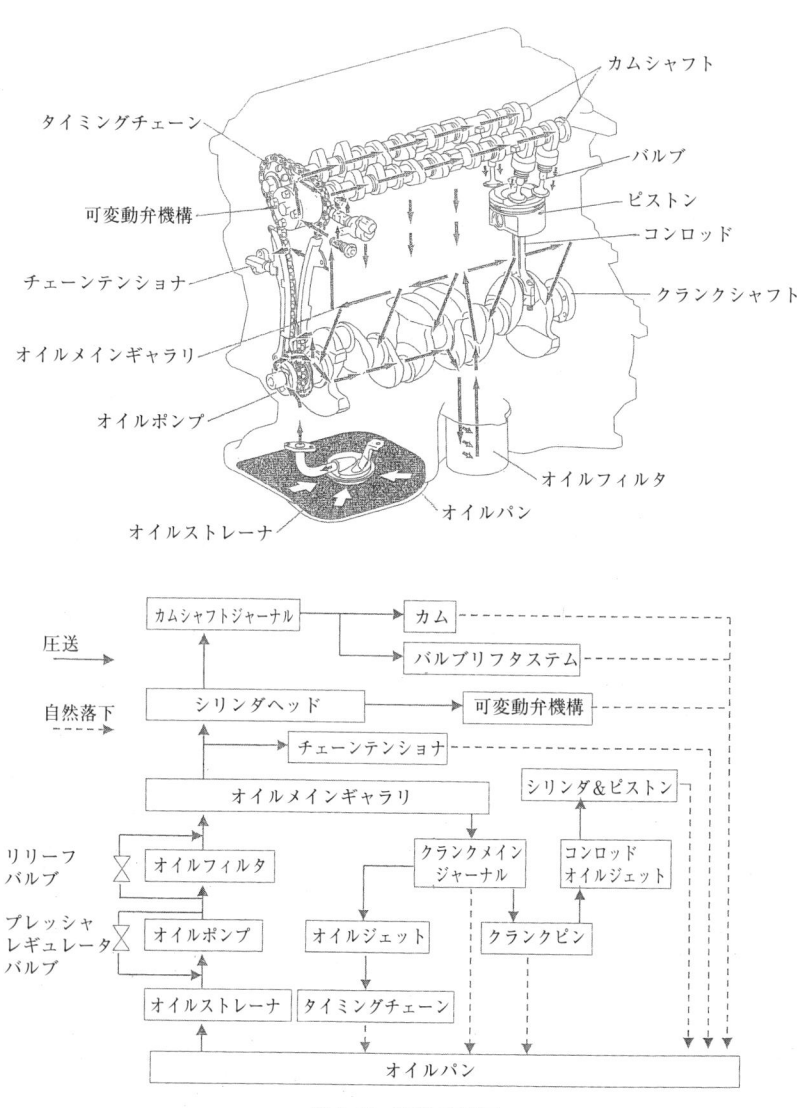

図6.55 潤滑系統図

(1) オイルパン

オイルパンは油だめの機能をもち，ここから潤滑油はエンジン各部に供給され，潤滑を終了して再びここへ戻ってくる．オイルパンに戻ってくる油は，軸受やピストン部などのしゅう動部分で発生する摩擦熱や燃焼のふく射熱，およびピストンの冷却によって相当高温になっており，これを放熱して油の温度を下げて劣化を抑える機能もオイルパンは受け持っている．

オイルパン内の潤滑油の量を計るものさしが，オイルレベルゲージである．油の量は，下記の理由によりエンジンの運転によって次第に減少していく．

① ピストン潤滑のための油の一部が燃焼ガスにさらされて，気化または燃焼し，外部に排出される．
② バルブガイドとバルブステムのすきまから吸気ポート内へ漏れて，燃焼室を経由して外部へ排出される．
③ クランクケース内へ漏れる燃焼ガスの掃気（ベンチレーション）の際に混入しているオイルミストが吸気マニホルドに戻され，燃焼室を経由して外部へ排出される．
④ ガスケットやオイルシールから漏れる．

この消耗が進んで油が不足するようになると油切れを起こし，エンジンを焼き付かせてしまうことになる．そこで，油量を確認するために，オイルレベルゲージが設けられている．また，油切れが運転席でもわかるように，メインギャラリの油圧を測定して表示する油圧計，または警告灯が装備されている．

油中の比較的大きな異物をとり除いた油をオイルポンプに導くため，オイルパン中に金網を張ったオイルストレーナを設け，これとオイルポンプの入口をパイプで結んでいる．

(2) オイルポンプ

油をエンジン各部に圧送するオイルポンプの種類としては，①外接ギヤポンプと②内接ギヤポンプがある（図6.56）[38]．これらのポンプはギヤとロータ，またはケーシング間で形成されるすきまによって油を搬送する構成になっており，エンジンの構造上の制約や要求性能により，その種類が選択される．その大きさ（吐出量）はエンジンが老朽化し，各部のクリアランスが増した場合や高油温で使用される場合なども考慮して，必要循環量の2倍程度の余裕を持た

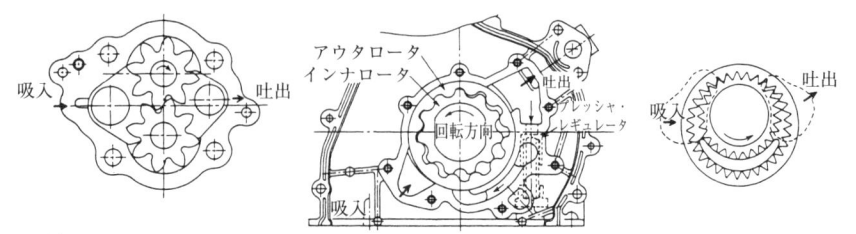

(a) 外接式インボリュートギヤ　(b) 内接式多数歯トロコイドギヤ　(c) 内接式インボリュートギヤ

図 6.56　ギヤオイルポンプの形式

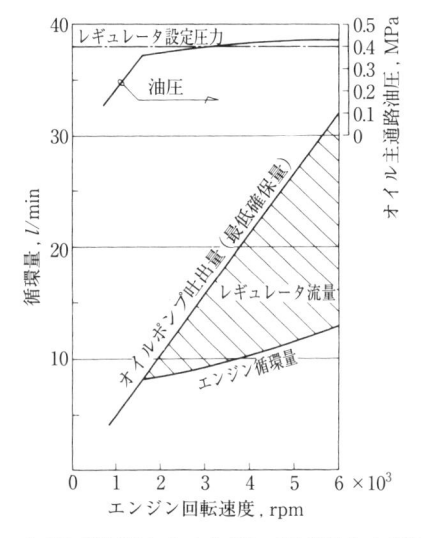

図 6.57　エンジン循環量とオイルポンプ吐出量および油圧の関係

せて設計される（図 6.57）．しかし，この吐出量を常時供給すると，通常は油圧が必要以上に上昇し，エンジン各潤滑部の油漏れや破損を招くことがある．特に，低温始動時には油の粘度が大きいので油圧が非常に高くなり，オイルポンプの負荷が増し，駆動ギヤなどの破損や摩耗損失を起こす．そこで，オイルポンプの吐出口にオイルプレッシャレギュレータバルブを設けて，どのような使用条件でも適正な油圧を保持し，問題の発生を防いでいる．

(3) オイルフィルタ

エンジンの運転によって潤滑油には，

第 6 章　エンジンの構造と機能　**219**

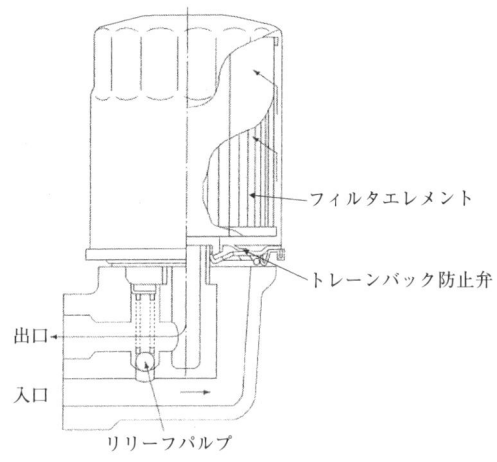

図 6.58　スピンオン式オイルフィルタ

（図中ラベル：フィルタエレメント／ドレーンバック防止弁／出口／入口／リリーフバルブ）

① 吸気系より入るほこり，燃焼生成物．
② 油の劣化分解による不溶性物質．
③ 摩耗などによる金属粉．

などが混入するが，エンジンの摩耗や焼付きを防止するためには，これらを取り除かなければならない．このためのろ過装置がオイルフィルタである（図 6.58）[39]．

フィルタエレメント（ろ過材）は，一般的にろ紙およびろ紙に樹脂を含浸補強させたものを波状に折り込んで十分なろ過面積を持たせてある（図 6.59）[40]．オイルフィルタは定期的な交換が必要であるが，この際の分別廃棄を容易にするため成形ろ過体を用いる構成が採用されている[41]．フィルタが完全に目詰まりを起こしたときにエンジン各潤滑部に油が供給されないと支障が生じるため，安全弁としてフィルタエレメントの前後の圧力差がほぼ 0.1MPa 以上になるとリリーフバルブ（逃がし弁）が開き，油がフィルタを素通りするようになっている．また，エンジンを停止させたときにフィルタ内の油が抜けてしまい，始動直後に油がフィルタを満たすまでエンジンに供給されないことのないように，ドレーンバック防止弁を設けて，常にフィルタに油が保持できるようになっている．

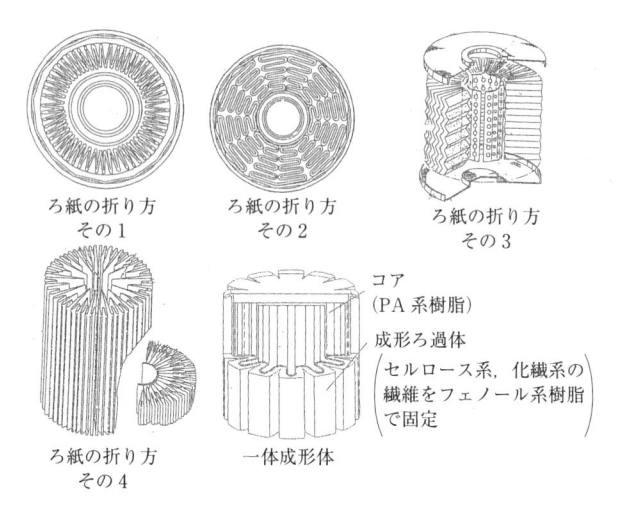

図 6.59 ろ紙の折り方の例

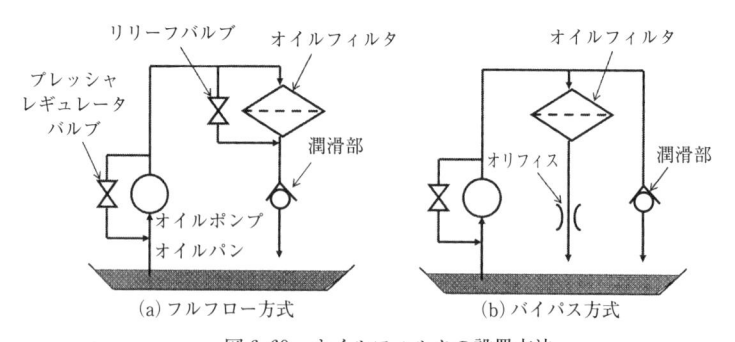

図 6.60 オイルフィルタの設置方法

なお，フィルタの設置法には次の方法がある（図 6.60)[42]．
① フルフロー方式：エンジンに送り込まれる油の全量をフィルタに通す
② バイパス方式：エンジンへの循環とは異なる別経路を設けて，エンジン循環量の5～25％程度をフィルタに通す

現在はほとんどがフルフロー方式となっている．

(4) エンジン内の潤滑通路

オイルフィルタを通過した油は，メインギャラリを通り，動弁系，クランクシャフトのメインベアリング（図 6.61）へ供給され，これらの部分の潤滑を

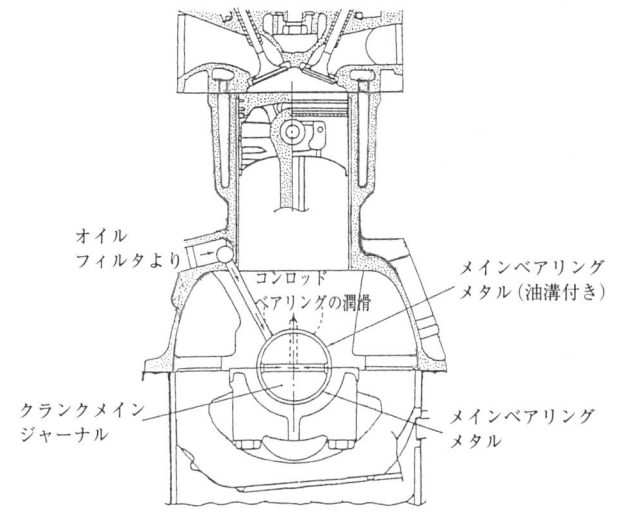

図 6.61　メインベアリングの潤滑

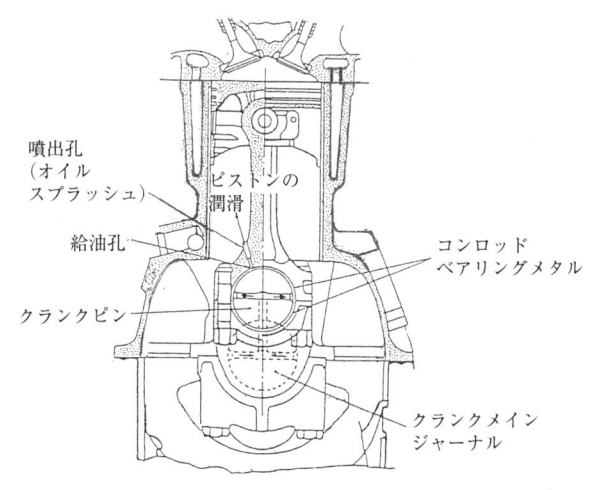

図 6.62　コンロッドベアリングおよびピストンの潤滑

行う．さらに，メインベアリング部に供給された油は，クランクピンを潤滑し，ミストとなった油がシリンダ壁を潤滑するとともに，ピストンを冷却する（図 6.62）．

ただし，シリンダ壁は燃焼ガスにさらされるため高温であるとともに未燃ガソリンや燃焼で生成した水が存在しており，潤滑のうえでは非常に過酷な状態になっている．このためピストン，ピストンリングおよびシリンダ壁の油膜形成や耐摩耗性に対して高度な技術が必要となるとともに潤滑油の性状にも多くの要求がなされている．

6.5.3 潤滑油
(1) エンジン潤滑油の分類と規格

自動車用エンジンの潤滑油（Lubricating Oil）の分類と規格については，日本ではJISに規定されているが，一般的には，SAE（Society of Aoutomotive Engineers）粘度分類（表6.4）およびAPI（American Petroleum Institute）サービス分類が広く使われている．サービス分類は1930年代の自動車に対応するSA油から設定され，自動車への要求の向上に従い，デポジット生成，摩耗，錆，腐食の防止性能が強化され，分類もSB, SC…と順次設定されてきたが，現在はSG油以前は削除されている．1997年に設定されたSJ油から省燃費性能とロングドレイン化が要求され，その後のSL油，SM油ではこれらのさらなる性能向上とともに有害物質の低減など環境対応性能が要求された．2010年10月に設定されたSN油はSM油に対して清浄性を中心としたエンジン保護性能向上と省燃費性向上とともに，添加剤であるリン蒸発性（触媒に悪影響を与える）とバイオ燃料対応としてエタノール燃料適合性が追加されている．

(2) 潤滑油の性状

自動車用エンジンの性能は，ターボチャージャおよび吸・排気バルブの多バルブ化により向上してきており，それに伴い潤滑条件も過酷になり，潤滑油に対する要求性能も高くなってきている．

自動車用潤滑油として要求される条件は，次のようなものがある．
① 寒冷時でも始動しやすいように低温粘度が低いこと．
② 高温でも油膜保持性が良いこと．
③ エンジン各部の金属を腐食しないこと．
④ 熱による炭化が少ないこと．

表6.4 エンジン油のSAE粘度分類 (SAE J300 JAN2009)

SAE粘度分類	低温クランキング粘度, mPa·s 最高値	低温クランキング粘度 温度, ℃	低温ポンピング粘度, mPa·s 最高値	低温ポンピング粘度 温度, ℃	動粘度, mm²/s(100℃) 最低値	動粘度, mm²/s(100℃) 最高値	高せん断粘度, mPa·s (150℃)
0W	6200	-35	60000	-40	3.8	—	—
5W	6600	-30	60000	-35	3.8	—	—
10W	7000	-25	60000	-30	4.1	—	—
15W	7000	-20	60000	-25	5.6	—	—
20W	9500	-15	60000	-20	5.6	—	—
25W	13000	-10	60000	-15	9.3	—	—
20	—	—	—	—	5.6	<9.3	2.6
30	—	—	—	—	9.3	<12.5	2.9
40	—	—	—	—	12.5	<16.3	3.5(0W-40,5W-40,10W-40)
40	—	—	—	—	12.5	<16.3	3.7(15W-40,20W-40,25W-40,40)
50	—	—	—	—	16.3	<21.9	3.7
60	—	—	—	—	21.9	<26.1	3.7
試験方法	ASTM D 5293		ASTM D 4684		ASTM D 445		ASTM D 4683 または D 5481 CEC L-36-A-90(ASTM D 4741)

⑤ スラッジ,ラッカ,ワニスなどの生成を防止してエンジン各部を汚損しないこと.
⑥ 消費量が少ないこと.
⑦ 貯蔵中に変化変質しないこと.

以下に,エンジン性能にかかわる潤滑油の性状について述べる.

(a) 粘度（粘性係数）

粘度（Viscosity）は,低温始動性,摩擦,摩耗,焼付き,燃料および油消費量などに影響を与える重要な性状であり,多くの規格は粘度が基準となっている.

式(6.1)が成り立つ流体をニュートン流体といい,粘度とは流体に作用する,せん断応力とせん断速度との比になる.

$$\tau = \eta (du/dh) \tag{6.1}$$

ここで,τ：せん断応力（Shear Stress）
　　　　du/dh：せん断速度（Shear Rate）
　　　　η：粘度（粘性係数）,u：相対速度,h：油膜厚さ

単位としては通常 Pa·s（パスカル秒）を用いる.なお,従来は粘度の単位としてポアズ（P）が使用されており,1P＝0.1Pa·s,1cP（センチポアズ）＝1mPa·s（ミリパスカル秒）となる.

この粘度を,式(6.2)に示すように流体の密度で除した値を動粘度という.

$$\nu = \eta/\rho \tag{6.2}$$

　　　　ν：同一温度,同一圧力における動粘度,mm^2/s
　　　　η：同一温度,同一圧力における粘度,mPa·s
　　　　ρ：同一温度,同一圧力における密度,g/cm^3

なお,動粘度の単位としては従来はストークス（St）が使用されており,1St＝1cm^2/s,1cSt（センチストークス）＝1mm^2/s となる.

せん断応力にしゅう動面積を乗じたものが摩擦力であるから,低温始動性の向上および摩擦損失低減のためには粘度を低くすればよいことになる.しかし,図6.63に示すように潤滑油の粘度は温度の上昇により,1桁または2桁の単位で著しく低下する.そのために低温始動性を考慮して,低粘度の潤滑油を選定した場合,暖機後は粘度が低下しすぎて油膜の保持ができず,境界摩擦

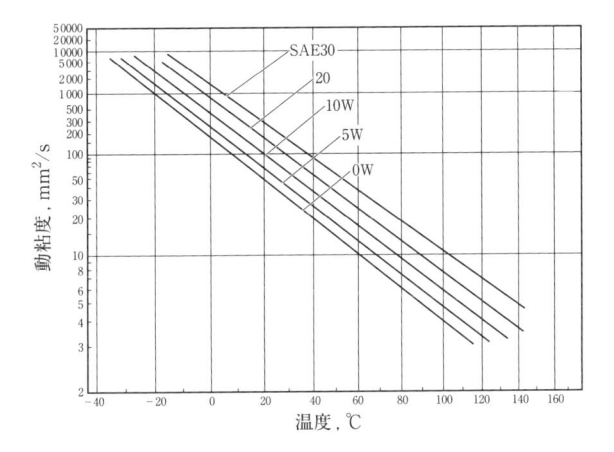

図 6.63 温度と動粘度との関係（代表例）

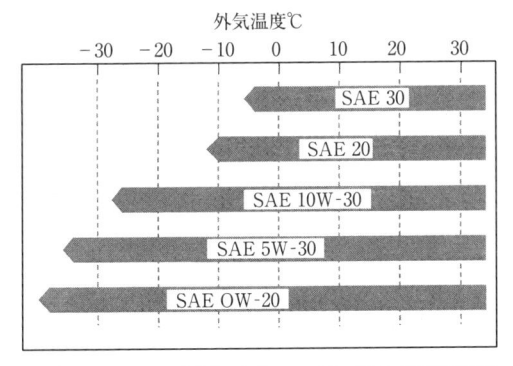

図 6.64 SAE 分類によるエンジン油の使用範囲例

の発生または焼付きの発生が懸念されることになる．粘度は潤滑油の選定にあたって最も注意しなければならないことの一つとなっており，整備手帳などにメーカーの指定粘度が記載されている（図 6.64）．

(b) **粘度指数**

粘度指数（Viscosity Index：VI）は，温度に対する油の粘度変化の大きさを示すもので，指数の大きいものほど粘度変化は小さく，潤滑油として低温から高温までの広い条件において良好な粘度の特性を得ることが可能となり，使いやすいものといえる．

ただし，通常の製造方法では指数向上に限界があり，一般的には，粘度向上

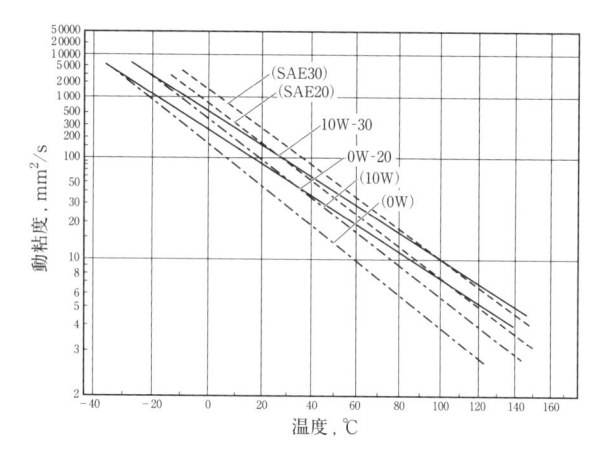

図 6.65　温度と動粘度との関係（マルチグレード油の例）

剤により調整されている．これをマルチグレード油（Multi Grade Oil）といい，その油の粘度値を SAE 粘度番号（表 6.4）当てはめた場合，低温側と高温側の 2 点の規定値に合致するものである．たとえば 0W-20 油は，低温始動性を向上するには 0W 油が良いが，暖機後の油膜保持性，油消費を考慮した場合は SAE20 油が良いという要求から生まれた油を示している（図 6.65）．なお，これに対して 0W，SAE20 などをシングルグレード油（Single Grade Oil）と呼んでいる．

マルチグレード油は基油に低温粘度が低くて粘度指数が高く，酸化安定性に優れ，しかも添加剤の溶解性のよいものを使用し，これにせん断安定性の優れた粘度指数向上剤と各種添加剤を配合して作られる．

(c) 流動点

潤滑油の耐寒性を示すものである．潤滑油はその製造行程で脱ろうを行っているが，残留したものが温度の低下とともに析出して油を白濁（その温度を「曇り点」という），そして凝固（その温度を「凝固点」という）させる．流動点（Pour Point）とは凝固点の一つ手前（2.5K 前）の測定点の温度をいう．潤滑油が凝固してしまうとエンジンの始動時のクランキングに大きな力が必要となる一方，各しゅう動部へ油を供給することができず，焼付きなどの問題を発生することとなり，流動点は低いほうが好ましい．

(3) 潤滑油の劣化

潤滑油が劣化するとエンジンの各部に腐食，摩耗などが発生する．潤滑油の劣化の原因を大別すると，次の三つになる．

① 潤滑油自身の酸化による劣化，変質．
② 外部からの異物（ほこり，金属粉，燃料および燃焼生成物など）の混入による劣化，変質．
③ 添加剤の消耗．

これらの原因による劣化の進行状況や程度には，潤滑油の品質（基油と添加剤との組合せ），エンジン形式，材質，運転条件，燃料の品質，保守管理などが大きく関係している．潤滑油の劣化度は，下記の性状変化によって判定が行われる．

(a) 粘度変化

粘度変化は粘度の増加と低下がある．増加は潤滑油の酸化，ブローバイによる燃焼生成物の混入などで起こる．低下は，未燃燃料の混入，ポリマーである流動点降下剤や粘度指数向上剤のせん断分解などによって起こる．

(b) 酸価

酸価（Acid Number）の増加は，潤滑油の酸化による有機酸の生成，または燃焼生成物の混入によって起こる．

(c) 塩基価（アルカリ価）

潤滑油の酸化によって生成する有機酸や，燃焼生成物のうちのNO_xと水が反応して硝酸や亜硝酸となり，潤滑油に混入するために生成される無機酸を中和する能力で，エンジンの腐食摩耗の防止性能にこの塩基価（Base Number）が重要な役割を果たしており，この値は交換基準の目安として重要である．

(d) 溶剤不溶解分

溶剤不溶解分は，油の酸化生成物，すすやカーボンなどの不完全燃焼生成物，金属摩耗粉，ほこりなどであり，この量が潤滑油の汚損，劣化の尺度となる．

(e) 金属成分含有量

金属摩耗粉およびほこりの混入量の目安として，鉄，アルミニウム，銅，スズなどの含有量を尺度としている．

ただし，上記 (a)～(e) の測定には試験設備が必要であり，判断を下すまで時間がかかる．したがって，一般的には自動車メーカーが実験と実績によって定めた使用期間または走行距離によって交換することが望ましい．

6.6 冷却系

6.6.1 冷却系の役割

エンジンは燃料を燃焼室内で燃焼させ，発生する熱エネルギーを機械エネルギーに変換させる機能を要求されており，これを満足させるために冷却系が必要となる．前節の潤滑系とともに，エンジンの性能を支える柱といえる．

自動車用エンジンの冷却方式としては，ガソリンの燃焼および摩擦による熱をエンジン構造体の金属面から冷却空気に直接放出する空冷式と，一度金属面から水に伝達し，さらにその水の熱をラジエータの金属壁を経て外気に放出させる水冷式がある．現在では，エンジンの高性能化と静粛化を行ううえで，冷却特性と遮音性に優れた水冷式が一般的に用いられている．

エンジンの性能を確保するために供給した燃料の熱量の約 30％ が，最終的に冷却系へ流れる．つまり，現在の市街地走行の燃費が 10km/L 前後であると考えると，1km あたり 900～1000kJ（常温の水約 3l を沸騰寸前の湯にできる熱量）という大きな熱量を冷却系を通じて放熱することにより，エンジンの適正な状態が保たれている（図 6.66）．高速高負荷時には，さらに多量の冷却

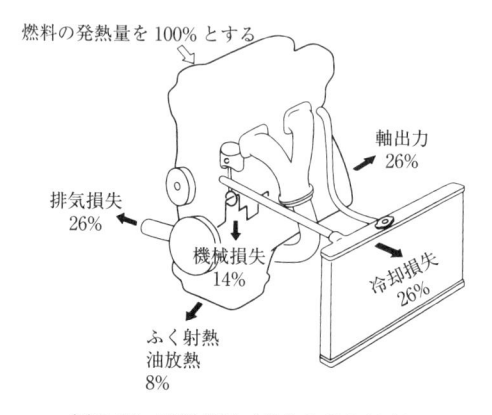

図 6.66 熱勘定図（部分負荷走行時）

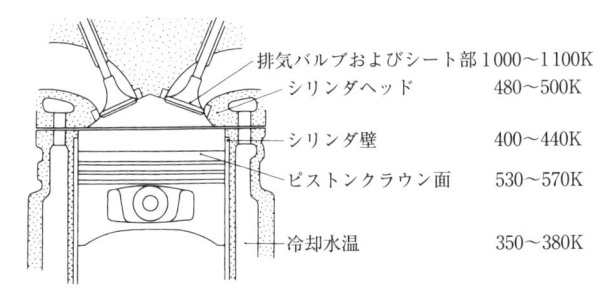

図 6.67 の説明:
- 排気バルブおよびシート部 1000〜1100K
- シリンダヘッド 480〜500K
- シリンダ壁 400〜440K
- ピストンクラウン面 530〜570K
- 冷却水温 350〜380K

図 6.67 燃焼室周辺の許容最高温度

放熱が必要となる.

　燃焼ガスに直接さらされる燃焼室回りのシリンダヘッド，シリンダブロック，ピストン，吸・排気バルブなどはおおよその許容最高温度が定められている（図 6.67）．冷却が不十分な状態では，燃焼室でノッキングのような異常燃焼が発生したり，それぞれの部品の材料強度の低下，変形およびしゅう動部分では焼付きを起こす．また，逆に過度の冷却状態では，燃焼不安定および熱効率の低下を招く．特に，燃焼室の過冷却状態では，燃焼ガス中で増加した未燃焼ガソリンと水がシリンダ壁の潤滑油に多量に混入するための粘度低下から過酷な潤滑状態となり，エンジンの寿命を縮めることになる．

6.6.2 冷却系の構成

　冷却系統は，熱交換器であるラジエータおよび冷却ファン，冷却水を圧送するウォータポンプ，温度制御を行うサーモスタット，シリンダブロックおよびシリンダヘッド内のウォータジャケットから構成されている（図 6.68）[43]．本システムはサーモスタットの他に低温時にはシリンダヘッドのみを冷却し，高温になってからシリンダブロックを冷却するためのウォータコントロールバルブを設置しており，二系統冷却システムと呼ばれている．

　(1) ラジエータ

　ラジエータは，エンジンのウォータジャケットを通過する間に，エンジンの熱を吸収して温度が上昇した水を冷却するための熱交換器で，アッパータンク，ロアタンク，コア部，ドレーンコック，ラジエータキャップ等から構成さ

230   6.6 冷却系

ウォータコントロールバルブ
電子制御スロットルより
電子制御スロットルへ

ヒータへ
ウォータコントロール
バルブハウジング
（ウォータアウトレット）
ヒータより

ラジエータへ

ウォータポンプ
ウォータインレット
サーモスタット
サーモスタットハウジング

ラジエータ

開

	サーモスタット	ウォータコントロールバルブ
⇐	閉	閉
←	開	閉
⇐	開	開

リザーバタンク
ラジエータ
ウォータインレット
サーモスタット
サーモスタットハウジング
ウォータポンプ
シリンダヘッド
シリンダブロック
ウォータコントロールバルブ
ウォータコントロールバルブハウジング
（ウォータアウトレット）
ヒータ
電子制御スロットル

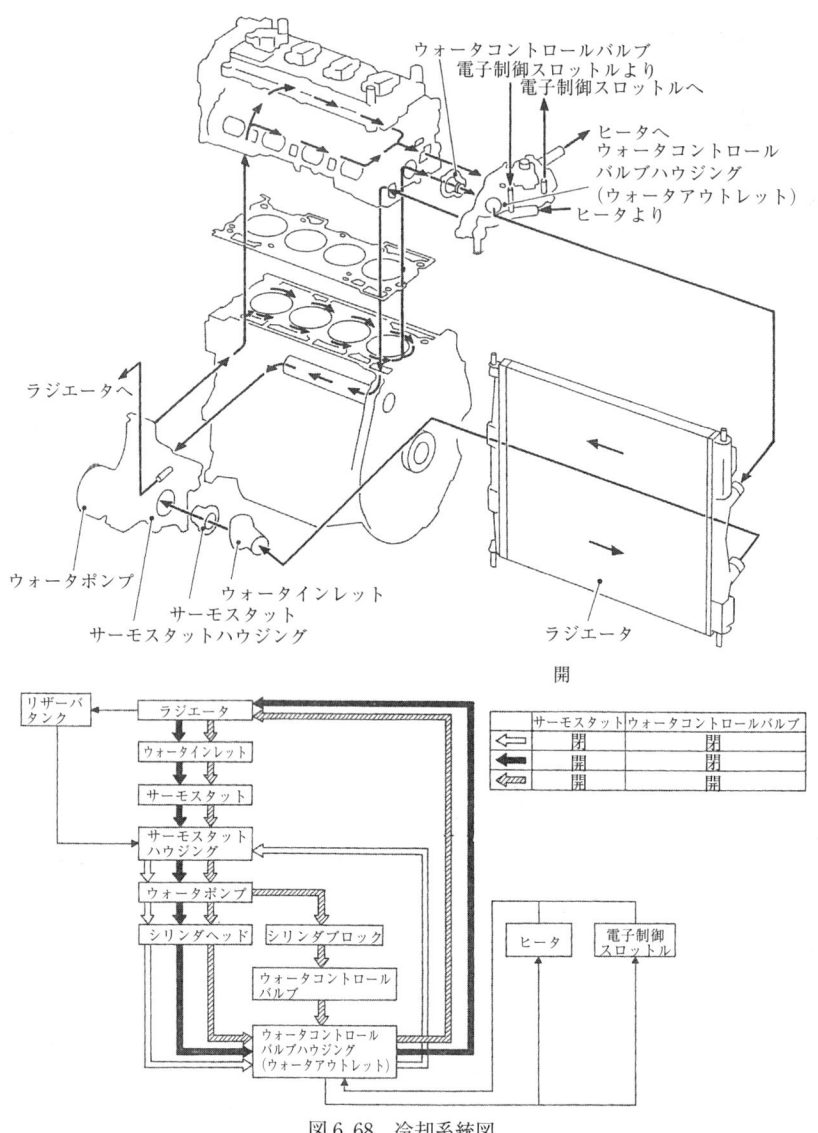

図 6.68　冷却系統図

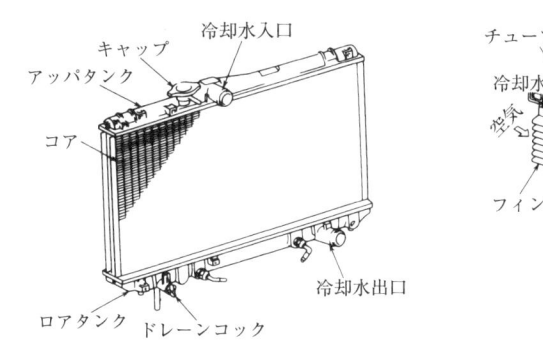

図6.69 ラジエータの構造およびコア部（チューブコルゲートフィン形）の構造

れている．ラジエータは冷却水が吸収した熱を大気に放散するために放熱面積を大きくする必要があり，チューブとフィンからなる放熱コア部の形状が重要である．

ラジエータの種類は，このコア部形状により分類され，現在最も多く用いられている形式が軽量で製作も容易なコルゲートフィンである（図6.69）．これはアッパータンクとロアタンクを銅管，黄銅管またはアルミニウム管で結合し，管と管の間に波状のフィンがはんだ付けされたものである．

(2) ラジエータキャップ

一般に水は1気圧下では373Kで沸騰し蒸気になるが，圧力が1気圧以上になれば373Kになっても沸騰しない．エンジンの冷却水温度は暖機終了後373K近くなり，シリンダブロック内のウォータジャケットの一部においては373K以上になり，大気圧下では沸騰が始まる．その結果，熱交換が十分に行えなくなり，オーバヒートを起こす可能性がある．また，気泡がシリンダブロックの腐食の原因にもなるため，冷却水が373Kを越えても沸騰せず外気との温度差を大きくとれるようにラジエータキャップにスプリングによる加圧機能を持たせている（図6.70）．この加圧式ラジエータキャップにより冷却水循環系内部を密閉し，温度上昇に伴う水の膨張を利用して液面上の空気を圧縮することで内部圧力を高め，冷却水の沸騰点を390K程度に高めて冷却効率を向上している．

加圧弁は加圧スプリングにより閉じられているが，冷却水の温度上昇ととも

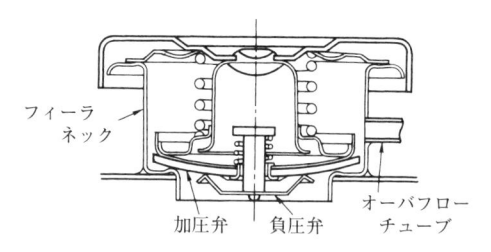

図6.70 加圧式ラジエータキャップ

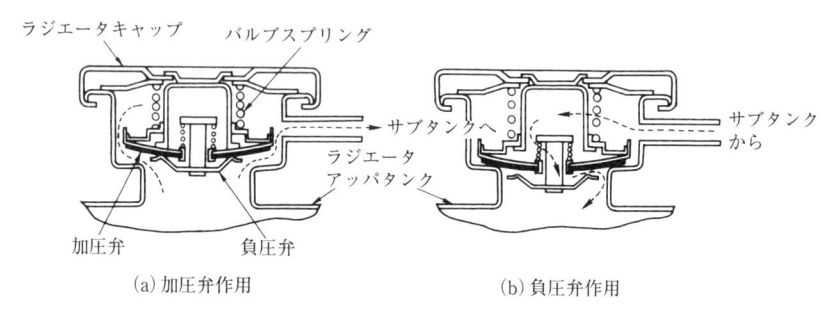

図6.71 ラジエータキャップの作用
(a) 加圧弁作用　(b) 負圧弁作用

に内部圧力が上昇し，90kPa（ゲージ圧）程度になるとスプリング力に打ち勝って弁を開き，必要以上に内部圧力が上昇するのを防いでいる〔図6.71 (a)〕．また，エンジン停止後に冷却水の温度が低くなると冷却系の内部は逆に負圧になる．この時には大気との圧力差により負圧弁が開いて外気を導入してラジエータなどの変形を防止している〔図6.71 (b)〕．近年では冷却水のリザーバタンク（サブタンク）を持つことが一般的になっている．

(3) ウォータポンプ

ウォータポンプは，クランクシャフトからベルトなどによって駆動されるベーン形遠心ポンプで，冷却水をエンジン内およびラジエータ～エンジン内を循環させる（図6.72）[44]．ボデーの材質はアルミニウム合金製が一般的であり，ロータの材質は従来の鋳造製から板金製が主流となってきており，さらには三次元ベーン形状を形成できる樹脂製が採用されてきている．

(4) サーモスタットバルブ

冬期などに冷却水温度を短時間内に高め，低車速においても350K程度以上

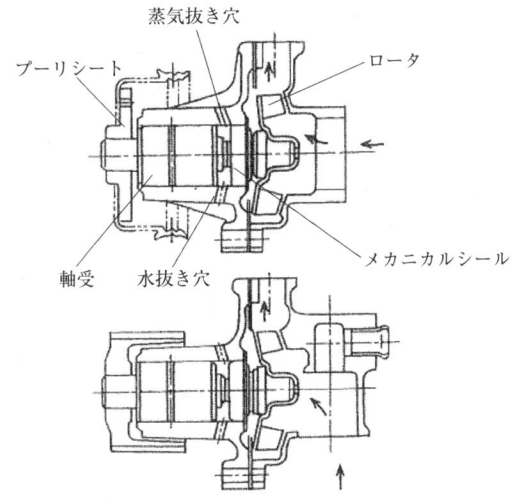

図 6.72　ウォータポンプの構造（下吸込み形）

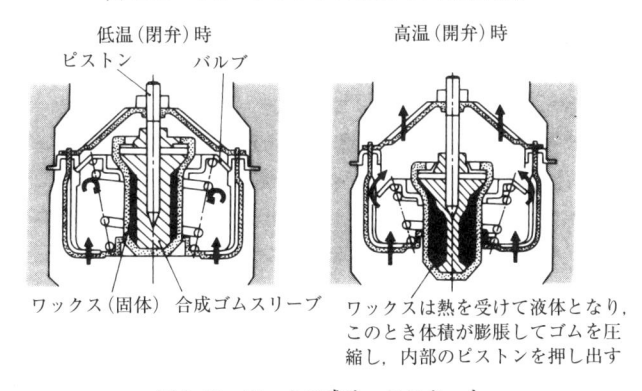

図 6.73　ワックス式サーモスタット

の温度を保って良好な燃焼状態を得るため，サーモスタットバルブが設けられている．水温が低いときはバルブを閉じてラジエータに冷却水を循環させずにバイパス通路からエンジン内を循環するようにし，水温が高くなったときは，バルブを開いてラジエータに冷却水を循環させる．サーモスタットは，内部に封入されたワックスが温度変化に従って膨張，収縮して，このワックス部に連結したバルブを開閉する機構となっている（図 6.73）．

なお，サーモスタットのケースには，小さな空気抜き孔が設けられており，

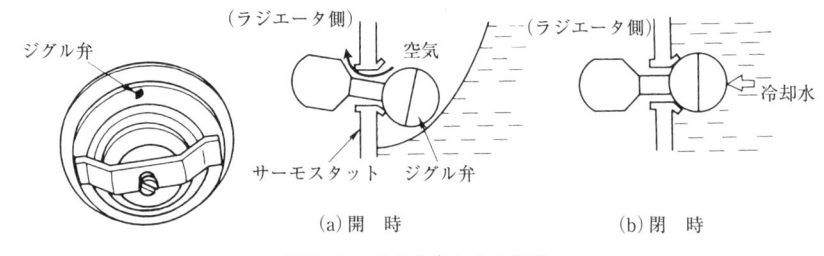

図6.74 ジグル弁とその作動

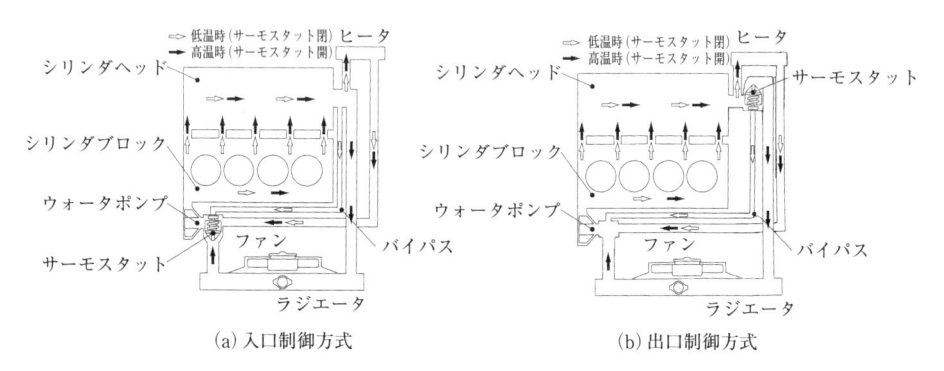

(a) 開時　(b) 閉時

図6.75 冷却水温制御方式の比較

(a) 入口制御方式　(b) 出口制御方式

エンジンへの冷却水の給水時などに空気抜きを容易にしている．その孔には図6.74に示すように，ジグル弁を設けられている．ジグル弁は図6.74（a）のように冷却水循環系内に残留している空気を逃がし，空気が無いときには図6.74（b）のように浮力と水圧により閉じて，冷却水が空気抜き孔からラジエータ側へ流れるのを防止して，エンジンの暖機時間を短縮している．

冷却水経路におけるサーモスタットの設置場所には，二つの方式がある（図6.75）．

① 入口水温制御方式：サーモスタットがラジエータとウォータポンプの間に設けられている．

② 出口水温制御方式：サーモスタットがエンジン出口に設けられている．

入口水温制御方式には下記の特徴がある．

① 暖機の途中でサーモスタットの開弁温度以上に水温が上昇してしまう，

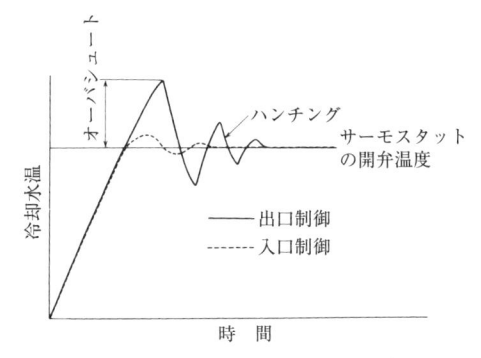

図 6.76 サーモスタットのオーバシュートおよびハンチング現象

オーバシュート現象を小さくできる．
② サーモスタットが敏感に作動するため，暖機途中で水温がサーモスタット開弁温度付近でふらつくハンチング現象が小さく，エンジン内の温度が速く安定する（図 6.76）[45]．
③ ポンプの吸込み抵抗が大きくなりやすい．

出口水温制御方式には下記の特徴がある．
① サーモスタットの点検が容易．
② 注水時の空気抜きが容易．

現在では性能面から入口制御方式を基本として，エンジンの素質や冷却性能の要求によってシリンダヘッドを優先して冷却するヘッド先流し冷却方式や図 6.68 で前述した二系統冷却方式など多くの仕様が採用されている[46]．

(5) 冷却ファン

ラジエータの冷却手段として走行風とともに重要な役割を果たしているのが冷却ファンであり，送風効率の向上と駆動損失および送風音の低減が重要な課題である．冷却ファンには，クランクシャフトからのベルト駆動と電気モータによる駆動があり，材質は樹脂製がほとんどである．

ベルト駆動用冷却ファンはエンジンの回転速度に対し 0.8〜1.5 倍で回転するように，ファンベルトを介しクランクシャフトより駆動される．図 6.77 に示したファンは 7 枚羽根で騒音低減のため羽根の間隔をずらし不等ピッチとしてある．また，エンジンの高回転時には車速が速く十分な車速風が得られるこ

回転方向

前進翼ファン

図 6.77 冷却ファン

とと，ファン騒音低減の要求より，冷却ファンの回転速度制御を行うために，ファンプーリが直結されているディスクとファンが取り付けられたホイールの間にシリコーン油を密封し，油の粘性でホイールに回転を伝え，設定回転速度以上になるとスリップするようになっているフルードカップリングが一般的に用いられている．

なお，最近では冷却水温度をサーモスイッチにより感知し，設定温度に達すると電動モータによってファンを駆動し，設定温度以下ではファンを停止することによって性能面およびエネルギー効率面でも適正な制御が行える電動式冷却ファンがエンジン横置き FF 車を中心に FR 車へも普及している．

(6) ファンベルト

ファンベルトはクランクシャフトのプーリから冷却ファンを駆動するために用いられている．一般に V ベルトが使用される．V ベルトはラップドベルト，ローエッジベルト，コグドベルト，V リブドベルト等がある．近年動力伝達効率や屈折曲疲労性に優れた信頼性の高い V リブドベルトが多く使用されている（図 6.78）[47]．

6.6.3 冷却水

冷却水としては軟水を，一般には水道水を使用している．硬水は，鉄分や不純物が多い水，塩分を含んだ水，温泉地帯などに多い無水硫酸，硫化水素などを含んだ水などであり，長期間の使用によりエンジン内部に水垢の堆積や金属の腐食，ゴムホースの硬化などを起こす原因となるので冷却水として適当では

図6.78 ファンベルトの種類

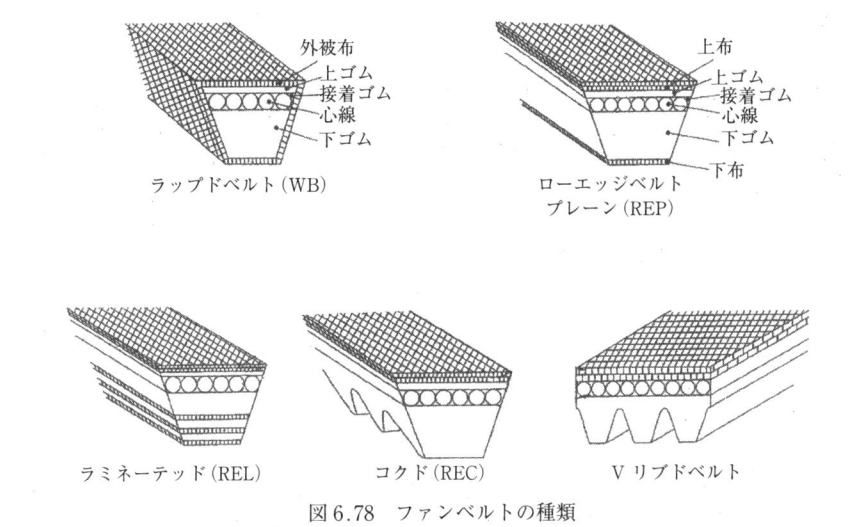

ない．特に，最近のエンジンには多くの軽金属合金を使用しているので，これらに対する影響は大きく，使用にあたっては軟水を入れるように注意しなければならない．水の一つの欠点として，凍結時の体積膨張からラジエータやウォータジャケットを破損するおそれがある．これを防止するため，エチレングリコール（Ethylene Glycol）を主成分とした不凍液（軽金属を腐食させるため，使用期間は冬期のみ），または不凍液にさらに防錆剤などを混入したロングライフクーラント（Long Life Coolant：LLC，年間を通じて使用可）の添加が行われる．混入割合は一般で約30%，寒冷地で40〜50%程度である．なお，この混入割合が大切で，間違うとエンジンの損傷に至る．そのため，その地域の最低外気温を予想し，それより10度程度低い凍結温度になるように混入割合を求める．不凍液の主成分であるエチレングリコールと水の混合液の氷結温度を図6.79に示す．不凍液の割合が60%を越えると，それ以上増しても逆に氷結温度は高くなってしまうので注意を要する．エチレングリコールは，比熱が0.65（293K）と水に比べ半分近いため暖機が早く行われ，冬期にヒータの効きが早いという特長がある．しかし，熱伝導率も0.26W/m·Kと水の約1/2.5と小さいため，冷却効果が悪くなって，シリンダや燃焼室の表面温度が上がる．このため，主としてピストンとシリンダ間の摩擦損失の低減によって燃費

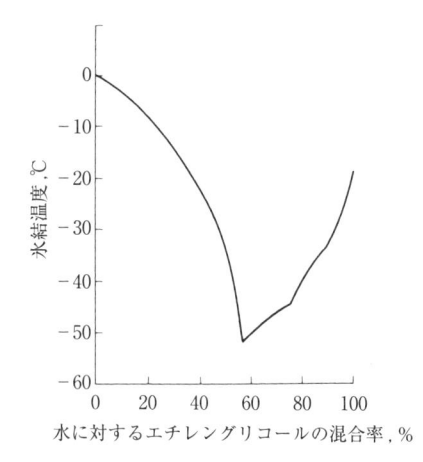

図6.79 エチレングリコール混合率と氷結温度

が向上するが，逆に燃焼室壁温が上昇することによって，ノッキングが起こりやすくなる．

長期間エンジンを使用していると，冷却水通路に茶褐色の粘土状物質，いわゆる水垢が堆積する．また金属腐食によって，金属部分が盛り上がってくることがある．これらが生じると冷却水の通路をふさぎ循環を妨げる．水垢や錆は表面は柔らかいが，下層は熱のため硬化し，冷却不足を引き起こし，過熱により性能を発揮できなくなることがある．このような現象は不凍液の長期間使用や不良不凍液を使用したときに特にはなはだしい．LLCでもメーカーの指示した期間（通常2年程度）で交換することが望ましい．

6.7 電子制御システム

エンジン制御の基本は，(i) シリンダへ吸入される空気量を適切な量にすること，(ii) 同じくシリンダへ供給する燃料量を適切な量とすること，(iii) 適切なタイミングで点火すること，以上の3点によって常に適切な燃焼状態を実現することである．

6.7.1 基本的な構成と機能

基本的なシステムを図6.80に示す[48]．吸入空気量，回転速度，冷却水温な

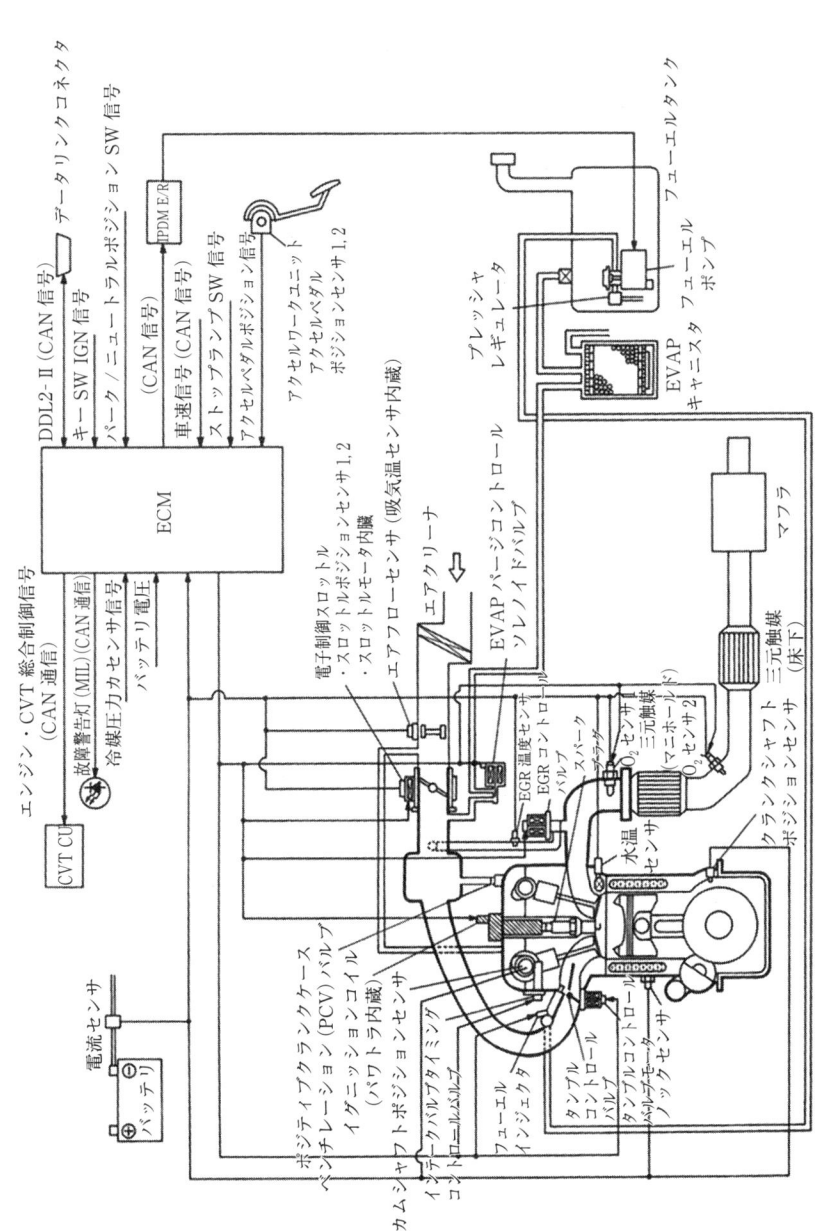

第6章 エンジンの構造と機能　**239**

図 6.80　エンジン電子制御システム

表6.5 主な制御項目

制御項目	制御内容
燃料噴射制御	吸入空気量,エンジン回転速度,冷却水温,加減速などに応じて適切な量の燃料を供給する
空燃比フィードバック制御	排気空燃比を検出して理論空燃比にフィードバックし,三元触媒の転化率を高く維持する
点火時期制御	吸入空気量,エンジン回転速度,冷却水温などに応じて適切な点火時期,通電時間を設定する
ノック制御	ノックを検出して点火時期を補正することにより,ノックを防止するとともに熱効率を高く維持する
アイドル回転速度制御	補助空気量を操作し,補機負荷,ATのN-D操作などによらずアイドル回転速度を目標回転速度に保つ

どの情報を検知するセンサと,空気量制御,燃料噴射,点火などを実行するアクチュエータと,センサからの情報に基づいてアクチュエータを駆動するコントロールユニットとで構成されている.コントロールユニットは,マイクロコンピュータを用いるものが主流である.基本的な制御項目を表6.5に示す.

6.7.2 基本パラメータ

エンジンは,吸入空気量と回転速度とを基本パラメータとして制御される.

(1) 吸入空気量の計量

エンジン制御システムには,吸入空気計量方式により,以下に示すような種類がある.

(a) エアフローメータ(Air Flow Meter)方式

吸入空気量を直接計量する方式であり,一定温度に加熱した抵抗体からの放熱量で吸入空気量を計測するホットワイヤ式(図6.81)が主流である.吸気温の影響を補正するために,吸気温測定用の抵抗体(コールドワイヤ)を内蔵している.

(b) スピードデンシティ(Speed Density)方式

吸気行程ごとの吸入空気量は吸気圧(絶対圧)にほぼ比例するので,エンジン回転速度と吸気圧とから吸入空気量を間接的に計量することができる.吸気圧センサの例を図6.82に示す.シリコンダイアフラムに形成されたひずみゲージにより吸気圧が計測される.吸気の密度を補正するために,吸気温に対す

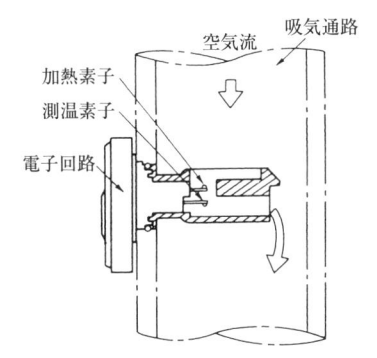

図6.81 ホットワイヤ式エアフローメータの構造

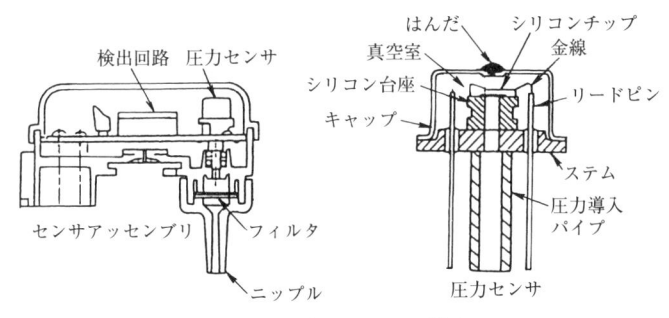

図6.82 吸気圧センサの構造

る補正が必要である．また，排気圧（≒大気圧）により気筒内に残留する排出ガス量が変化して，吸入空気量と吸気圧との関係も変化するので，大気圧に対する補正が必要である．さらに，EGRを用いる場合は，吸入空気量と吸気圧との関係がEGR率によって変化するため，EGR率に応じた補正が必要となる．

(2) 回転速度の計測

回転速度の計測にはクランク角センサが用いられる．現在ではクランク角センサは，クランク軸に取り付けられたシグナルプレートに一定角度刻みで刻まれた"歯"を検出する方式が多い（図6.83）．クランク角センサからは，各気筒のREF信号（所定角度だけTDCに先行する信号），所定間隔の角度信号（ex. 10°）が出力される．回転速度の計測は，REF信号ごとの周期計測または所定時間ごとの角度信号パルス数（周波数）計測により行われる．

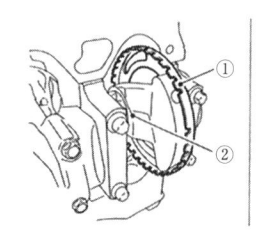

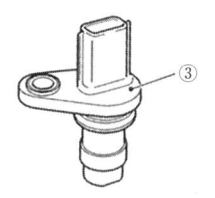

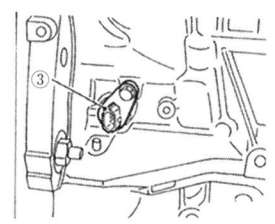

① シグナルプレート
② クランクシャフト
③ クランクポジションセンサ

図6.83　クランク角センサの構造

6.7.3　空気量制御

エンジントルクの大小を決める最も重要な因子は，吸入空気量である．理論空燃比で運転されている場合，シリンダに吸入される空気が多いほど，燃料供給量も多くでき，発生熱量が大きくなるのでトルクが大きくなる．現在のエンジンでは吸入空気量は電子制御システムにより制御され，運転性・燃費・排気といった各種性能の両立が図られている．

(1)　空気量制御デバイス

上記のようにエンジントルクに対して大きく影響を及ぼすため，空気量制御に関わるセンサやアクチュエータ，およびマイクロコンピュータに対して特別な安全設計措置が図られる．具体的にはセンサや信号線，および演算処理を二重系とする例が多い．空気量を制御する代表的なアクチュエータとして，電子制御スロットルバルブがある（図6.84）．

(2)　吸入空気量の制御

以下の式により，理論空燃比で運転されている時の吸入空気量を基本として，所定の空燃比で運転されているときに必要な吸入空気量を求めることができる[49]．

$$\left.\begin{array}{l} tTVO = f_1(tQ_a', N_e) \\ tQ_a' = tQ_a \times F_C / F_{byA} \\ tQ_a = f_2(A_{ps}, N_e) \\ F_C = f_3(F_{byA}) \end{array}\right\} \quad (6.3)$$

ここで，$tTVO$：目標スロットル開度　deg

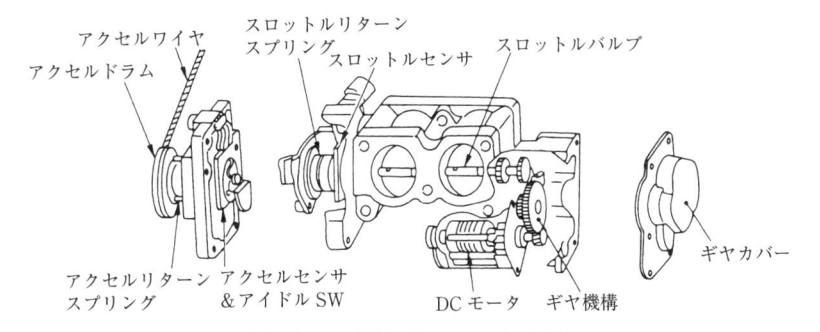

図6.84 電子制御スロットルの構造

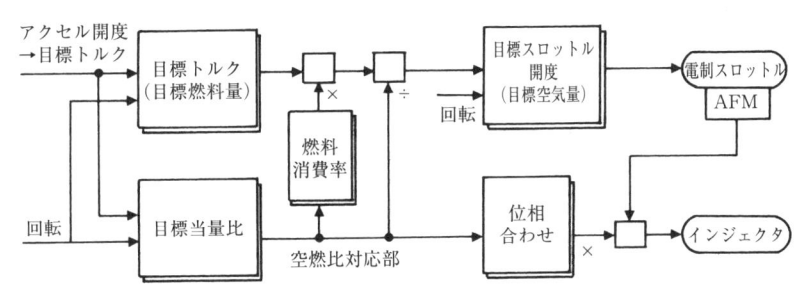

図6.85 トルク制御のブロック図

tQ_a'：所定空燃比での目標吸入空気量　kg/s

N_e：エンジン回転速度　rpm

tQ_a：理論空燃比での目標吸入空気量　kg/s

F_c：所定空燃比での燃費と理論空燃比での燃費との比

$F_{by}A$：目標当量比

APS：アクセル操作量　deg

ここで，関数 f_1, f_2, f_3 は，データマップを表す．関数 f_1, f_3 は，実測データを用いる．一方，関数 f_2 は，データを変更することにより運転性のチューニングが可能である．また，目標当量比 $F_{by}A$ は，運転条件に応じて設定される．なお，上記の式には示されていない，燃料噴射量の変化を吸気の遅れに対応して補正する位相補正が採用されている．吸入空気量の制御のブロック図を図6.85に示す．

6.7.4 シリンダ吸入空気量計量

シリンダに吸入された空気量に応じて，適切な空燃比となるように，燃料供給量を制御する．このためにはシリンダに吸入された空気量を計量する手段と，そこへ供給する燃料量を計量する手段が必要である．前述したエアフローメータで計量される吸入空気量は単位時間にスロットルを通過する空気量である．したがって，エアフローメータで計量された吸入空気量から，エンジン運転状態および吸気の応答特性に基いて，1吸気行程ごとにシリンダに吸入される空気量を演算により求める必要がある．

(1) 吸気応答の考え方

空気は圧縮性流体であるため，吸気管へ流入する空気（＝スロットルを通過する吸入空気量）と流出する空気（＝シリンダに吸入される空気量）のバランスにより，圧力（吸気圧）が変化することになる．加速時や減速時は，先ずスロットルを通過する空気量が変化し，吸気管内の充填空気量が変化して吸気圧（＝吸入空気の密度）が変化し，その結果シリンダに吸入される空気量が変化する．吸気行程では吸気圧の空気がシリンダに充填されるので，吸気圧の変化とシリンダに吸入される空気量の変化はおおむね同位相である．

(2) シリンダ吸入空気量の算出

以下，等価回路モデル（図 6.86[50]）を用いて吸気応答を説明する．1吸気行程ごとにシリンダに吸入される空気量 Q_c は，1吸気行程ごとにスロットルを通過する空気量 Q_a から，スロットル下流の吸気圧 P_c を変化させるための空気量*を除いた空気量である．Q_c，Q_a の過渡応答の例を図 6.87 に示す．

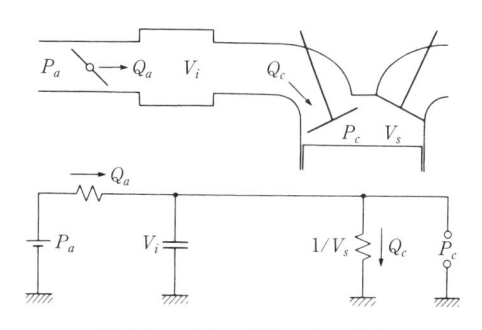

図 6.86 吸気の過渡応答の説明

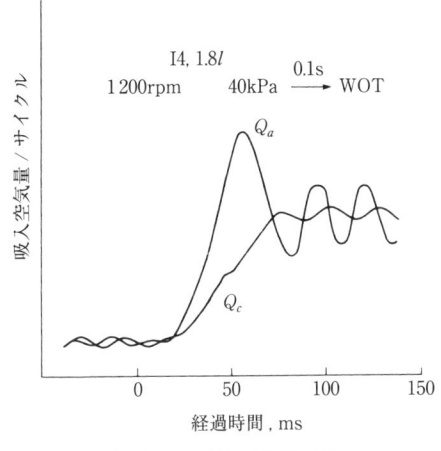

図 6.87　吸気の応答の例

エンジン電子制御システムにおいては，エアフローメータで計量された空気量をエンジン回転速度を参照して Q_a に変換し，さらに上記の吸気の過渡応答特性を使って Q_c を演算して，燃料噴射量を決定している．

6.7.5　燃料噴射制御

上述のシリンダ吸入空気量が算出され，要求される空燃比が決まれば，供給すべき燃料量が求められる．エンジンに要求される空燃比を高い精度で実現するために，燃料供給手段として電子制御燃料噴射システムが採用されてきた．

(1)　燃料供給システム

今日では，各気筒の吸気ポートのそれぞれにインジェクタ（Injector）を設ける PFI（Port Fuel Injection）が，以下の理由により主流である．

① 吸気系の設計自由度が高く，出力が向上する．
② 空燃比の制御精度が高く，出力，燃費，排気に有利である．

さらに，筒内にガソリンを直接噴射する DI（Direct Injection）も採用されている．

---

* $V_i \Delta P_c = V_i \Delta Q_c / V_s$（$V_i$：スロットル下流の容積，$V_s$：行程容積）

(a) 燃料ポンプ

燃料ポンプは，ガソリンを燃料タンクからインジェクタに圧送する．PFIの代表的な電動式燃料ポンプの構造を図6.88に示す．燃料ポンプは，騒音の面で有利なため，燃料タンク内に搭載される．

DIでは，さらに高い燃料圧力が必要になるため，カムシャフトに連結された機械式燃料ポンプが併用される．

(b) 燃料圧力

インジェクタの開弁時間により燃料噴射量を制御するためには，供給燃料の圧力を一定に保つ必要がある．このために，プレッシャレギュレータを設けている．PFIでは，吸気ポート部にインジェクタが設けられているので，燃料圧力と吸気圧との差圧を一定に保つようにしており，温度が380K程度に達するエンジンルーム内でガソリンを液体のままインジェクタから噴射する必要か

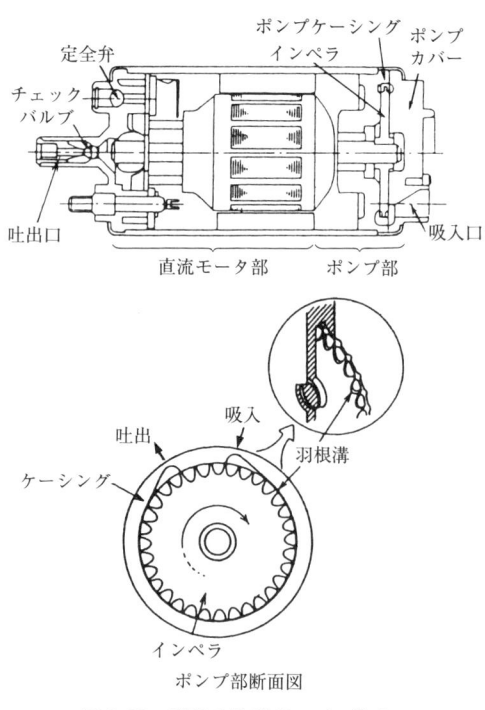

図6.88 電動式燃料ポンプの構造

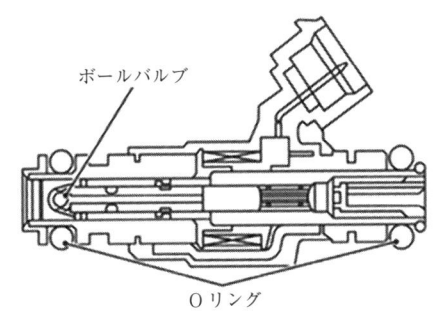

図6.89 インジェクタの構造

ら，300 kPa 程度の差圧が設定されている．

一方，DI では，筒内にガソリンを噴射するために，5〜15 MPa の圧力が設定される．

(c) インジェクタ

PFI の代表的なインジェクタの構造を図6.89に示す．いわゆるソレノイドバルブであり，通電時に開弁する．開弁により噴射された燃料は噴霧となり，その特性が燃焼状態に大きな影響を及ぼすため，噴霧の微粒化や拡散形態の改良が続けられている．今日では噴霧の粒径は30〜60 μm であり，広がりが最適となるように工夫されている．

一方，DI のインジェクタでは，吸気行程または圧縮行程に噴射されるので，吸気行程以前に噴射できる PFI に比べて短い時間でガソリンが気化される必要があり，噴霧の粒径は10〜20 μm である．

(d) 噴射時期

噴射時期は，REF 信号からの1度信号数で設定され，PFI では，ガソリンの気化時間を十分に確保するために，吸気行程以前に噴射される．

DI では，低負荷時は成層燃焼を実現するために圧縮行程で噴射され，高負荷時は均質燃焼を実現するために吸気行程で噴射される（図6.90）．

(2) 燃料供給量の計量

電子制御燃料噴射システムでは，通電時間（T_i：噴射パルス幅）によりインジェクタの開弁時間を制御し，必要な量のガソリンを供給する．PFI のインジェクタの代表的な流量特性を図6.91に示す．開弁遅れ時間と閉弁遅れ時間と

成層燃焼

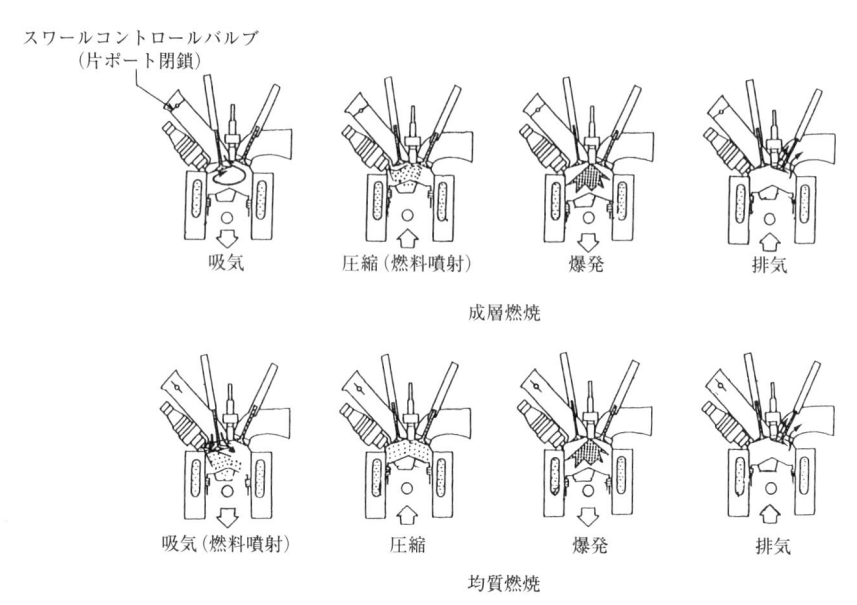

均質燃焼

図 6.90　DI の燃料噴射時期

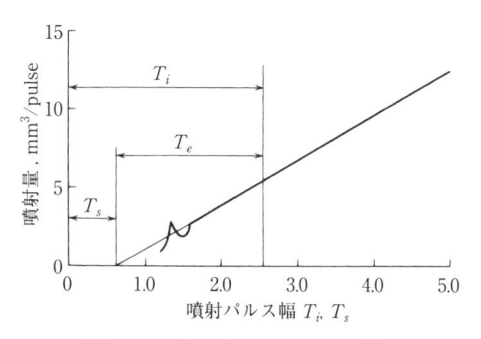

図 6.91　インジェクタの流量特性

の差が T_s（無効パルス幅）であり，T_i から T_s を除いた部分が T_e（有効パルス幅）である．最高回転速度の高回転化に対応するためには，短い時間で燃料噴射を実行する必要があり，T_s が小さいことが望ましい．また，過給エンジンの場合，燃料噴射量の最大値と最小値との比（ダイナミックレンジ）は 10 程度となるので，十分なダイナミックレンジが要求される．

DI では，燃料を噴射できる期間が限られているため，T_s の大きさやダイナ

ミックレンジに対する要求はさらに高い.

(3) 空燃比制御

空燃比制御には，基本空燃比制御と空燃比フィードバック制御とがある．

(a) 基本空燃比制御

各気筒ごとに1吸気行程に1回ずつ燃料噴射を行うので，燃料噴射量は1吸気ごとの吸入空気量に比例させる必要があり，噴射パルス幅 T_i を以下の式により求める．

$$\left.\begin{aligned} T_i &= T_e + T_s \\ T_e &= T_p \times F_{by}A \times \alpha \\ T_p &= K \times Q_a / N_e \end{aligned}\right\} \quad (6.4)$$

ここで，T_i：噴射パルス幅　ms

T_e：有効パルス幅　ms

T_s：無効パルス幅　ms

T_p：基本パルス幅　ms

$F_{by}A$：目標当量比

α：空燃比補正係数

K：比例定数　ms/kg

Q_a：吸入空気量　kg/s

N_e：エンジン回転速度　rpm

ここで，目標当量比 $F_{by}A$ は，暖機時などに濃い空燃比が要求される場合やDIのように軽負荷時に薄い空燃比が要求される場合に，要求空燃比の変化に対応して設定される．また，空燃比補正係数 α は，空燃比フィードバック制御のための係数である．なお，上記の式には示されていない，基本パルス幅 T_p への吸気の遅れ[50]に対応する補正や，有効パルス幅 T_e への燃料の遅れ[50]に対応する補正や，無効パルス幅 T_s への電源電圧に対応する補正も採用されている．

(b) 空燃比フィードバック制御

排気の章で説明されているように，理論空燃比で運転する時に，O_2 センサを用いて実際の空燃比を理論空燃比と比較して，空燃比補正係数 α を増減補正するものである．

(4) 燃料の過渡応答

PFIでは，インジェクタから噴射され微細な液滴に分裂してコーン状に広がったガソリンは，一部は液滴のままシリンダに吸入され，その他は吸気ポートの内壁や吸気バルブの傘部に付着して液膜燃料となって次サイクル以後の吸気行程でシリンダに吸入される（図6.92[51]）．液膜燃料の存在に起因する燃料の応答遅れの例を図6.93に示す．燃料噴射量をステップ的に変化させても，シリンダに吸入される燃料の量は遅れて変化するので，空燃比は直ぐには応答しない．したがって，燃料の過渡応答特性を考慮して，燃料噴射量を決定する工夫がなされている．

吸気行程に合わせて燃料噴射を行えば，液滴のまま吸入される燃料の割合が増加し，液膜燃料の量は低減する．一方，燃料の液滴が十分に気化されないまま吸入されてHCの排出量が増加するので，燃料噴射時期は吸気行程直前に終

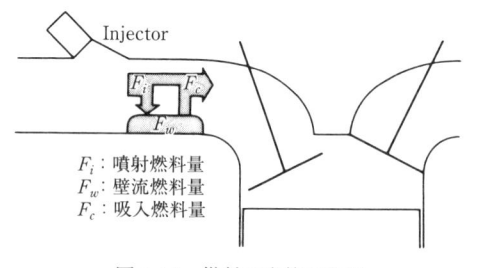

F_i：噴射燃料量
F_w：壁流燃料量
F_c：吸入燃料量

図6.92　燃料の応答の説明

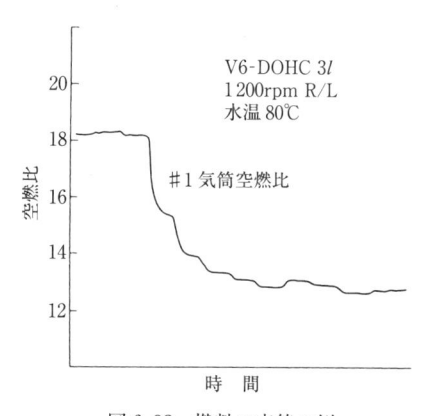

図6.93　燃料の応答の例

了するように設定される場合が多い．この場合，燃料噴霧の中心部は燃焼ガスの高温にさらされているバルブの傘部に衝突し，周辺部は冷却水で温められている吸気ポートの内壁に付着して加熱され，気化が促進される．したがって，冷却水温が低いほど液膜燃料の量は増加する．また，液膜燃料の量は燃料の揮発のしやすさにより変化する．燃料の揮発のしやすさは，燃料の50%が留出する温度T_{50}で代表させることができる．T_{50}と液膜燃料の量の関係を図6.94に示す．T_{50}が高い（燃料が揮発し難い）ほど液膜燃料の量は増加する．これからわかるように，運転性は燃料性状の影響を大きく受けるので，燃料性状は規格化されている（表6.6）．

一方，各気筒のシリンダにガソリンを直接噴射するDIでは，前述のような液膜燃料は存在しないので，燃料の過渡応答特性は飛躍的に改善される．ただ

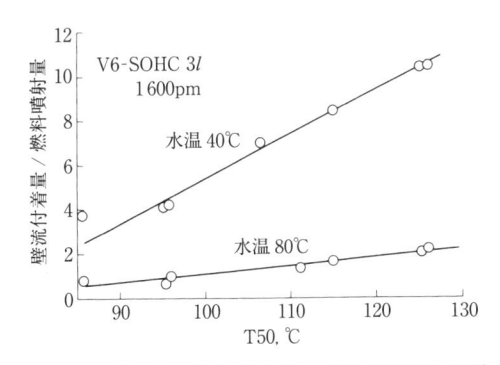

図6.94　ガソリン性状（T50）と壁流燃料値の関係

表6.6　自動車ガソリンの品質（JIS K 2202）

種類	オクタン価 (リサーチ法)	密度 (15℃) g/cm³	蒸留性状（減失量加算)				銅版腐食 (50℃ 3h)	蒸気圧[1] (37.8℃) kPa {kgf/cm²}	実在ガム[2] mg/100ml	酸化安定度 min	色
			10%留出温度 ℃	50%留出温度 ℃	90%留出温度 ℃	終点 ℃	残油量容量 %				
1号	96.0以上	0.783以下	70以下	125以下	180以下	220以下	2.0以下	1以下	44〜78 {0.45〜0.80}	5以下	240以上	オレンジ系色
2号	89.0以上											

注1　寒候用のものの蒸気圧の上限は93kPa{0.95kgf/cm²}とする．
　2　未洗のもの．ただし5〜20mg/100mlの範囲にあるものは洗浄実在ガムが5mg/100ml以下であればよい．

し，吸気ポートや吸気バルブからの受熱がなく，さらに，（成層燃焼の場合）圧縮行程に噴射時期が設定されるため燃料霧の気化にかけられる時間が短いので，燃料噴霧の粒径を 10～20μm に微粒化して気化を促進している．

6.7.6 点火制御

シリンダに必要な量の空気を充填し，それに見合った燃料量を供給したら，続いて適切なタイミングで点火すれば，適切な燃焼状態を実現できる．

点火システム（Ignition System）は，高電圧発生部，配電部，点火プラグ，点火時期制御部から構成される．今日，吸入空気量，回転速度，空燃比などにより異なるエンジンの要求点火時期を高い精度で実現するために，電子制御点火システムが採用されてきた．

(1) 電圧発生部

高電圧発生部は，イグニションコイルの1次コイルに電流を供給してエネルギーを蓄えたうえで，1次コイルの電流を遮断して2次コイルの端子間に高電圧を発生させる．

イグニションコイルは，コイルの巻数を減らすことができ小型化，軽量化できるため，閉磁路鉄心タイプが主流である．機械式配電システムで用いられる一般のコイルと電子式配電システムで用いられるプラグトップタイプの超小型コイルとがある（図 6.95）．

(2) 配電部

2次コイルに発生する高電圧を各気筒の点火プラグに配電する．配電方式に

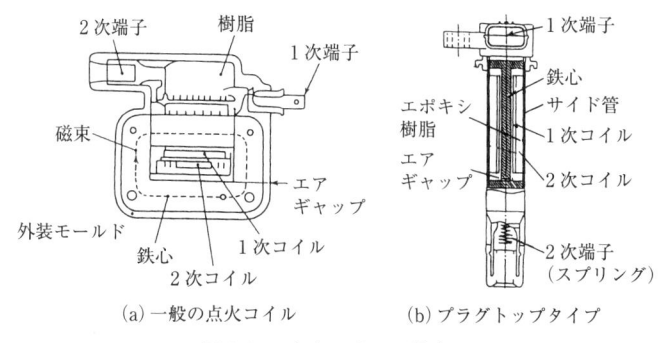

図 6.95 点火コイルの構造

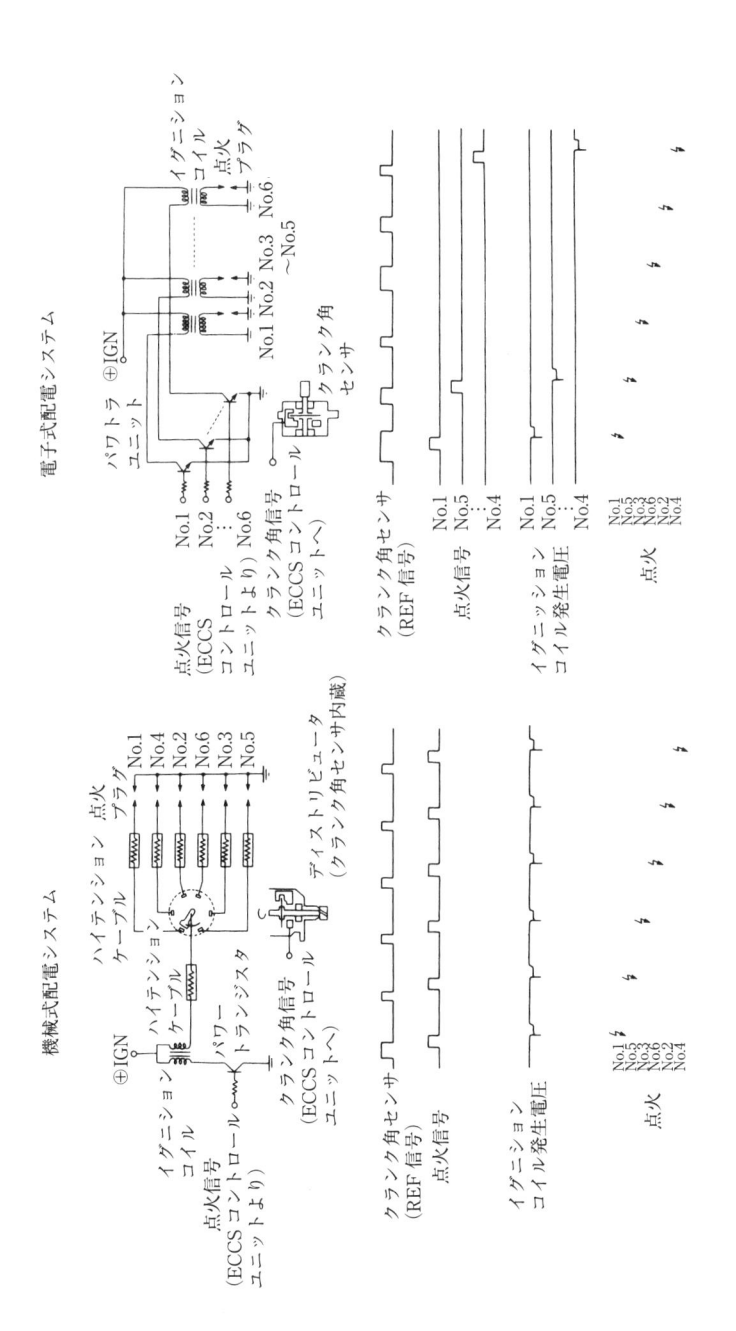

第6章 エンジンの構造と機能 **253**

図 6.96 配電システム

は，ディストリビュータ（Distributor）のロータにより配電する機械式と各気筒ごとにイグニションコイルを設ける電子式とがある（図 6.96）．

ディストリビュータを用いる場合，イグニションコイルで発生した高電圧を少ない損失で点火プラグに配送するためのハイテンションコードが用いられ，電波雑音を防止するために，抵抗入りのものが用いられる．

(3) 点火プラグ

点火プラグはシリンダヘッドに取り付けられ，高電圧を漏洩することなく中心電極（−）に導き，側方電極（アース）との間で放電して混合気に点火する．

点火プラグは，常温に近い混合気から 2300 K 以上の高圧燃焼ガスまで，短時間で雰囲気温度が変化する過酷な環境にさらされる．さらに，30 kV もの高電圧が印加されるなど，厳しい環境条件に耐えられるような構造に作られている必要がある．このために，電気絶縁性，熱的強度，機械的強度，化学的安定性などを評価するための試験項目が JIS 規格（B 8031）によって定められている．

(4) 点火時期制御部

点火時期制御部は，1 次コイルに通電を開始するクランク角と 1 次コイルの電流を遮断するクランク角とを制御して，通電時間と点火時期とを制御する．通電時間は，点火に必要なエネルギーが蓄えられる最小の時間に設定される．点火時期制御には，基本点火時期制御とノック制御とがある．

(a) 基本点火時期制御

吸入空気量の増大とともに燃焼速度は速くなり，MBT は遅角する．また，回転速度の上昇によりクランク角度に対する時間が短くなるので，MBT は進角する．これらの要求を満たすために，基本パルス幅 T_p とエンジン回転速度 N_e とを軸とするデータマップ（図 6.97）に基本点火時期を設定して，マップを検索して得られた値に冷却水温などに対応する補正を加えて点火時期としている．なお，アイドリング時には，安定度の見地から，上記の基本点火時期ではなく，回転速度 N_e を軸とするデータマップから検索されるアイドリング専用の点火時期を用いている．

DI のように運転条件に対応して空燃比が変更されるエンジンでは，最適な

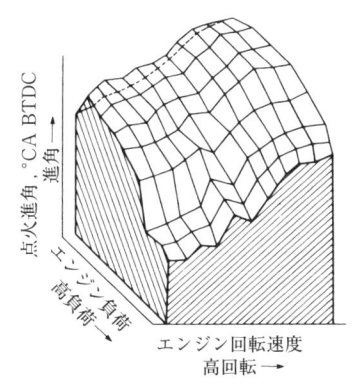

図6.97　点火時期特性の例

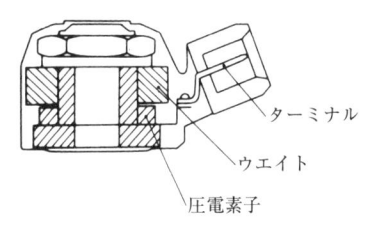

図6.98　ノックセンサの構造

点火時期が空燃比により変化するので，点火時期のマップは空燃比に対応して複数設定される．

(b) ノック制御

　点火時期は，最も燃費が良くなるMBTに設定されるべきであるが，高負荷域ではノック（knock）が発生してMBTまで進角できない場合がある．ノックの発生は湿度や燃料性状（オクタン価）などにより大きく変わるため，点火時期は余裕を持って遅角側に設定することになる．エンジンのもつ能力を最大に引き出すため，また，過給エンジンや高圧縮比エンジンのようにノックが発生しやすいエンジンの損傷を防止するために，ノック制御が非常に有効である．

　ノックを検出するノックセンサ（図6.98）は，エンジンブロックにボルト締めで取り付けられ，燃焼ガスの圧力振動をブロック表面の振動として検出する．ノックによる圧力振動は，燃焼ガスの音速とシリンダボア径で決まる特定

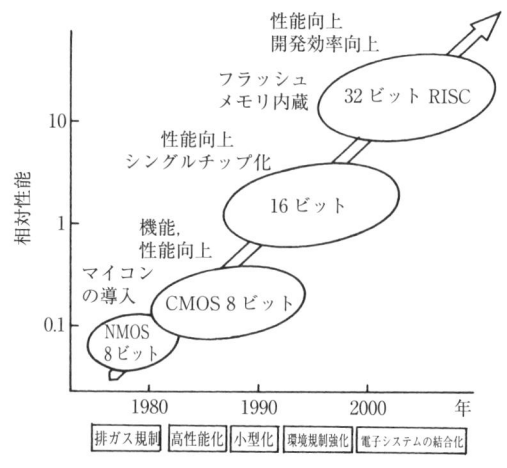

図 6.99 エンジン制御用マイクロコンピュータの動向

周波数の燃焼室内の共鳴振動として発生するので，特定周波数成分の強度を検出することにより，ノックが検出できる．吸気弁や排気弁の着座振動などのノイズを除去するために，信号処理方法が工夫されている．

6.7.7 電子制御システムの進化

今日，出力，燃費，排気などの性能に対する要求はますます高まっており，多くのセンサとアクチュエータとがエンジンに追加されている．また，制御の高度化に対応して，コントロールユニットに使用されるマイクロコンピュータの性能も年々向上してきている（図 6.99）．

6.8 始動系，充電系

図 6.100 に始動系，充電系の電気回路を示す．始動時，スタータはバッテリを電源として作動する．一方，エンジン回転中にオルタネータで発電された電力は，各種の電気負荷（電子制御システム，ランプなど）に供給され，余剰分はバッテリに充電される．バッテリが十分に充電されると，レギュレータによりオルタネータの発電電力が軽減され，バッテリの過充電を防止するとともに，発電負荷による燃料消費量の増加を防止する．

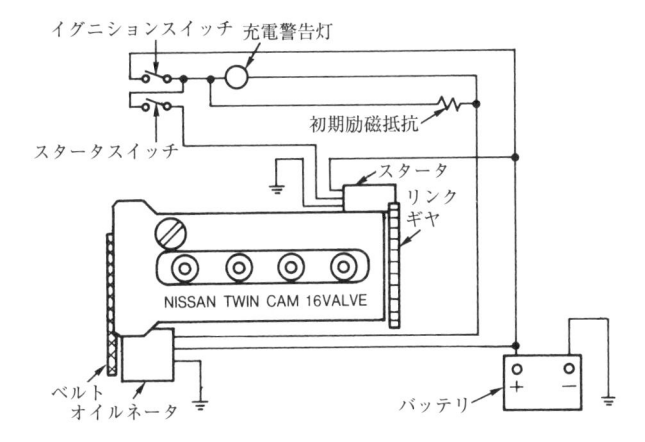

図 6.100 始動系, 充電系の電気回路

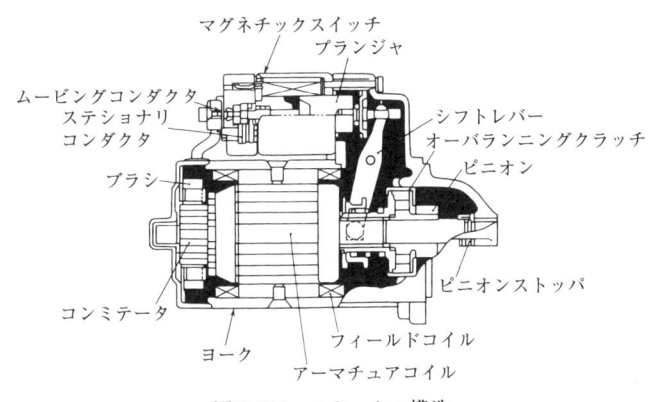

図 6.101 スタータの構造

6.8.1 始動系 (Starting System)

　エンジンを始動させるためには，外部動力でクランクシャフトを駆動して，シリンダに流入したガソリンを圧縮行程時の温度上昇で気化させてから点火する必要がある．自動車の場合は，直流スタータモータ，フライホイールの外周にはめ込まれたリングギヤにモータの動力を伝達する噛み合い機構（ピニオン，シフトレバー），モータへの電流を断続するスイッチ部から構成されるスタータ（図 6.101）が始動装置として用いられる．

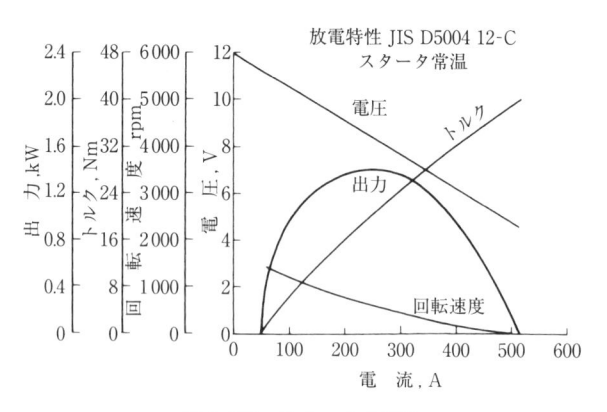

図6.102 スタータの特性

　スタータの特性を図6.102に示す．クランクを回転させるトルクは回転速度が高いほど大きく，スタータの発生するトルクは回転速度が高いほど低いので，クランキング回転速度は一定に保たれる．クランキング回転速度は，エンジンが始動できる最小の回転速度（100rpm程度）以上である必要がある．低温時には，オイルの粘度が増大しクランキングトルクが増大するとともに，バッテリの放電特性が低下してスタータの発生トルクが低下するため，クランキング回転速度が低下する．このため，低温時におけるクランキング回転速度を最小始動回転速度より高く保てるようにすることが必要である．

6.8.2 充電系（Charginng System）

　自動車の各種電気装置の電源として，オルタネータ（図6.103），レギュレータ，バッテリなどから構成される充電系がある．オルタネータはクランクプーリによりベルトを介して駆動されるので，その出力や効率はエンジン回転速度により変化する（図6.104）．高回転時には電気負荷を満たした余剰電力がバッテリに充電されるが，電圧が高くなりすぎると電気装置の故障やバッテリの過充電を引き起こすので，一定の電圧以上にならないようにレギュレータで発電電圧をコントロールしている．一方，低回転時には発電量が不足する場合もあり，バッテリに蓄えた電力を放電して不足分を補う．

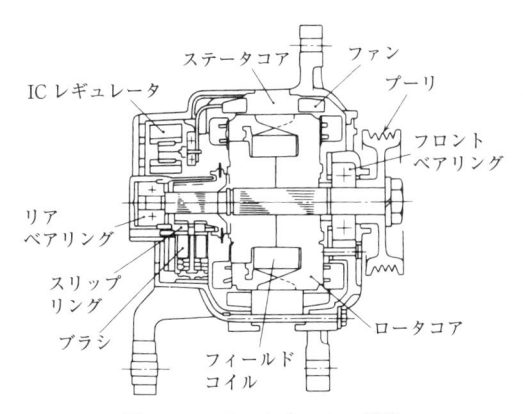

図 6.103 オルタネータの構造

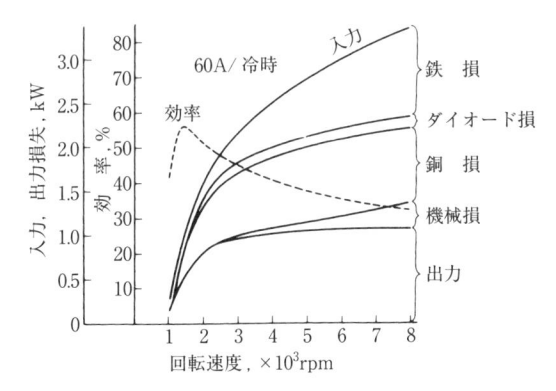

図 6.104 オルタネータの特性

参考文献

1) 自動車技術会ハンドブック編集委員会：自動車技術ハンドブック，第4分冊　設計（パワートレイン）編（2005）20
2) 今通：自動車整備入門　燃料・冷却・潤滑・排気装置，山海堂（1989）
3) 日産自動車：新型車解説書プレサージュ（U30）（1998）B-45
4) 自動車技術会ハンドブック編集委員会：自動車技術ハンドブック，第4分冊　設計（パワートレイン）編（2005）20
5) 益田隆文　ほか：パワートレインの軽量化技術，日産技報，66（2010）14
6) 小松田卓　ほか：高出力，大排気量V6エンジン用アルミニウムライナ鋳込みシリンダブロックの開発，HONDA R&D Technical Review, 19, 2（2007）74
7) 石垣　匠　ほか：吸気弁遅閉じ機構を用いた新型CIVIC 4気筒1.8L i‐VTEC ガソリンエンジンの開発，自動車技術会シンポジウム「新開発エンジン」，11-06（2006）37

8) 自動車技術会ハンドブック編集委員会：自動車技術ハンドブック，第4分冊 設計（パワートレイン）編（2005）138
9) 星 満：自動車エンジンのシール入門，バルブレビュー，31, 11（1987）
10) 保田芳輝 ほか：フリクション制御材料技術，日産技報，57（2005）48
11) 馬渕 豊・奥田紗知子：水素フリーDLC膜による超低フリクション化技術—エンジンバルブリフタへの適用—，自動車技術，62, 4（2008）44
12) 中村 信：可変動弁機構とその応用システムの現状と将来，ENGINE TECHNOLOGY REVIEW, 1, 3（2009）28
13) 赤坂裕三・三浦 創：ガソリンエンジン：燃費及び排出ガス低減に貢献する可変動弁機構の技術動向，自動車技術，59, 2（2005）33
14) 友金和人 ほか：新可変動弁システム（VEL）の開発，日産技報，60（2007）47
15) 山根 健：BMWのフル可変動弁システムVALVETRONIC，エンジン・テクノロジー，5, 1（2003）
16) 石田宜之 ほか：新型ツインカムエンジンシリーズの開発，内燃機関，25, 320（1987）7
17) 牛嶋研史：エンジンのピストン潤滑解析の適用，月刊トライボロジー，6（2005）45
18) 山田正樹：ガソリンエンジン：リング，自動車技術，59, 2（2005）21
19) 自動車技術会次世代トライボロジー特設委員会編：自動車のトライボロジー，養賢堂（1994）49
20) 関矢琢磨 ほか：ピストンリングの表面改質，月刊トライボロジー，11（2005）46
21) 自動車技術会次世代トライボロジー特設委員会編：自動車のトライボロジー，養賢堂（1994）42
22) 山口雅史 ほか：軽量一体鍛造分割型コンロッドの開発，日産技報，56（2005）21
23) 自動車技術会ハンドブック編集委員会：自動車技術ハンドブック，第4分冊 設計（パワートレイン）編（2005）30
24) 自動車技術会ハンドブック編集委員会：自動車技術ハンドブック，第4分冊 設計（パワートレイン）編（2005）47
25) 自動車技術会ハンドブック編集委員会：自動車技術ハンドブック，第4分冊 設計（パワートレイン）編（2005）48
26) 酒井健至・篭原幸彦：ガソリンエンジン：メタル，自動車技術，59, 2（2005）21
27) 小野 晃：すべり軸受の鉛フリー化対応技術，自動車技術，60, 11（2006）50
28) 自動車技術会ハンドブック編集委員会：自動車技術ハンドブック，第4分冊 設計（パワートレイン）編（2005）52
29) 鈴木正倫 ほか：新型4気筒1.2Lガソリンエンジンの開発，自動車技術会シンポジウム「新開発エンジン」，19-07（2008）30
30) 大森祥吾 ほか：新型アウトランダー搭載4B1型2.4Lエンジン，自動車技術会シンポジウム「新開発エンジン」，11-06（2006）31
31) 林 義正：乗用車用ガソリンエンジン入門，グランプリ出版（1995）169
32) 本田技研工業：広報資料（新型レジェンド）（2004）
33) 自動車技術会ハンドブック編集委員会：自動車技術ハンドブック，第4分冊 設計（パワートレイン）編（2005）98
34) 矢島淳一 ほか：新型V6 VVELとツインターボエンジンの開発，自動車技術会シンポジウム「新開発エンジン」，19-07（2008）36
35) EATON社ホームページ
36) 日本潤滑学会編：潤滑ハンドブック，養賢堂（1987）10

37) トヨタ自動車：新型車解説書（カローラ・ランクス，リンクス）(2001) 1-88
38) 自動車技術会ハンドブック編集委員会：自動車技術ハンドブック，第4分冊 設計（パワートレイン）編 (2005) 71
39) 自動車技術会ハンドブック編集委員会：自動車技術ハンドブック，第4分冊 設計（パワートレイン）編 (2005) 73
40) 自動車技術会ハンドブック編集委員会：自動車技術ハンドブック，第4分冊設計（パワートレイン）編 (2005) 74
41) 上田広司 ほか：オイルフィルタの最新製品の紹介，自動車技術，**53**, 1 (1999) 79
42) 自動車技術会ハンドブック編集委員会：自動車技術ハンドブック，第4分冊 設計（パワートレイン）編 (2005) 72
43) 日産自動車：新型車解説書 デュアリス (2007) CO-3
44) 自動車技術会ハンドブック編集委員会：自動車技術ハンドブック，第4分冊 設計（パワートレイン）編 (2005) 62
45) 自動車技術会ハンドブック編集委員会：自動車技術ハンドブック，第4分冊 設計（パワートレイン）編 (2005) 70
46) 自動車技術会ハンドブック編集委員会：自動車技術ハンドブック，第4分冊 設計（パワートレイン）編 (2005) 61
47) 自動車技術会ハンドブック編集委員会：自動車技術ハンドブック，第4分冊 設計（パワートレイン）編 (2005) 120
48) ティーダ/ティーダラティオ（c11）―2008年01月新型車解説書― 解説編
49) M. Yasuoka, et al.：A study of a torque control algorithm for direct-injection gasoline engines, JSAE Review, 19 (1998) 235
50) 内田 ほか：エンジンの吸気挙動とその計量方式の解析，日産技報論文集，1989.43
51) H. Nagaishi, et al.：An Analysis of Wall Flow and Behavior of Fuel in Induction System of Gasoline Engines, SAE Paper 890837 (1989)

付表1　国産エンジン諸元表

メーカー名	型式	気筒数／配置	シリンダ 内径×行程 D×S mm	総行程容積V cm³	バルブ配置	圧縮比	最高出力 kW-rpm	最大トルク Nm-rpm	機関整備寸法 長×幅×高 mm	全備乾燥質量 kg	行程・内径比 S/D	機関質量あたりの kg/l	リッタあたりの出力 kw/l
スズキ	K6A	I3	68×60.4	658	DOHC	9	47-6500	103-3500	352×387×554	59	0.89	89.7	71.4
ダイハツ	EF-VD	I3	68×60.5	659	DOHC	11	44-7600	65-4000	467×428×644	74	0.89	112.3	66.8
日産	HR12DE	I3	78×83.6	1198	DOHC	10.2	58-6000	106-4400	407×467×714	80	1.07	66.8	48.4
トヨタ	1NZ-FE	I4	75×84.7	1496	DOHC	10.5	80-6000	141-4200	621×580×630	88.7	1.13	59.3	53.5
マツダ	ZJ-VE	I4	74×78.4	1349	DOHC	10	67-6000	124-3500	510×495×680	69.7	1.06	51.7	49.7
本田	L13A	I4	73×80	1339	SOHC	10.8	63-5700	119-2800	580×500×685	79	1.10	59.0	47.1
本田	L15A	I4	73×89.4	1496	VTEC	10.4	81-5800	143-4800	580×500×705	84	1.23	56.1	54.1
日産	MR18DE	I4	84×81.1	1797	DOHC	9.9	94-5200	176-4800	588×505.1×701.7	104	0.97	57.9	52.3
三菱	4G94	I4	81.5×95.8	1999	SOHC	9.5	84-5250	170-4250	636×603×683	131	1.18	65.5	42.0
本田	MR20DE	I4	84×90.1	1997	DOHC	10	101-5200	200-4400	588×505.1×701.7	113	1.07	56.6	50.6
本田	K20A	I4	86×86	1998	i-VTEC	9.6	114-6500	188-4500	598×499×637	150	1.00	75.1	57.1
本田	F22C	I4	87×90.7	2156	VTEC	11.1	178-7800	221-6500~7500	503×608×643	148	1.04	68.6	82.6
トヨタ	1AZ-FSE	I4	86×86	1998	DOHC	10.5	114-6000	192-4000	(688×745×678)	124	1.00	62.1	57.1
トヨタ	2AZ-FE	I4	88.5×96	2362	DOHC	9.8	123-6000	224-4000	(625×665×640)	124	1.08	52.5	52.1
本田	K24A	I4	87×99	2354	i-VTEC	9.7	118-5500	218-4500	598×499×637	150	1.14	63.7	50.1
日産	QR25DE	I4	89×100	2488	DOHC	9.5	118-5600	240-4000	710×615×705	117	1.12	47.0	47.4
トヨタ	2GR-FSE	V6	94×83	3456	DOHC	11.8	232-6400	377-4800	699×695×766	177	0.88	51.2	67.1
本田	J30A	V6	86×86	2997	i-VTEC	10.5	184-6000	296-5000	706×679×690	156	1.00	52.1	61.4
日産	VQ35DE	V6	95×81.4	3498	DOHC	10.3	200-6000	353-4800	752×641×751	184	0.85	52.6	57.2
トヨタ	3UZ-FE	V8	91×82.5	4292	DOHC	10.5	206-5600	430-3400	816×699×718	202	0.91	47.1	48.0
日産	VK45DE	V8	93×82.7	4494	DOHC	10.5	206-6000	451-3600	921×692×778	219	0.89	48.7	45.8

付図1　日本の排気試験法

日本の排気試験法

日本での排気ガス試験法は運輸省の定める「新型自動車試験方法」に規定され，各テストモードは都市内の交通実態調査をもとにした代表的な走行パターンとなっている．

排気ガスのHC，CO，NO_xの排出量はテストモード走行時の排出ガスをCVS（Constant Volume Sampler）法により採取して求める．

CVS法：（Constant Volume Sampler）排気ガス定容積採取法という．

CVS装置は排気ガスを空気で希釈し，排気ガス＋希釈空気の流量を常に一定に保つものである．

したがって，CVS装置を通過した流量を計測し，一定の割合でバックに取り込み，その濃度を測定することにより，車両から排出されたガス重量を計算する．

燃料蒸発ガスの測定方法

ガソリンを燃料とする自動車から蒸発ガスとして排出される炭化水素の測定する試験である．

キャニスタを満充填状態とするキャニスタローディングが実施した後，プリコンディション走行を行い，その後，暖機放置時排出（HSL）試験と終日保管時排出試験を実施する．

暖機放置時排出（HSL）試験は，プリコンディション走行直後の1時間に車両から大気中に放出される燃料蒸発量を測定する試験であり，終日保管時排出（DPL）試験は，24時間の駐車中に車両から大気中に放出される燃料蒸発量を測定する試験である．

両試験ともにとSHEDと呼ばれる密閉試験室で測定が実施される．

付録 *265*

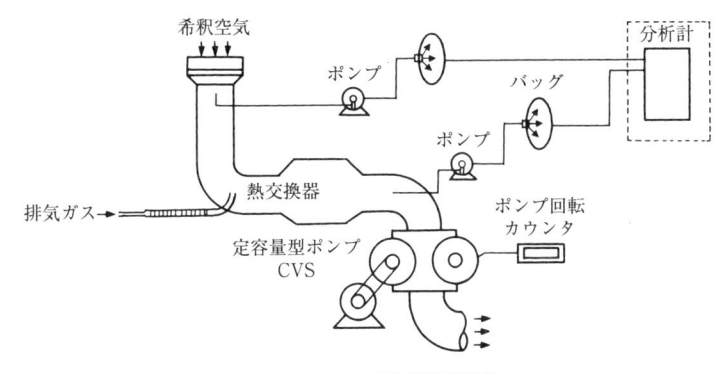

CVS法則定設備

$$HC(重量) = V_{mix} \times HC 密度 \times HC_{conc} \times 10^{-6}$$
$$CO(重量) = V_{mix} \times CO 密度 \times CO_{conc} \times 10^{-6}$$
$$NO_x(重量) = V_{mix} \times NO_x 密度 \times NO_{x\,conc} \times KH \times 10^{-6}$$

V_{mix}：標準状態における希釈排気ガス量（L/テスト）
密度：標準状態における各成分の密度（g/L）
　　　$HC = 0.577 g/L$
　　　$CO = 1.17 g/L$
　　　$NO_x = 1.91 g/L$
conc：希釈排気ガス濃度から希釈空気中の濃度を差し引いた値
KH：NO_x の湿度補正係数

付図1.1　CVS法測定設備

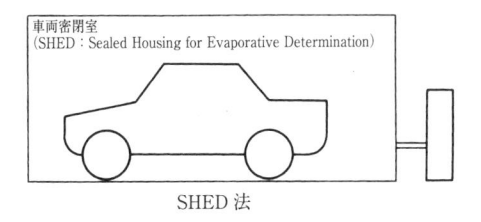

SHED法

付図1.2　燃料蒸発ガス試験

付図2　日・欧・米ガソリン乗用車評価モード比較

日

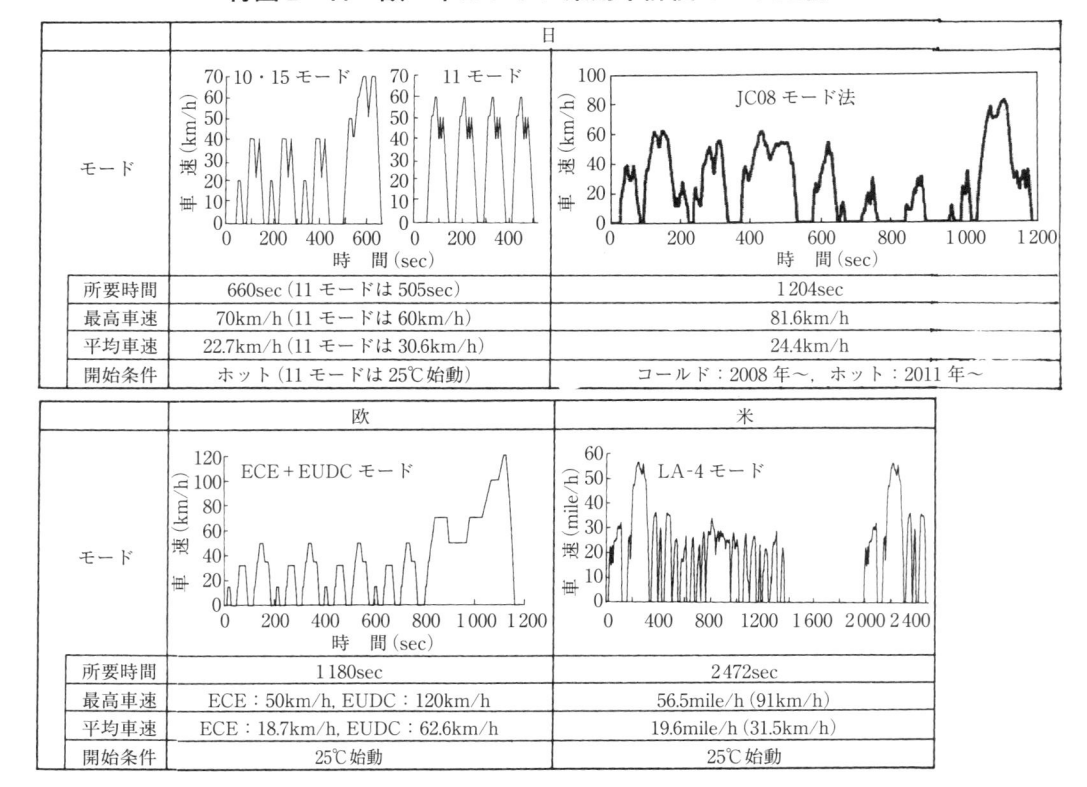

モード	10・15モード / 11モード
所要時間	660sec (11モードは505sec)
最高車速	70km/h (11モードは60km/h)
平均車速	22.7km/h (11モードは30.6km/h)
開始条件	ホット (11モードは25℃始動)

モード	JC08モード法
所要時間	1204sec
最高車速	81.6km/h
平均車速	24.4km/h
開始条件	コールド：2008年～、ホット：2011年～

欧

モード	ECE+EUDCモード
所要時間	1180sec
最高車速	ECE：50km/h、EUDC：120km/h
平均車速	ECE：18.7km/h、EUDC：62.6km/h
開始条件	25℃始動

米

モード	LA-4モード
所要時間	2472sec
最高車速	56.5mile/h (91km/h)
平均車速	19.6mile/h (31.5km/h)
開始条件	25℃始動

付図3　日・欧・米ガソリン乗用車排気規制の比較

	年	日本 10.15モード(g/km) HC	日本 10.15モード(g/km) NO_x	日本 10.15モード(g/km) CO	日本 11モード(g/km) HC	日本 11モード(g/km) NO_x	日本 11モード(g/km) CO	欧州 EU規制値(g/km) HC	欧州 EU規制値(g/km) NO_x	欧州 EU規制値(g/km) CO	欧州 EU規制値(g/km) PM	米国 連邦(g/mile) U/L※50kmile NMOG	米国 連邦 NO_x	米国 連邦 CO	米国 連邦 PM	米国 カ州(g/mile) U/L※50kmile HC	米国 カ州 NO_x	米国 カ州 CO	米国 カ州 PM
規制値	1993年	1978年～						EuroI HC＋NO_x 0.98		2.72		0.41	1.0	3.4		0.39	0.4	7/3.4	0.08
	1994年														0.2	0.25	会社平均NMOG		
	1995年															0.231			
	1996年	0.25	0.25	2.10	7.00	4.40	60.00									0.225			
	1997年							EuroII HC＋NO_x : 0.5		2.20						0.202			
	1999年											0.25	0.4		0.88	0.157			
	1993年															0.113			
	2000年	(2000年10月より)						EuroⅢ								0.073			
	2001年															0.070			
	2002年	0.08	0.08	0.67	2.20	1.40	19.00	0.20	0.15	2.30						0.068			
	2003年											0.075	0.2	3.4	0.88	0.062			
	2004年															0.053			
	2005年	コールドとホットモードのコンバインド値での規制						EuroⅣ								0.049			
	2006年															0.046	12万マイルの値		
	2007年	05年10月～ 10・15モード×(0.88)＋11モード×(0.12)						0.10	0.08	1.00		0.075	0.07	3.4	0.01	0.043			
	2008年	08年10月～														0.040			
	2009年	10・15モード×(0.75)＋JCO8Cモード×(0.25)						EuroⅤ								0.038			
	2010年	11年10月～														0.035			
	2011年	JCO8Hモード×(0.88)＋JCO8Cモード×(0.25)						0.068	0.060	1.00	0.005					0.035			
	2012年	0.05	0.05	1.15												0.035			
	2013年															0.035			
	2014年							EuroⅥ								0.030			
	2015年															0.030			
	2016年															0.030	←NMOG＋NO_x 規制強化提案中 2010年02月		
	2017年							0.068	0.060	1.00	0.0045					0.030			
	2018年															0.030			
	2019年															0.030			
	2020年															0.030			

カテゴリ	NMOG	NO_x	CO
TLEV	0.125	0.4	3.4
LEV	0.075	0.2	3.4
ULEV	0.040	0.2	1.7

12万マイルの値

カテゴリ	NMOG	NO_x	CO
LEV	0.090	0.07	4.2
ULEV	0.055	0.07	2.1
SULEV	0.010	0.020	1.0

※U/L：ユースフルライフ

付図 4　各社のエンジンシステム図

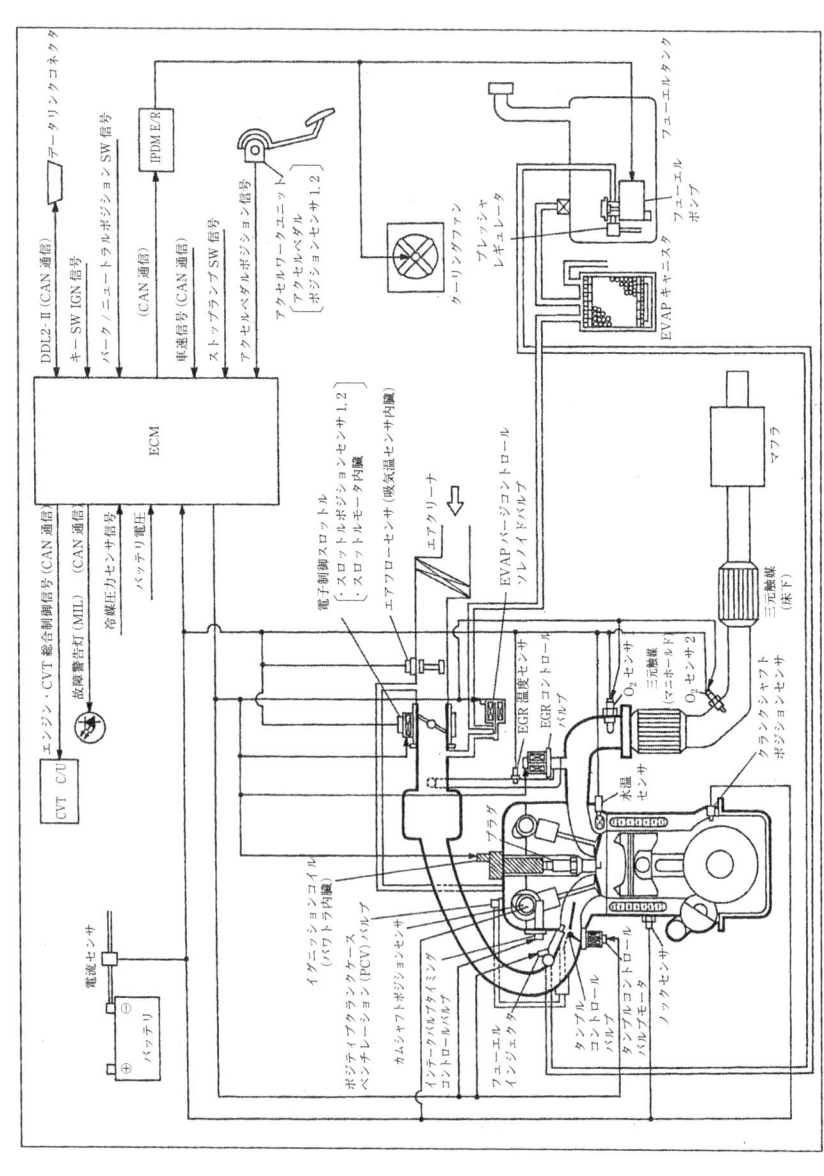

付図 4.1　日産自動車（株）ブルーバード・シルフィー　MR20DE 2.0L エンジンシステム図

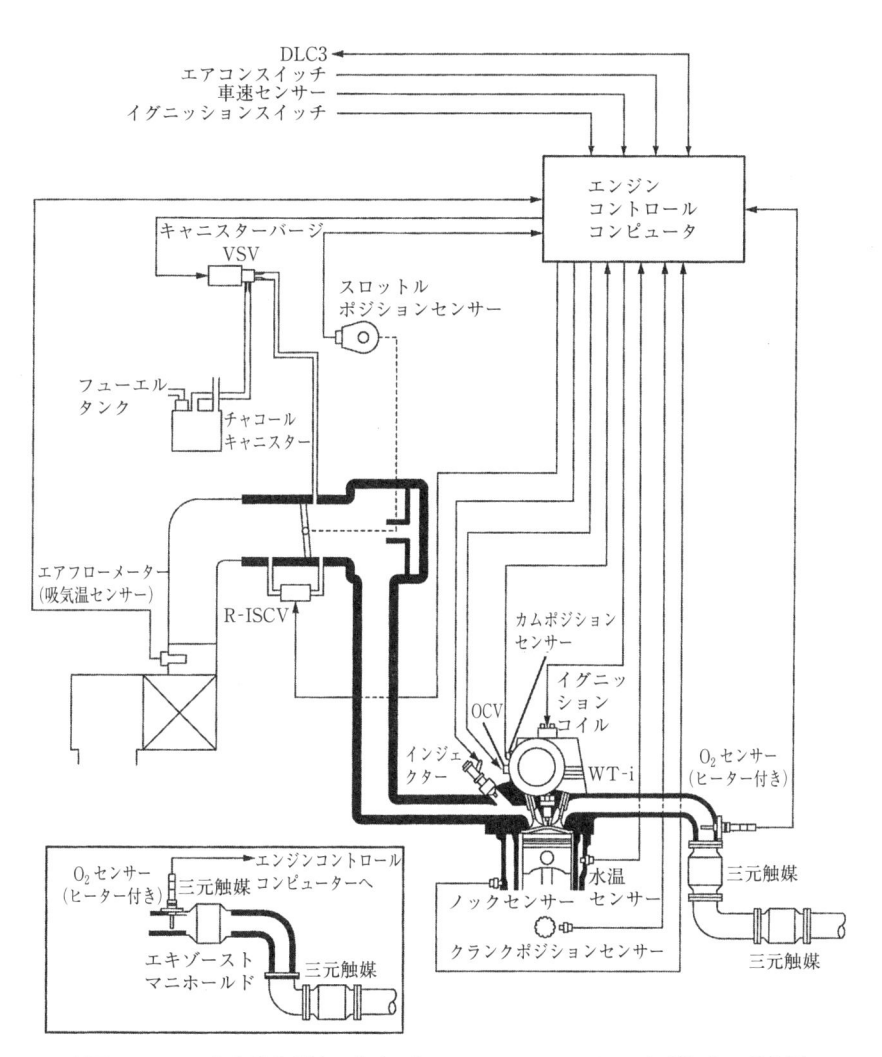

付録　**269**

付図 4.2　トヨタ自動車㈱　ウイッシュ　3ER-FAE 2.0L エンジンシステム図

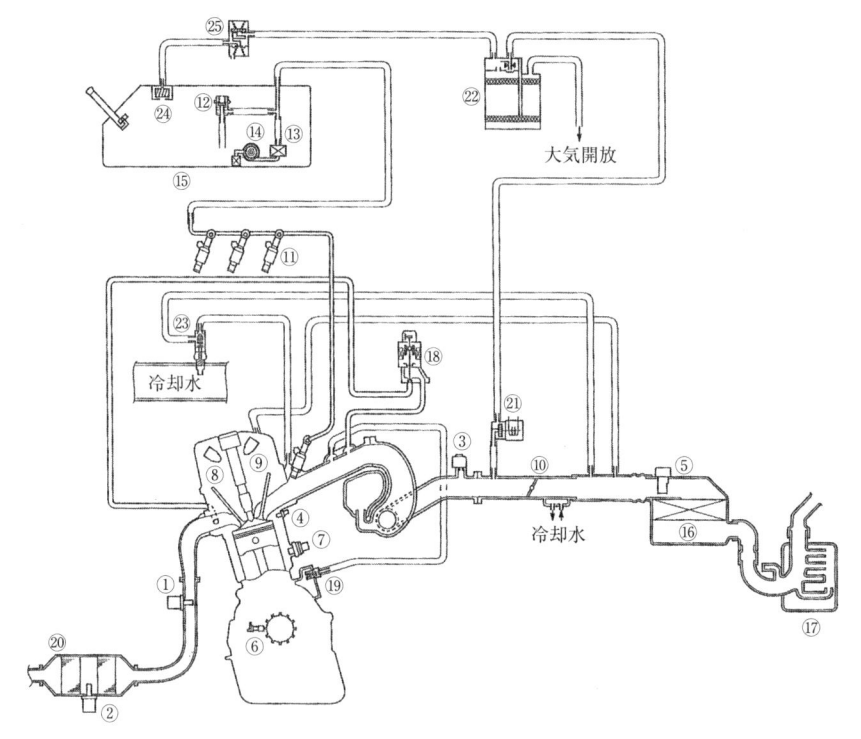

① FALセンサ
② セカンダリO₂センサ
③ 吸気圧力センサ
④ 水温センサ
⑤ エアフローメータ/吸気温度センサ
⑥ クランクセンサ
⑦ ノックセンサ
⑧ TDCセンサ
⑨ VTCカムセンサ
⑩ スロットルボディ
⑪ フューエルインジェクタ
⑫ プレッシャレギュレータ
⑬ フューエルフィンタ
⑭ フューエルポンプ
⑮ フューエルタンク
⑯ レゾネータ
⑲ PCV（ポジティブクランクケース
　　ベンチレーション）バルブ
⑳ 触媒コンバータ
㉑ パージコントロールSOL.V.
㉒ キャニスタ
㉓ エアアシストコントロールバルブ
㉔ フューエルカットバルブ
㉕ 2ウェイバルブ

付図4.3　本田技研工業(株)　シビック　K20A　2.0Lエンジンシステム図

付録　*271*

付図5　車両に作用する走行抵抗

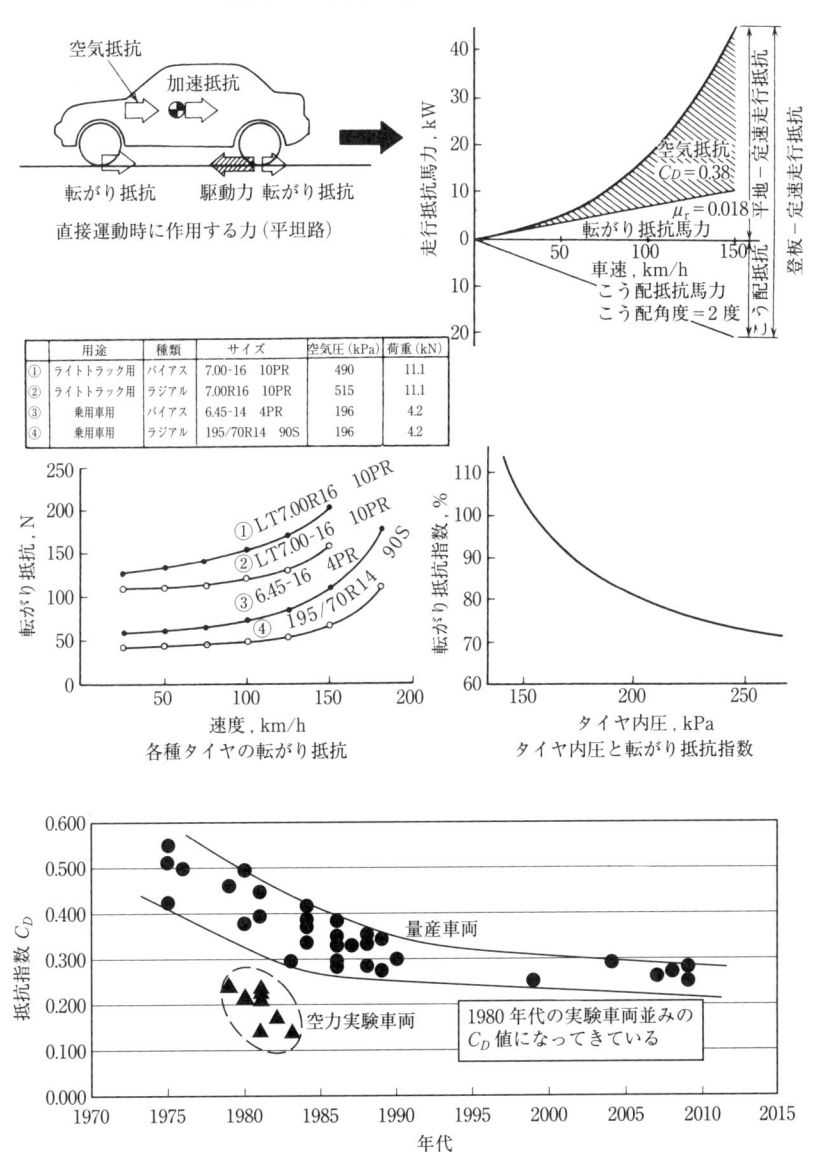

直接運動時に作用する力（平坦路）

	用途	種類	サイズ	空気圧 (kPa)	荷重 (kN)
①	ライトトラック用	バイアス	7.00-16　10PR	490	11.1
②	ライトトラック用	ラジアル	7.00R16　10PR	515	11.1
③	乗用車用	バイアス	6.45-14　4PR	196	4.2
④	乗用車用	ラジアル	195/70R14　90S	196	4.2

各種タイヤの転がり抵抗

タイヤ内圧と転がり抵抗指数

1980年代の実験車両並みのC_D値になってきている

付図6　将来の液体燃料

付図6.1　確認埋蔵量と可採年数の定義

「確認埋蔵量」(Reserves)とは：
- 製造業における「在庫」に相当する概念
- 石油企業が現在(の技術・コスト)で採取可能な量

「可採年数」≡ 確認埋蔵量 ÷ その年の生産量

- 消費と同時に新規発見という「資源の置き換え(Replacement)」がある(100%前後)＝石油がいつも あと40年の理由

－石油以外の資源(金属等)も同じ定義－

付図6.2　将来の燃料製造（藤元）

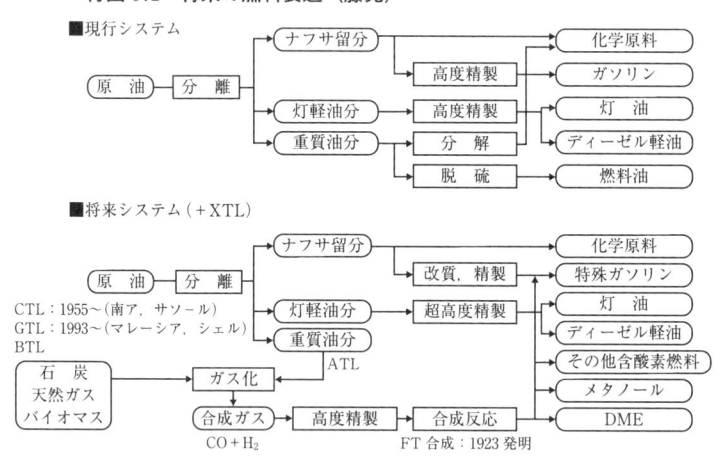

■現行システム

原油 → 分離 → ナフサ留分 → 高度精製 → 化学原料／ガソリン
　　　　　　→ 灯軽油分 → 高度精製 → 灯油／ディーゼル軽油
　　　　　　→ 重質油分 → 分解／脱硫 → 燃料油

■将来システム(＋XTL)

CTL：1955〜(南ア, サソール)
GTL：1993〜(マレーシア, シェル)
BTL

原油 → 分離 → ナフサ留分 → 改質, 精製 → 化学原料／特殊ガソリン
　　　　　　→ 灯軽油分 → 超高度精製 → 灯油／ディーゼル軽油
　　　　　　→ 重質油分 → その他含酸素燃料

石炭／天然ガス／バイオマス → ガス化 → 合成ガス(CO＋H$_2$) → 高度精製 → 合成反応 → メタノール／DME
ATL
FT合成：1923発明

付図6.3　化石資源量と生産コスト（新日石2005）

化石燃料(液体)トータルの資源量は約500年分

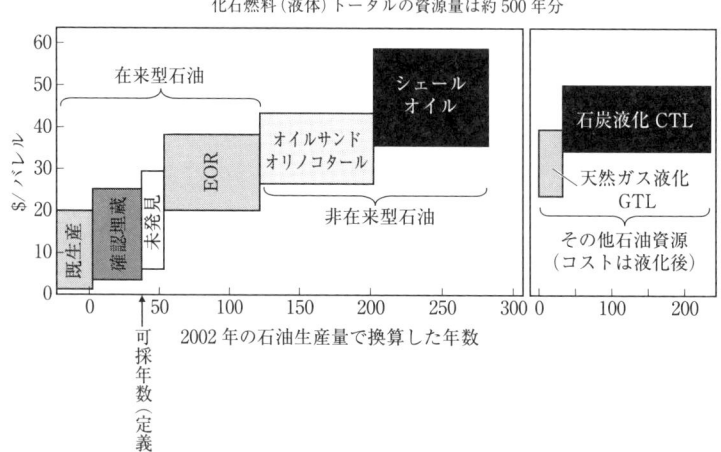

既生産／確認埋蔵／未発見／EOR／オイルサンド オリノコタール／シェールオイル／石炭液化CTL／天然ガス液化GTL

在来型石油／非在来型石油／その他石油資源(コストは液化後)

縦軸：$／バレル (0〜60)
横軸：2002年の石油生産量で換算した年数

可採年数(定義)

付録 273

付表2 可燃性物質の物理的特性および燃焼特性（対空気）

物質(燃料) 名称	化学式	分子量	密度 g/L* g/cm³	低発熱量 MJ/kg	理論空燃比 vol% kg/kg	燃焼限界(vol%) 下限界	燃焼限界(vol%) 上限界	沸点 ℃	引火温度 ℃	発火温度 ℃	断熱火炎温度 ℃	備考
水素	H_2	2.00	0.084*	119.8	29.5%/34.3	4.0	75	-252		571		
一酸化炭素	CO	28.0	1.165*	10.8	29.5%/2.47	12.5	74	-190		609		
メタン	CH_4	16.0	0.668*	49.95	9.47%/17.0	5.0	15.0	-161		632	1963	天然ガスの主成分
プロパン	C_3H_8	44.1	1.83*	46.30	4.02%/15.6	2.1	9.5	-42.1		504	1977	
ブタン	C_4H_{10}	58.1	2.41*	45.6	3.12%/15.5	1.8	8.4	-0.5		430	1982	
メチルアルコール	CH_3OH	32.0	0.792	20.1	12.2%/6.45	6.7	36	64.4	11	470		RON:112
エチルアルコール	C_2H_5OH	46.1	0.789	26.8	6.52%/9.00	3.3	19	78.3	12	392		RON:111
n-ヘプタン	C_7H_{16}	100	0.688	44.9	1.87%/15.2	1.2	6.7	98.4	-4.0	247	1940	RON:0
イソオクタン	C_8H_{18}	114	0.696	44.6	1.65%/15.1	1.1	6.0	99.2	-13	447	1960	RON:100
ガソリン	(～C_7H_{13})	(～100)	(～0.75)	(～43.7)	(～14.6)	1.4	7.6		(-38)	(456)		
MTBE	$CH_3OC(CH_3)_3$	88.2	0.740	32.5	2.56%/12.5			55.2	-28			RON:118
(参)空気 気体		28.96	1.205*									

* : 気体

付表3 ガソリン中のおもな炭化水素のオクタン価と性状

		オクタン価		比重 (20℃)	沸点 ℃ (760mmHg)	融点 ℃	屈折率 (D^{20})	低発熱量 cal/g (液, 25℃)
		リサーチ法	モータ法					
ノルマルパラフィン (C_nH_{2n+2})	ペンタン	61.7	61.9	0.62624	36.074	-129.721	1.35748	10 752.0
	ヘキサン	24.8	26.0	0.65937	68.740	-95.348	1.37486	10 780.0
	ヘプタン	0.0	0.0	0.68376	98.427	-90.610	1.38764	10 737.2
	オクタン	-18[1)	-16[1)	0.70252	125.665	-56.795	1.39743	10 705.0
イソパラフィン (C_nH_{1n+1})	2-メチルブタン	92.3	90.3	0.61967	27.852	-159.900	1.35373	10 731.0
	2-メチルヘキサン	42.4	46.4	0.67859	90.052	-118.276	1.38485	10 637.0
	2,4-ジメチルヘキサン	65.2	69.9	0.70036	109.429	—	1.39534	10 603.0
	2,2,4-トリメチルペンタン	100.0	100.0	0.69192	99.238	-107.380	1.39145	10 598.6
ナフテン系 (C_nH_{2n})	シクロペンタン	101.3	85.0	0.74538	49.624	-93.879	1.40645	10 465.4
	メチルシクロペンタン	91.3	80.0	0.74864	71.812	-142.455	1.40970	10 433.2
	シクロヘキサン	83.0	77.2	0.77855	80.738	+6.554	1.42623	10 382.7
オレフィン系 (C_nH_n)	1-ペンテン	90.9	77.1	0.64050	29.968	-165.220	1.37148	10 755.0[2)
	4-メチル-1-ペンテン	95.7	80.9	0.66420	53.880	-153.630	1.38280	10 687.8[2)
	2,2,4-トリメチル-1-ペンテン	106.6	86.5	0.71500	101.440	-93.480	1.40860	—
アロマティック系 (C_nH_{2n-6})	ベンゼン	—	115.0	0.87901	80.100	+5.533	1.50112	9 594.7
	トルエン	120.0	103.5	0.86694	110.625	-94.991	1.49693	9 686.1
	o-キシレン	—	100.0	0.88020	144.411	-25.182	1.50545	9 754.7
	m-キシレン	117.4	115.0	0.86417	139.103	-47.872	1.49722	9 752.4
	p-キシレン	116.4	109.6	0.86105	138.351	+13.263	1.49582	9 754.7
	エチルベンゼン	107.4	97.9	0.86702	136.186	-94.975	1.49588	9 781.7
	イソプロピルベンゼン	113.1	99.3	0.86179	152.392	-96.035	1.91450	9 846.4

(注) 1) 混合オクタン値 2) ガスの値

付表4 石油系炭化水素の分類

分類	一般式	説明	炭素原子の結合様式		
			形状	例	
パラフィン系 (Paraffins)	C_nH_{2n+2}	・メタン(CH_4)の誘導体と考えられるもので,飽和炭化水素が直鎖状または樹枝状に結合している。 ・他の炭化水素に比べ,水素含有量が最も多い。 ・石油系炭化水素の主成分をなしている。	直鎖状 (ノルマルパラフィン) 樹枝状 (イソパラフィン)	(メタン) (エタン) (ベンタン) (2-メチルペンタン)	(オクタン) (2,2,4-トリメチルペンタン または イソオクタン)
オレフィン系 (Orefins)	C_nH_{2n}	・エチレン($CH_2=CH_2$)の誘導体と考えられるもので,不飽和の炭化水素である。 ・天然の原油中に含まれることはなく,精製過程で生成される。	直鎖状 樹枝状	(エチレン) (2-メチル-1-ブテン)	(1-ペンテン) (2,2,4-トリメチルペンテン)
ナフテン系 (Naphthenes)	C_nH_{2n}	・環状飽和炭化水素またはシクロパラフィンとも呼び,ガソリン組成の分類のときは,パラフィン系に含めるのが一般的である。 ・右の5員環,6員環のほかに,3員環,4員環がある。 ・石油系炭化水素としては,パラフィン系とともに主成分をなしている。	環状 5員環 6員環	(シクロペンタン) (シクロヘキサン)	(メチルシクロペンタン) (メチルシクロヘキサン)
アロマティック系 (Aromatics)	C_nH_{2n-6}	・3個の二重結合を有する6個の炭素原子が環状に結合したものをベンゼンといい,ベンゼンを基本形とする炭化水素である。 ・他の炭化水素に比べ,著しく水素含有量が少ない。	環状	(ベンゼン) (トルエン)	(メタキシレン)

付表5　出力修正の方法

規格	JIS D 1001^{-1993}	SAEJ 816 b	DIN 70020/6-1976	ISO 1585-1982(E)
おもな用途	一般にはこれを用いる		必要なとき	
修正係数の記号	k	C_s	K	q_0
標準状態　気圧	99 kPa（乾燥大気圧力）	29.38 in. Hg（746.3 mmHg）	1 013 mb	99 kPa（743 mmHg）
標準状態　温度	298 K	85°F（29.4℃）	20℃	298 K（25℃）
標準状態　湿度	—	蒸気圧約30% 0.38 in. Hg（9.7 mmHg）	—	—
温度の測定箇所	吸気入口の上流0.15 m以内の空気温度	吸気口から6 in（0.152 m）以内の空気温度	吸気口から1.5 m離れた同じ高さの空気温度(℃)	吸気口から0.15 m以内の空気温度
軸出力，軸トルクに対する修正考え方	軸出力，軸トルクに対する修正	図示出力，図示トルクに対する修正	軸出力，軸トルクに対する修正	軸出力，軸トルクに対する修正
修正軸出力の計算式	$P_0 = kP$ （$0.93 \leq k \leq 1.07$）	$P_0 = C_S(P + P_j) - P_j$	$N_\mathrm{red} = KN_e$	$P_0 = \alpha_a P$

P_0, N_red：修正軸出力　kW　（注）$1\,\mathrm{kPa} = 7.50062\,\mathrm{mmHg}$
P, N_e：測定軸出力　kW
P_j, 測定摩擦馬力　kW

$$k = \left(\frac{99}{p_a - p_w}\right)^{1.2}\left(\frac{\theta}{298}\right)^{0.6} \quad \begin{pmatrix} p_a：測定大気圧　\mathrm{kPa}, \theta：測定温度　\mathrm{K} \\ p_w：大気の水蒸気分圧　\mathrm{kPa} \end{pmatrix}$$

$$C = \frac{29.00}{Bdt} \times \sqrt{\frac{t_t + 460}{85 + 460}} \quad \begin{pmatrix} Bdt：測定乾燥大気圧　\mathrm{in.Hg} \\ t_t：測定温度　°\mathrm{F} \end{pmatrix}$$

$$K = \frac{1\,013}{b} \times \sqrt{\frac{273 + t}{273 + 20}} \quad \begin{pmatrix} b：測定平均大気圧　\mathrm{mb} \\ t：測定温度　℃ \end{pmatrix}$$

$$a_e = \left(\frac{99}{p_s}\right)^{1.2}\left(\frac{T}{298}\right)^{0.6} \quad \begin{pmatrix} p_s：測定乾燥大気圧力 \\ T：測定温度　\mathrm{K} \end{pmatrix}$$

付表6 自動車騒音試験法

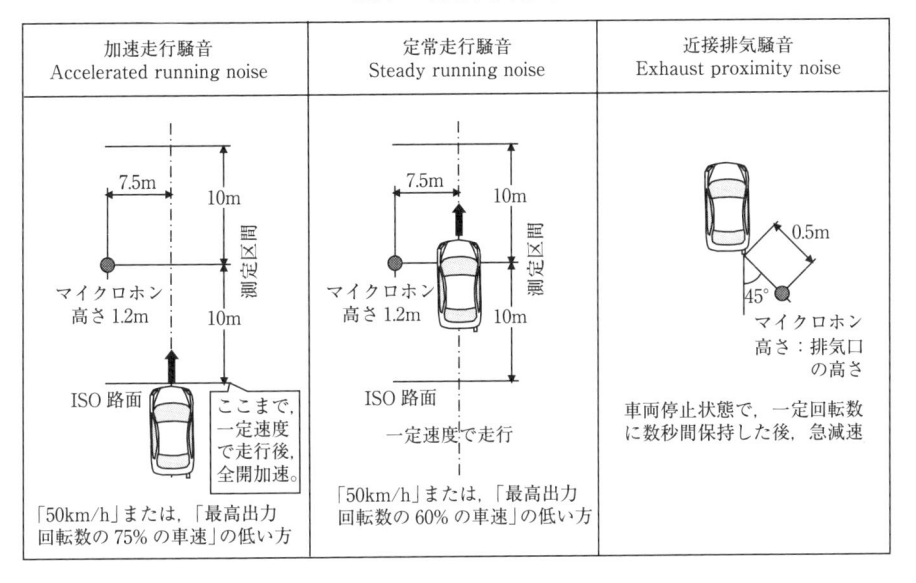

加速走行騒音 Accelerated running noise	定常走行騒音 Steady running noise	近接排気騒音 Exhaust proximity noise
7.5m、10m、測定区間10m マイクロホン高さ1.2m ISO路面 ここまで,一定速度で走行後,全開加速。 「50km/h」または,「最高出力回転数の75%の車速」の低い方	7.5m、10m、測定区間10m マイクロホン高さ1.2m ISO路面 一定速度で走行 「50km/h」または,「最高出力回転数の60%の車速」の低い方	0.5m、45° マイクロホン高さ：排気口の高さ 車両停止状態で,一定回転数に数秒間保持した後,急減速

付図7　自動車の走行性能曲線

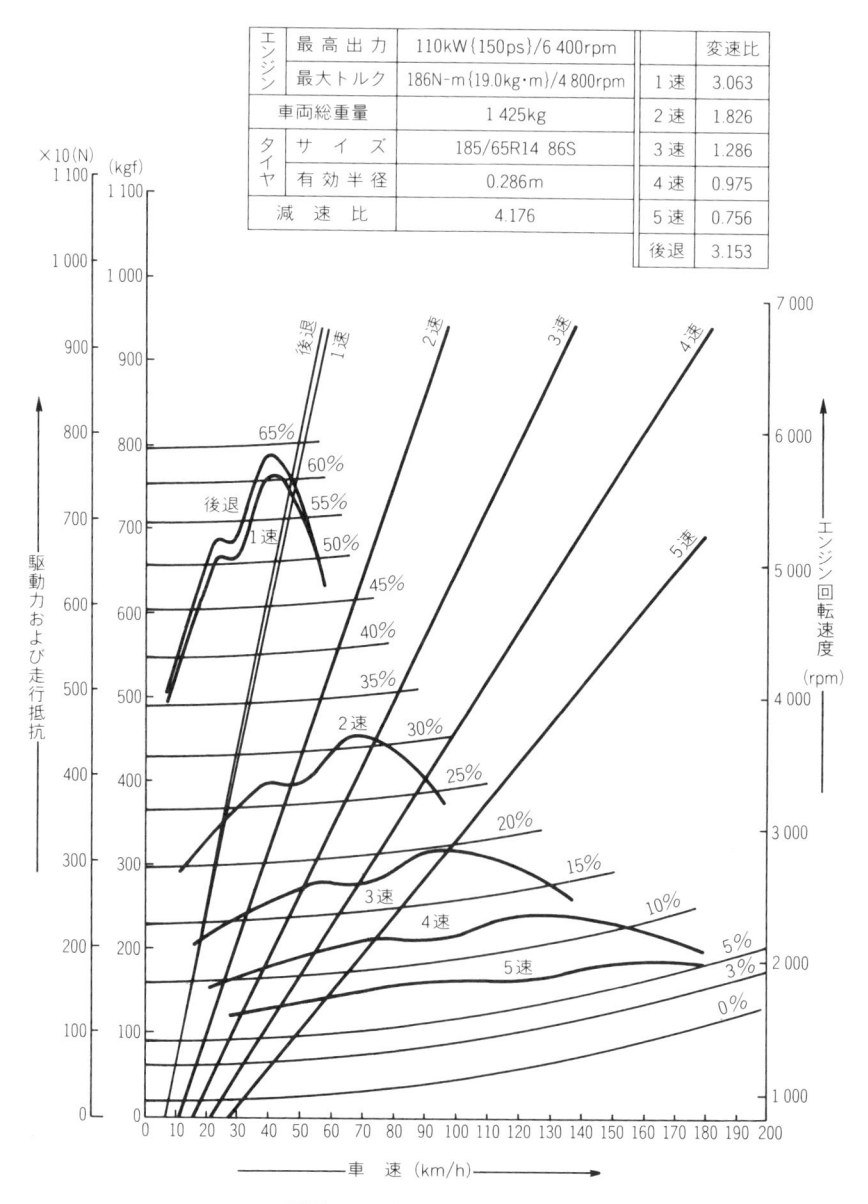

エンジン	最高出力	110kW(150ps)/6 400rpm		変速比
	最大トルク	186N-m{19.0kg·m}/4 800rpm	1速	3.063
車両総重量		1 425kg	2速	1.826
タイヤ	サイズ	185/65R14 86S	3速	1.286
	有効半径	0.286m	4速	0.975
減速比		4.176	5速	0.756
			後退	3.153

付図7.1　手動変速機（MT）

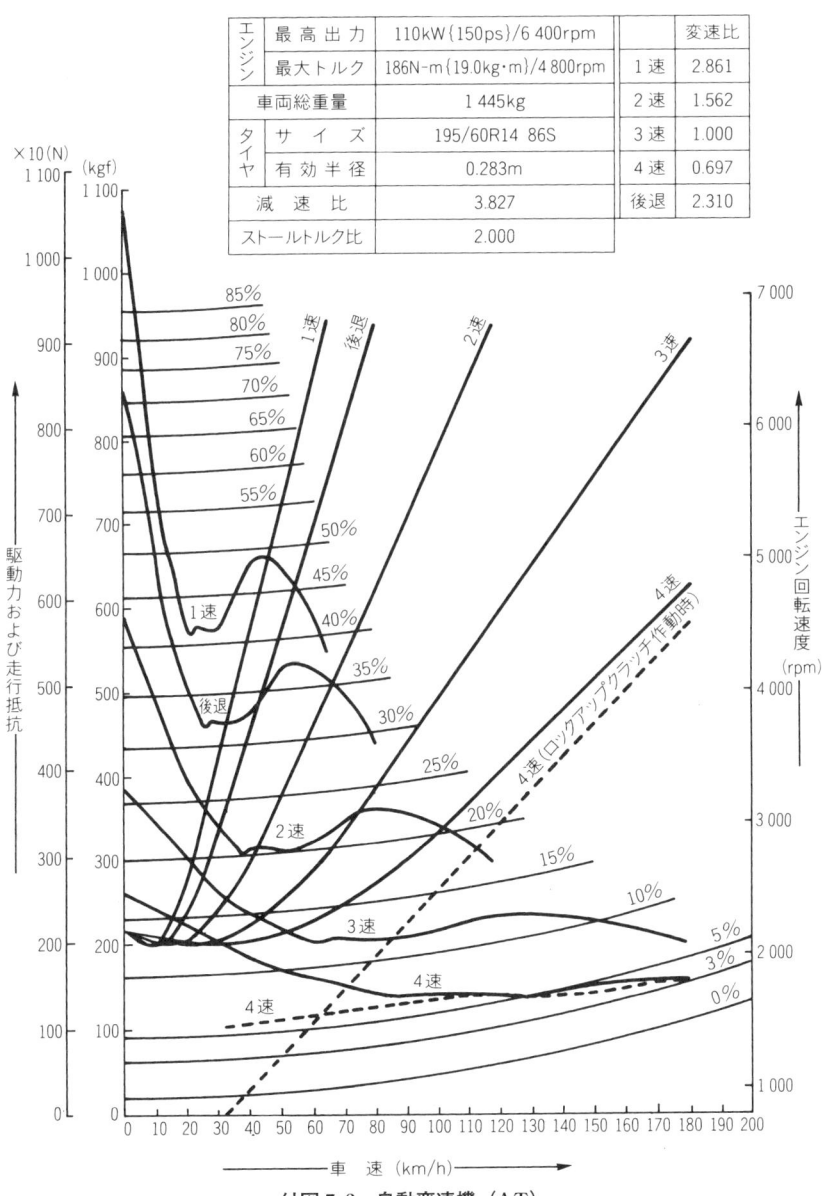

エンジン	最高出力	110kW(150ps)/6 400rpm	変速比	
	最大トルク	186N-m(19.0kg·m)/4 800rpm	1速	2.861
車両総重量		1 445kg	2速	1.562
タイヤ	サイズ	195/60R14 86S	3速	1.000
	有効半径	0.283m	4速	0.697
減速比		3.827	後退	2.310
ストールトルク比		2.000		

付図7.2 自動変速機（AT）

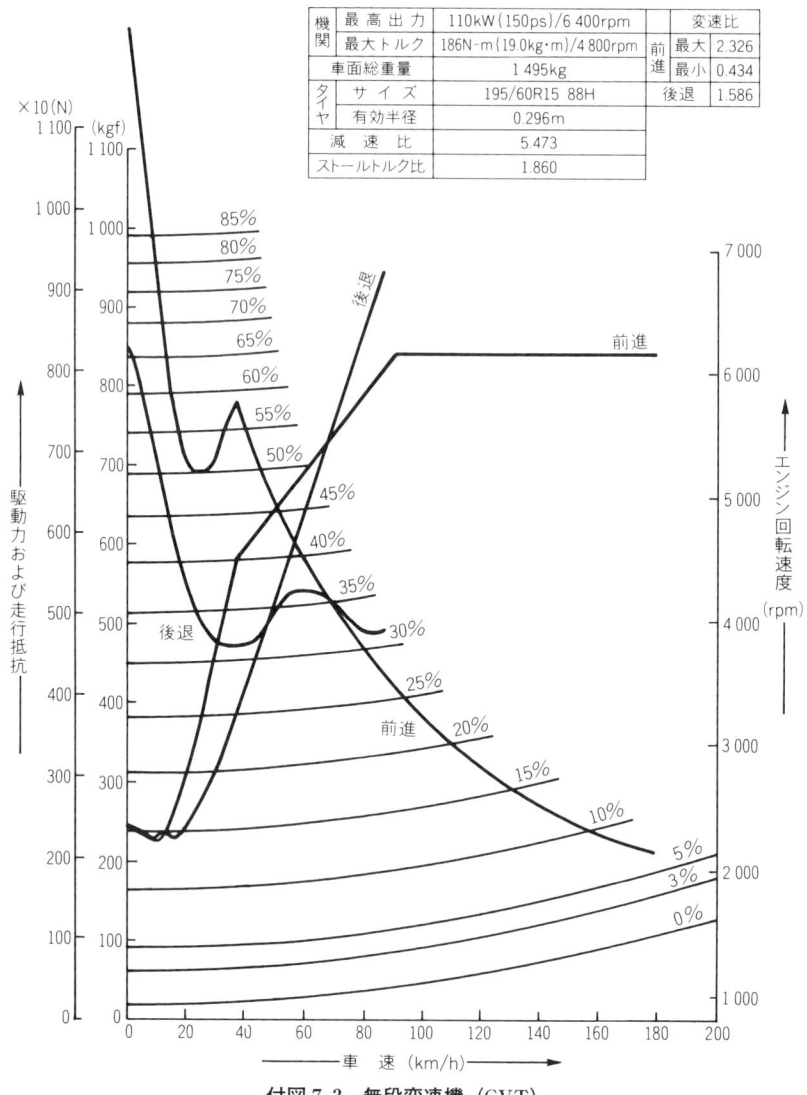

機関	最高出力	110kW(150ps)/6 400rpm		変速比	
	最大トルク	186N-m{19.0kg·m}/4 800rpm	前進	最大	2.326
車両総重量		1 495kg		最小	0.434
タイヤ	サイズ	195/60R15 88H	後退		1.586
	有効半径	0.296m			
減速比		5.473			
ストールトルク比		1.860			

付図7.3 無段変速機(CVT)

付録 **281**

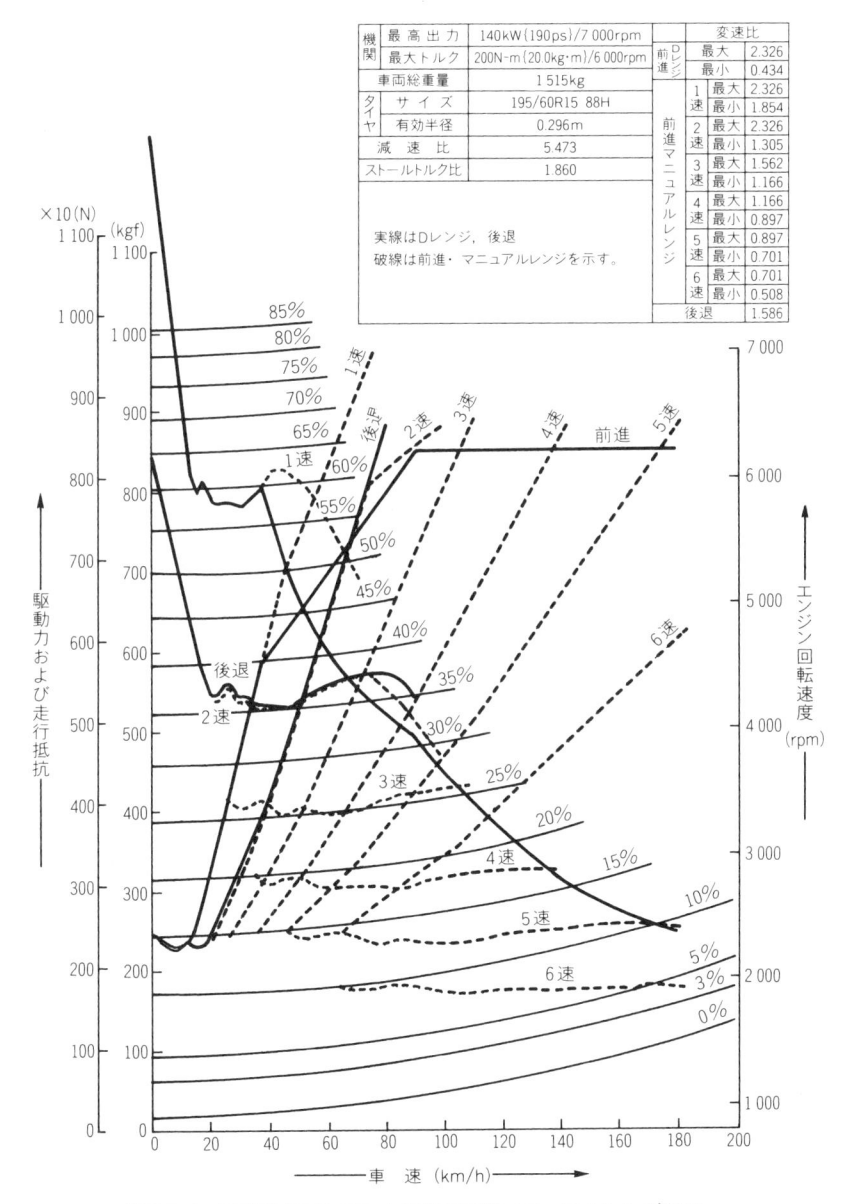

機関	最高出力	140kW(190ps)/7 000rpm		変速比	
	最大トルク	200N-m(20.0kg·m)/6 000rpm	前進D	最大	2.326
	車両総重量	1 515kg	レンジ	最小	0.434
タイヤ	サイズ	195/60R15 88H	前進マニュアルレンジ	1速 最大	2.326
	有効半径	0.296m		1速 最小	1.854
減速比		5.473		2速 最大	2.326
ストールトルク比		1.860		2速 最小	1.305
				3速 最大	1.562
実線はDレンジ,後退				3速 最小	1.166
破線は前進・マニュアルレンジを示す.				4速 最大	1.166
				4速 最小	0.897
				5速 最大	0.897
				5速 最小	0.701
				6速 最大	0.701
				6速 最小	0.508
			後退		1.586

付図 7.4　可変動弁エンジン＋無段変速機マニュアルレンジ付き

付表7 単位換算表 (SI⇌従来)

量	SI 単位	従来の単位						備考
熱力学温度	K	$T[°R]=1.8T[K]$ $t[°C]=T[K]-T_0[K], T_0=273.15K ; t[°C]=(t[°F]-32)/1.8$ 温度差 $1°C=1K ; 1°R=(1/1.8)K$						
		bar	kgf/cm²	atm	mmH₂O	mmHg	lbf/in²(psi)	
圧 力	Pa	10^{-5}	1.019716×10^{-5}	9.869233×10^{-6}	0.1019716	7.500617×10^{-3}	1.450377×10^{-4}	
	10^5	1	1.019716	0.9869233	1.019716×10^{-4}	75.0617	14.50377	
	9.80665×10^4	0.980665	1	0.9678411	10^4	735.5593	14.22334	
	1.01325×10^5	1.01325	1.033227	1	1.033227×10^4	760	14.69595	
	9.80665	9.80665×10^{-5}	10^{-4}	9.678411×10^{-5}	1	7.35592×10^{-2}	1.422334×10^{-3}	
	133.3224	1.333224×10^{-3}	1.359510×10^{-3}	1/760	13.59510	1	1.933678×10^{-2}	
	6894.757	6.894757×10^{-2}	7.030695×10^{-2}	6.804596×10^{-2}	703.0695	51.71493	1	$1\,Pa=1\,N/m^2, 1\,Torr(トル)=11\,mmHg$
	kJ	kW·h	kcal	Btu				$1\,J=1\,N\cdot m=1\,W\cdot s$
エネルギー 仕 事 熱 量 エンタルピー	1 3600 4.186 1.055056	$1/3600$ 1 1.163×10^{-3}	0.2388459 859.8452 1 0.2519958	0.9478170 3412.141 3.968320				国際カロリー cal_{IT} または $cal(IT)$ または $cal_{IT}=4.4868\,J$ 計量法カロリー $cal=4.18605\,J$ 十五度カロリー $cal_{15}=4.1855\,J$ 熱化学カロリー $cal_{th}=4.184\,J$
	W	kgf·m/s	PS	ft·lbf/s				$1\,W=1\,J/s=1\,N\cdot m/s$
出 力 熱流量	1 9.80665 735.4988 1.355858	0.1019716 1 75 0.1382550	1.359622×10^{-3} 1/75 1 1.843399×10^{-3}	0.7375621 7.233014 542.7460				$1\,kcal/h=1.163\,W$ $1\,Btu/h=0.293071\,W$ $1\,hp=550\,ft\cdot lbf/s=1.013\,PS$

付録

	N·m	kgf·m	lbf·ft
トルク モーメント	1	0.1019716	0.7375621
	9.80665	1	7.233014
	1.355818	0.1382550	1

	g/(kW·h)	g/(PS·h)	lbm/(hp·h)
燃料消費率	3.6	2.647796	5.918353×10^{-3}
	1	0.7354988	1.643987×10^{-3}
	1.3596216	1	2.235200×10^{-3}
	608.2774	447.3872	1

熱伝導率	$1 \text{ kcal/h·m·°C} = 1.16279 \text{ W(m·k)}$
粘度	$1 \text{ P} = 0.1 \text{ Pa·s}$
動粘度	$1 \text{ St} = 1 \times 10^{4} \text{ m}^2/\text{s}$
比熱	$1 \text{ kcal/(kg·°C)} = 4.18605 \times 10^3 \text{ J/(kg·K)}$
長さ	$1 \text{ in} = 25.4 \text{ mm}$
	$1 \text{ ft} = 0.3048 \text{ m}$
	$1 \text{ mile} = 1.60934 \text{ km}$
面積	$1 \text{ in}^2 = 6.4516 \text{ cm}^2$
体積	$1 \text{ in}^3 = 16.3871 \text{ cm}^3$
容積	$1 \text{ (米)gallon} = 3.78541\ l$ $1 \text{ barrel} = 159\ l$
	$1 \text{ (英)gallon} = 4.54609\ l$
質量	$1 \text{ lb} = 0.453592 \text{ kg}$
圧力	$1 \text{ psi} = 0.0703070 \text{ kgf/cm}^2$
	$1 \text{ psi} = 51.7148 \text{ mmHg}$
温度	$1°C = \frac{5}{9}(°F - 32)$
熱量	$1 \text{ BTU} = 0.252 \text{ kcal}$
熱伝導率	$1 \text{ BTU/(ft·h·°F)} = 1.48819 \text{ kcal/(m·h·°C)}$
燃料消費率	$1 \text{ (米)mpg} = 0.4251 \text{ km}/l$

圧力					出力		トルク		燃料消費率 (stc)		燃費	
kPa	mmHg	MPa	kgf/cm²		kW	PS	N·m	kgf·m	g/(kW·h)	g/(PS·h)	mpg	km/l
100	750	5.0	51.0		200	272	200	20.4	500	368	100	42.5
	713		48.4			258		19.4		349		40.4
90	675	4.5	45.9		180	245	180	18.4	450	331	90	38.3
	638		43.3			231		17.3		313		36.1
80	600	4.0	40.8		160	218	160	16.3	400	294	80	34.0
	563		38.2			204		15.3		276		31.9
70	525	3.5	35.7		140	190	140	14.3	350	257	70	29.8
	488		33.1			177		13.3		239		27.6
60	450	3.0	30.6		120	163	120	12.2	300	221	60	25.5
	413		28.0			150		11.2		202		23.4
50	375	2.5	25.5		100	136	100	10.2	250	184	50	21.3
	338		22.9			122		9.2		165		19.1
40	300	2.0	20.4		80	109	80	8.2	200	147	40	17.0
	263		17.8			95.2		7.1		129		14.9
30	225	1.5	15.3		60	81.6	60	6.1	150	110	(27.3)	(17.8)
	188		12.7			68.0		5.1		91.9	30	10.6
20	150	1.0	10.2		40	55.4	40	4.1	100	73.5	20	8.50
	113		7.6			40.8		3.1		55.2		6.38
10	75	0.5	5.1		20	27.2	20	2.0	50	36.8	10	4.25
	37.5		2.5			13.6		1.0		18.4		2.13
0.133322 kPa = 1 mmHg 101.325 kPa = 1 atm		98.0665 kPa = 1 kgf/cm² 1 Pa = 1 N/m²			0.7355 kW = 1 PS 0.7457 kW = 1 HP		9.80665 N·m = 1 kgf·m		1.3596 g/(kW·h) = 1 g/(PS·h)		2.352 mpg = 1 km/l	

索　引

あ行

アイドリングストップ……………………74
アイドル振動………………141, 146, 165
アクティブコントロールエンジンマウント
　………………………………………149
圧縮比………………………………19, 115
圧力上昇率……………………………146
アルミオイルパン………………141, 156
アルミニウム合金メタル……………202
アロマティック系……………………274
イグニッションコイル………………254
イソパラフィン………………………274
入口水温制御方式……………………234
インジェクタ…………………………247
インタクーラ…………………………211
ウインドウ……………………………132
ウォータジャケット部………………170
ウォータポンプ………………………232
エアクリーナ…………………………205
エアロフローメータ…………………240
液封マウント…………………………149
液膜燃料………………………………250
エチレングリコール…………………237
エネルギーの回生………………………71
エバポレーション……………………122
塩基価（アルカリ価）………………227
エンジン諸元…………………………263
エンジンの分類…………………………4
エンジンの歴史…………………………1
エンジン放射音………………………141
オイルストレーナ……………………217
オイルパン……………………………217
オイルフィルタ………………………218
オイルポンプ…………………………217
オイルリング…………………………193

オイルレベルゲージ…………………217
オープンデッキ構造…………………172
オクタン価……………………………274
オルタネータ……………………256, 258
オレフィン系…………………………274
音圧レベル……………………………143
音響モード……………………………156
音質……………………………………154

か行

回転速度…………………………………67
過給機…………………………………210
過給式エンジン………………………205
可採年数………………………………272
ガスケット……………………………176
ガスバージンシステム………………122
加速時騒音………………141, 153, 165
加速走行騒音…………………………277
加速度センサ…………………………157
ガソリン乗用車評価モード…………266
ガソリン乗用車排規制………………267
可燃性物質……………………………273
可変吸気機構…………………………206
可変動弁…………………………………50
可変動弁機構……………………………89
可変動弁系……………………………186
カムシャフト…………………………185
慣性効果…………………………………93
慣性主軸マウント………………141, 147
機械効率…………………………………17
機械式配電システム…………………252
機械損失…………………………………58
気筒休止………………………………150
気筒数制御………………………………52
基本空燃比制御………………………249

基本点火時期制御……………………254
キャニスタ………………………………125
吸気応答…………………………………244
吸気系……………………………………203
吸気弁開時期……………………………87
吸気弁閉時期……………………………87
吸気ポート………………………………207
吸気マニホルド…………………………206
吸着剤……………………………………131
共振………………………………………142
曲面化……………………………………162
近接排気騒音……………………………277
空間速度…………………………………128
空気過剰率………………………………107
空気サイクル………………………………18
空気伝ぱ系………………………………150
空燃比…………………………………41,112
空燃比制御………………………………249
空燃比フィードバック制御………132,249
クエンチング……………………………108
くさび膜作用……………………………213
クランク角センサ………………………241
クランクケース（スカート部）………173
クランクシャフト………………………198
クローズドデッキ構造…………………172
減速回生……………………………………75
高圧縮比……………………………………35
広域空燃比センサ………………………135
航続距離……………………………………11
高速こもり………………………………142
高速こもり音……………………………150
コージェライト…………………………128
固体伝ぱ系………………………………150
こもり音…………………………………165
固有値……………………………………157
固有モード………………………………157
コンプレッションリング………………193
コンロッド………………………………196

さ行

サーモスタットバルブ…………………232
最高出力…………………………………263
最大筒内圧力……………………………146
最大トルク………………………………263
サブフレーム……………………………147
酸価………………………………………227
三元触媒…………………………………128
三元触媒システム…………………121,132
時間損失……………………………………25
軸受メタル………………………………201
自然吸気式エンジン……………………204
実験モーダル解析………………………157
自動車騒音試験法………………………277
絞り膜作用………………………………214
車外騒音規制……………………………160
車外騒音寄与率…………………………161
重心支持マウント………………………147
充填効率……………………………………85
樹脂ギヤ…………………………………153
主軸受部…………………………………173
出力……………………………………17,83
出力修正…………………………………276
潤滑油……………………………………222
消炎………………………………………108
消炎層……………………………………108
蒸気自動車…………………………………1
正味熱効率…………………………………17
触媒………………………………………125
触媒担体…………………………………126
シリーズ・パラレル方式…………………77
シリーズ方式………………………………77
シリンダピッチ…………………………169
シリンダ部………………………………169
シリンダブロック………………………168
シリンダヘッド…………………………174
シングルグレード油……………………226

索 引

振動伝達率……………………………142
振動レベル……………………………143
スーパーチャージャ…………………212
図示熱効率…………………………… 17
スタータ…………………………256, 258
ストローク／ボア比…………………114
ストロングハイブリッドシステム… 77
スピードデンシティ…………………240
ゼオライト……………………………129
石油系炭化水素………………………275
セラミックス担体……………………126
選択還元型リーンNO_x触媒…………129
せん断応力……………………………224
せん断速度……………………………224
走行性能曲線…………………………278
走行抵抗………………………………271
走行発電……………………………… 75

た行

ターボチャージャ……………………210
体積効率……………………………… 85
チェーンケース………………………163
直動形…………………………………183
直噴ガソリンエンジン……………… 48
直噴成層燃焼………………………… 46
ディープスカート構造………………173
ディストリビュータ…………………254
定常走行騒音…………………………277
出口水温制御方式……………………234
デコンプ（圧縮圧力低減）…………141
デュアルマスフライホイール………164
点火コイル……………………………252
転化効率………………………………127
点火時期…………………………65, 112
点火制御………………………………252
電気自動車…………………………… 1
電磁駆動弁…………………………… 71
電子式配電システム…………………252

電子制御システム……………………238
電子制御スロットルバルブ…………242
銅合金メタル…………………………202
等長吸気マニホールド…………141, 156
動電型加振器…………………………157
筒内燃料直接噴射方式………………123
動粘度…………………………………224
動弁系…………………………………182
トータルシェルパワープラント……155
ドライライナ（乾式ライナ）式……170
トルク変動……………………………144

な行

ナフテン系……………………………274
熱効率………………………………… 16
燃焼加振力……………………………144
燃焼効率……………………………… 27
燃焼室形状……………………………115
燃焼室…………………………………177
粘度（粘性係数）……………………224
粘度指数………………………………225
粘度分類………………………………222
燃料圧力………………………………246
燃料供給装置…………………………123
燃料空気サイクル…………………… 19
燃料蒸発（エバポ）ガス抑止装置…125
燃料消費率…………………………… 32
燃料性状………………………………117
燃料噴射制御…………………………245
燃料の過渡応答………………………250
燃料ポンプ……………………………246
ノック………………………………… 36
ノック制御……………………………255
ノックセンサ…………………………255
ノルマルパラフィン…………………274

は行

ハーフスカート構造…………………173

排気	104
排気管	209
排気還流装置	124
排気規制	119
排気系	208
排気試験法	264
排気清浄化システム例	268
排気弁開時期	87
排気弁閉時期	88
排気ポート	208
排気マニホルド	208
排出ガス	104
排出ガス成分	104
排出ガス成分量	105
排出ガスの中の有害成分	105
ハイテンションコード	254
バイパス式	132
ハイブリッドシステム	73
ハニカム形	126
パラレル方式	77
バランスシャフト	141, 151, 152
バルブ	183
バルブスプリング	183
バルブタイミング	115
バルブリフタ	185
比出力	84
ピストン	190
ピストンクレビス	116
ピストンピン	195
ピストンリング	193
比熱比	19
ピンボス部	190
ファンベルト	236
フィルタエレメント	219
負荷	67
不完全燃焼	27
不平衡慣性力	144, 150
フライホイール	201

プラグイン・ハイブリッドシステム	79
ブローバイガス	124
ブローバイガス還元装置	124
ブロック高さ	169
ブロックの全長	169
噴射パルス幅	247
噴霧	247
ベアリングビーム	141, 162
平均有効圧	17
ペンデュラムマウント	147, 148
放射音	165
防振	143
ホーニング加工	170
ポンプ損失	28

ま行

マイルドハイブリッドシステム	77
マフラー	209
マルチグレード油	226
未燃率	28
脈動効果	93
メタル担体	126
モータアシスト	75
モノリス形（Monolith Type）	126

や行

要求オクタン価	37

ら行

ラジエータ	229
ラジエータキャップ	231
ラダーフレーム	142, 162
リーンバーン	41, 130
リーンバーンシステム	135
リッタあたりの出力	263
流動点	226
理論サイクル	18
理論熱効率	16

冷却損失	22
冷却ファン	235
ロードセル	157
ロッカアーム形	183
ロッカ比	183
ロックアップダンパ	164
ロングライフクーラント	237

欧文

ACM	149
BEM モデル	158
CNG 車	10
CO の生成	106
DI	245
DOHC	182
EGR：Exhaust Gas Recirculation	42, 124
EV	10
EV 走行	74
FCV	11
FEM モデル	158
HCCI, PCCI	71
HC 吸着型触媒	131
HC の生成	107
HEV	73
IMA	80
LPG 車	10
NMCH	120
NMOG	119
NO_x 吸蔵還元型リーン NO_x 触媒	129
NO_x 触媒	129
NO_x の生成	110
O_2 センサ	134
OHC	182
OHV	182
PFI：Port Fuel Injection	123, 245
PM（Particulate Matter）	119, 138
PN（Particle Number）	119
PZEV	137
REF 信号	241
SAE 粘度分類	222
SULEV	119, 137
THS	80
ULEV	119, 137
XTL	272
Zeldovich 機構	110

執筆者略歴

村中 重夫（むらなか しげお）
1973年　京都大学　工学部　機械工学科　卒業
日産自動車㈱にてガソリン，ディーゼルエンジンの研究・開発に従事
現在 SIP プログラム委員
自動車技術会フェロー，日本機械学会フェロー

後藤 隆治（ごとう たかはる）
1975年　明治大学　工学部　機械工学科　卒業
日産自動車㈱にてエンジンの本体構造系，主運動系部品の研究・開発に従事
現　職　日産自動車㈱　総合研究所　EV システム研究所　シニアエンジニア

兼利 和彦（かねとし かずひこ）
1980年　明治大学大学院　工学研究科　機械工学専攻修士課程　修了
日産自動車㈱にてエンジンの燃費向上技術および排気低減技術の先行開発に従事.
その後，日立オートモティブシステムズ㈱にてエンジンシステム制御の開発に従事
現　職　日立オートモティブシステムズ㈱　パワートレイン＆電子事業部
　　　　制御システム設計部　主任技師

金堂 雅彦（こんどう まさひこ）
1981年　中央大学　理工学部　精密機械工学科　卒業
日産自動車㈱にてエンジンの振動騒音に関する研究・開発に従事
現　職　日産自動車㈱　パワートレイン開発本部　シニアエンジニア

吉野 太容（よしの たかひろ）
1990年　東京工業大学大学院　理工学研究科　機械工学専攻修士課程　修了
日産自動車㈱にてガソリンエンジンおよび HEV の制御システムの研究・開発に従事
現　職　日産自動車㈱　パワートレイン開発本部

内田 正明（うちだ まさあき）
1978年　東京大学　工学部　マテリアル工学科　卒業
日産自動車㈱にてエンジン制御の研究・開発に従事
その後，㈱ジヤトコにて変速機制御の研究・開発に従事
現　職　日産自動車㈱　パワートレイン開発本部　エキスパートリーダー

JCOPY	＜（社）出版者著作権管理機構　委託出版物＞	
	2011年3月23日　第1版第1刷発行	
2015	2015年8月28日　第1版第2刷発行	

```
     新 訂
     自動車用
     ガソリンエンジン

   著者との申
   し合せによ
   り検印省略

    ⓒ著作権所有
```

	著作代表者	村　中　重　夫
		むら　なか　しげ　お
定価(本体3400円＋税)	発 行 者	株式会社　養 賢 堂 代 表 者　及 川　清
	印 刷 者	株式会社　真 興 社 責 任 者　福田真太郎

〒113-0033　東京都文京区本郷5丁目30番15号

発 行 所　株式会社 養賢堂　TEL 東京(03) 3814-0911　振替00120
　　　　　　　　　　　　　　　FAX 東京(03) 3812-2615　7-25700
　　　　　　　URL http://www.yokendo.co.jp/

ISBN978-4-8425-0482-7　C3053

PRINTED IN JAPAN　　　　　　製本所　株式会社三水舎

本書の無断複写は著作権法上での例外を除き禁じられています。
複写される場合は、そのつど事前に、（社）出版者著作権管理機構
（電話 03-3513-6969、FAX 03-3513-6979、e-mail:info@jcopy.or.jp）
の許諾を得てください。